# 飞行器探测与末制导技术

吴　巍　薛　冰　刘丹丹　顾宏灿　编著

国防工业出版社

·北京·

# 内 容 简 介

本书主要以海背景下的导弹导引头为应用背景,介绍弹载传感器探测与末制导的基本理论和关键技术,全书以末制导雷达探测跟踪与识别技术为重点,兼顾光电和复合末制导技术。书中首先介绍末制导雷达基础理论;然后按 3 种典型分类分别介绍主动末制导雷达技术、被动末制导雷达技术、半主动末制导雷达技术,并讨论末制导雷达系统相关技术;接着,针对海上复杂环境下导弹导引头面临的主要问题,重点讨论弹载 SAR 成像、目标识别、干扰与抗干扰技术等新技术;最后,简要讨论光电末制导技术和复合末制导技术。

本书可作为高等院校导弹控制与测试工程、导弹工程、火力与指挥控制工程等专业高年级本科生、研究生的教材和教学参考书,也可供相关领域的老师、学生,以及工程技术人员参考。

**图书在版编目(CIP)数据**

飞行器探测与末制导技术/吴巍等编著 . —北京:
国防工业出版社,2023.2
ISBN 978 - 7 - 118 - 12793 - 5

I. ①飞… II. ①吴… III. ①飞行器 - 探测 - 研究②
飞行器 - 制导 - 研究 IV. ①V47②V448

中国国家版本馆 CIP 数据核字(2023)第 031101 号

※

国防工业出版社出版发行

(北京市海淀区紫竹院南路 23 号 邮政编码 100048)
北京龙世杰印刷有限公司印刷
新华书店经售

*

开本 710×1000 1/16 印张 19¼ 字数 342 千字
2023 年 2 月第 1 版第 1 次印刷 印数 1—1500 册 定价 149.00 元

**(本书如有印装错误,我社负责调换)**

国防书店:(010)88540777 书店传真:(010)88540776
发行业务:(010)88540717 发行传真:(010)88540762

# 前　言

导弹是兵器之王,是现代战争的"杀手锏",本书以导弹为主要应用背景,重点讨论导弹导引头探测、跟踪、识别以及抗干扰的理论和方法。雷达是重要的军用传感器,具有全天时、全天候的优点,雷达导引头广泛应用于反舰导弹、防空导弹。本书以海上反舰导弹或防空导弹目标探测、跟踪和识别为主要背景,以雷达导引头工作原理为重点展开讨论。

本书内容主要来源于作者近年来在导弹导引头海上目标检测、跟踪和识别方面的研究成果。首先从导弹的概念出发,逐步介绍导弹制导、导弹末制导的概念。然后开始介绍末制导雷达基本理论,涉及雷达基本组成、天线基本概念、雷达测量和信号处理等,为后续内容研究打下基础。接着分别介绍主动末制导雷达原理、被动末制导雷达原理,以及半主动末制导雷达原理,重点讨论末制导雷达信号处理流程及原理、距离和方位跟踪原理,分析弹速补偿、辐射源识别等新技术。然后,介绍末制导雷达系统组成和工作原理。此后,开始介绍复杂情况下末制导雷达探测与末制导原理,包括海上目标特性和环境对末制导雷达的影响分析、末制导雷达如何进行高分辨成像、主要干扰原理和抗干扰技术等。最后,简要介绍光电探测与制导和复合探测与末制导的关键技术原理。

全书由第1章~第11章组成:第1章介绍导弹的组成、分类,导弹的制导系统概念与分类、寻的制导分类和各类导引头概述;第2章主要介绍雷达组成与工作原理、电磁波与天线传播基础知识、雷达基本测量方法、雷达信号检测等末制导雷达基础知识;第3章主要介绍主动末制导雷达信号处理、弹速补偿、单脉冲测角、数据处理等技术;第4章主要介绍信号分选概念、瞬时测频、辐射源识别、相位单脉冲侧向等技术;第5章主要介绍半主动末制导雷达基本概念、连续波半主动导引头技术、无直波半主动导引头技术、逆单脉冲半主动导引头技术等;第6章主要介绍主动、被动、半主动雷达导引头系统的总体结构以及导引头各分系统技术;第7章主要介绍弹载SAR成像原理以及成像算法;第8章主要介绍海战场目标与环境特性以及末制导雷达特征识别和编队选择方法;第9章主要介绍舷外干扰、舰载有源干扰以及雷达导引头抗干扰技术;第10章主要介绍光电制导系统功能、红外寻的制导技术、激光寻的制导技术、电视寻的制导技术等;第11章主要介绍复合寻的制导中的数据融合技术、主被动融合抗干扰技术、图像融合技术等。

    由于作者工作经验和知识水平有限,书中难免存在缺点和疏漏之处,欢迎读者批评指正。

吴嵩

2023 年 1 月

# 目　　录

# 第1章 概　　述

## 1.1 引　　言

现代战争"无导不成战"，美军在海湾战争、科索沃战争、阿富汗战争、伊拉克战争中使用精确制导武器(全程)的比例分别是 8%、35%、60%、70%。导弹是最主要的精确制导武器(占所有精确制导武器的 90% 以上)，是当今世界各主要军事强国武器发展的重要方向。

导弹发射后能否有效命中目标直接反映了导弹的性能好坏，导弹飞向目标的过程中，其飞行轨迹主要受导航、制导与控制的作用。"导航"是确定导弹自己在哪里；"制导"是给出从导弹现在所在的地方到它想要去的地方的指令；"控制"是跟踪指令，控制导弹飞向目标。导弹在飞行的初始阶段和中间阶段，一般根据事先设定好的路线进行飞行(也称为方案飞行)，这一阶段也称为中制导，这一过程主要由导航和控制系统起作用。飞行的末端，除了打击固定目标外，都需要末制导，其作用是引导导弹自适应地调整飞行轨迹飞向目标。在导弹接近目标的末段，导弹飞行的"决策权"会交给末制导系统，弹上末制导装置是末制导系统的核心，一般俗称导引头，它在导弹中的作用，就像人的大脑一样，实时"观测"目标的方位、距离等信息，并把相关信息和指令实时发送给控制系统，让控制系统通过控制执行机构(舵系统)动作，引导导弹飞向目标。俗话说，"导弹好不好，全靠末制导"，意思就是说，导弹能不能精确地命中目标，很大程度上取决于其末制导，这也反映出了末制导装置(导引头)在导弹中的重要地位。

本书将以导弹末制导为讨论重点，全面系统地介绍末制导系统的基本理论。通过本书的学习可使读者对导弹的雷达末制导、光电末制导、复合末制导等的工作原理及关键技术有一个全面的掌握。

本章主要介绍导弹的组成、分类，导弹的制导系统概念与分类、寻的制导分类和各类导引头概述。

## 1.2　导弹的起源与发展

自 1939 年德国的冯·布莱恩主导研制成功世界上第一枚 A-1 导弹以来，人类军事武器掀开了一个崭新的时代；紧接着，A-2、A-3 导弹也发射成功，这种小型导弹的经验很快运用到 V-1、V-2 导弹上。1942 年，V-1、V-2 导弹研制成功；1944 年 6 月至 9 月，德国发射了多枚 V-1、V-2 导弹，从欧洲西岸隔海轰炸英国伦敦。虽然 V-1、V-2 导弹的性能、可靠性都比较差，但确使各世界军事大国意识到了导弹对未来战争潜在的巨大作用。

第二次世界大战后到 20 世纪 50 年代初，导弹处于早期发展阶段。自 20 世纪 50 年代初起，导弹得到了大规模的发展，出现了一大批中远程液体弹道导弹及多种战术导弹，并相继装备了部队。1953 年，美军在朝鲜战场曾使用过电视遥控导弹。但这时期的导弹命中精度低、结构质量大、可靠性差、造价昂贵。

20 世纪 60 年代初到 70 年代中期，由于科学技术的进步和现代战争的需要，导弹进入了改进性能、提高质量的全面发展时期，与其相关的各项技术如燃料、发动机、战斗部、导航技术、制导技术等均得到了快速发展；导弹的发射方式也发展为车载、机载、舰载、潜载等多种方式，导弹的命中精度、生存能力、机动能力、低空作战性能和抗干扰能力也得到了质的改善。

20 世纪 70 年代中期以后，导弹进入了全面更新阶段，小型化、固态化有了明显进步，突防能力得到了进一步的增强。

20 世纪 80 年代末，世界形势发生了巨大变化，未来的战场将具有高度立体化（空间化）、信息化、电子化及智能化的特点，新武器也将投入战场。为了适应这种形势的需要，导弹又向精确制导化、机动化、隐身化、智能化、微电子化的更高层次发展。

进入 21 世纪以后，计算机技术、信息化技术和网络技术的发展使导弹技术进入了一个新时期，信息化、网络化、数字化、多任务、全功能成为新一代导弹的标志。

## 1.3　导弹的主要组成与分类

### 1.3.1　导弹的主要组成

导弹（Missile）是一种携带战斗部，依靠自身动力装置推进，由制导系统导引控制飞行轨迹的飞行器。导弹主要由动力系统、制导系统、引信战斗部系统、弹体和电气系统组成。

1. 动力系统

动力系统是为导弹发射(起飞)和飞行提供推动力的系统,是导弹运动的动力源,是导弹的"心脏"。导弹上的动力装置种类很多,但都是直接产生推力的喷气推进动力装置。目前常用的有火箭发动机(固体发动机、液体发动机)、空气喷气发动机(涡轮喷气发动机、涡扇喷气发动机、冲压喷气发动机)和火箭冲压发动机及其他组合式发动机。

在两级导弹(如两级地空导弹、反舰导弹等)上,其发动机有主发动机(也称为续航发动机)和助推器(或称为加速器或起飞发动机)。助推器是用来使导弹在发射后很快获得较大速度,使导弹进入续航段飞行时能够迅速攻击目标。助推器一般采用固体火箭发动机。主发动机使导弹能在较长的时间内续航飞行,是导弹主要的动力源。

2. 制导系统

制导系统是导弹的神经中枢,一般由导引头、惯导系统(自动驾驶仪)、综控机、高度表、舵系统等组成。系统的主要任务是确保导弹按照既定的姿态、航线飞行,并根据导引系统(导引头、导航定位装置等)提供的目标信息引导导弹接近并击毁目标。

通常,在导弹总体中提到的导弹制导系统包括导弹控制系统和导引头两大部分。控制系统一般由惯导系统(自动驾驶仪)、综控机、高度表、舵系统等部件组成,在现代导弹系统中,经常加装卫星导航定位装置、数据链或数传电台等辅助导航通信设备,用于导弹飞行过程的控制。导引头是导弹获取目标信息的主要手段,采用无线电探测体制的导引头即通常讲的末制导雷达,其他还有采用红外、可见光、激光或几种体制复合使用等不同类型的导引头。

导引头是导弹组成系统中的一个关键设备,其性能指标对导弹的作战性能,尤其是复杂电磁环境下的目标检测跟踪性能、抗干扰性能都具有决定性的影响,在很多情况下,导弹战术性能指标的改善重点也在于导引头技术水平的提高和性能指标的改善。

3. 引信战斗部系统

引信战斗部系统是导弹的有效载荷,用于对目标进行毁伤,由装填物、壳体、引信和传爆序列等部分组成。装填物是破坏目标的能源,作用是将本身储藏的化学能通过化学反应释放出来,形成破坏各种目标的能量;壳体是装载装填物的容器,同时也是连接战斗部其他零部件的基体;引信是适时引爆战斗部的引爆装置;传爆序列是一种能量放大器,其作用是把发火控制系统输出的激发信号加以转换和放大,转变为爆炸波或火焰,并把这种起始能量逐级放大直至引爆战斗部里的炸药。导弹上还有许多火工品,如点火装置、爆炸螺栓等,在专业分工上通常化归引战系统。

4. 弹体

弹体即导弹的主体,是由各舱段、空气动力面、弹上机构和一些零部件连接而成的。弹体是外力的主要承受者,它的功能是使导弹的各部分组合成一个整体,并使导弹形成良好的气动外形。

空气动力面包括产生推力的弹翼、产生操纵力的舵面及保证稳定飞行的安定面(尾翼)。由于弹道式导弹的弹道大部分在大气层外,主动段只需按程序转向飞行,因此,没有弹翼或根本没有空气动力面。

各舱段连接成的主体称为弹身。它的功用是安装战斗部、制导设备、动力装置及电气设备等,并将弹翼、舵面等部件连成一个整体。弹身是导弹最主要的受力和承力部件,对超声速导弹,弹身也起着产生空气动力的作用。

导弹在发射、飞行、运输过程中都会受到很大的载荷作用,如振动、冲击、推力、气动力等。因此,弹体要有足够的强度和刚度,确保在正常使用时不会遭到破坏,飞行中的结构变形不超过允许值。

5. 电气系统

弹上电气系统是导弹的重要组成部分,它是供给弹上各分系统工作用电的能源装置。弹上的制导设备、发动机、助推器、战斗部的引信等各种设备,在启动过程和工作过程都离不开电源,所以它的功用可以概括为以下几方面。

(1)将弹上各用电设备联成一个整体,保证在地面测试和导弹飞行中适时可靠地向各设备供电,所以它是用电设备的能源。

(2)把弹上各设备与地面检查发射设备联系起来,实现弹上设备的检查和导弹发射。

电气系统由电源(电池组)、配电和变电装置、接触器、继电器、开关、传送电路等组成。

## 1.3.2 导弹的分类

导弹的分类方法有很多,常用的导弹分类方法有以下几种[1]。

1. 按作战任务分类

按作战任务分类,导弹可分为战略导弹和战术导弹两大类。

(1)战略导弹。用于打击战略目标的导弹,从进攻一方讲,战略型导弹主要用于打击敌方政治、经济中心、军事、工业基地、核武器库、交通枢纽、导弹基地、指挥控制中心等重要战略目标,通常携带核弹头,由国家最高统帅机构控制和使用。远程面对面导弹、空对面导弹都属于战略导弹,如美国的民兵导弹、侏儒导弹、和平卫士导弹及中国的东风系列导弹。

此外,从防守一方讲,用于保卫重要城市和具有战略意义的要地,设施的远程面对空导弹也属于战略导弹。

(2)战术导弹。打击战术目标的导弹,在一般战役中使用。用于打击敌方战役、战术纵深内的核袭击兵器、集结的部队、坦克、飞机、舰船、雷达等战术目标,由战役、战术指挥员使用,如"飞毛腿"导弹、"长矛"导弹、SS-21导弹、"蛙式"导弹等。

2. 按飞行方式分类

按飞行方式分类,导弹可分为弹道导弹和巡航导弹。

弹道导弹与巡航导弹轨迹对比图如图1-1所示。

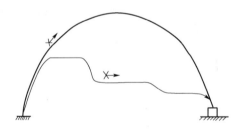

图1-1 弹道导弹与巡航导弹轨迹对比图

弹道导弹是由火箭发动机将其推送到一定高度和速度后,弹头靠其惯性沿着预定弹道飞向目标的导弹。由于飞行路线类似于炮弹的轨迹,故称为弹道导弹,如SS-13导弹、"三叉戟"Ⅱ导弹。

巡航导弹是指通过弹体、弹翼和舵面产生空气动力,控制和稳定导弹的飞行,使导弹在飞行过程中始终保持匀速状态或等高状态。这种导弹又称为巡航导弹或飞航式导弹,如"战斧"导弹、V-1导弹。

3. 按目标特性分类

按攻击的目标特性分类,导弹可分为攻击固定目标的导弹、攻击活动目标的导弹,其中攻击活动目标的导弹又可分为反舰导弹、防空导弹、反导弹导弹、反雷达导弹、反潜导弹、反坦克导弹、反卫星导弹。

4. 按射程分类

按射程分类,导弹可分为以下几种。

(1) 近程导弹:射程小于 1000km。

(2) 中程导弹:射程为 1000 ~ 3000km。

(3) 远程导弹:射程为 3000 ~ 8000km。

(4) 洲际导弹:射程大于 8000km。

5. 按发射点和目标位置分类

按发射点和目标位置,导弹可分为以下几种。

(1) 地地导弹、地空导弹、岸舰导弹。

(2) 空地导弹、空空导弹、空舰导弹。

(3) 舰地导弹、舰空导弹、舰舰(潜)导弹。

(4) 潜地导弹、潜空导弹、潜舰导弹、潜潜导弹。

# 1.4　导弹的制导系统

导弹的制导系统就是保证导弹在飞行过程中,能够克服各种干扰因素,使导弹按照预先制定的弹道,或根据目标的运动情况随时修正自己的弹道,使其命中目标的一种自动控制系统。制导系统以导弹为控制对象,包括导引系统和控制系统两部分。"制导"就是控制和导引的集合,制导系统就是导引系统与控制系统的统称。从导弹发射开始,至命中目标的过程中,制导阶段可分为初制导(Initial Guidance)、中制导(Midcourse Guidance)、末制导(Terminal Guidance),如图 1 - 2 所示。

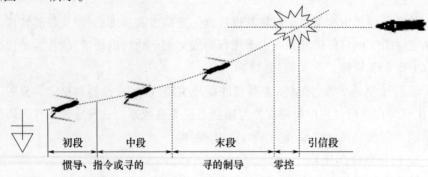

图 1 - 2　导弹飞行过程中各制导阶段示意图

各制导阶段的具体含义如下。

（1）初制导，又称发射段制导，是指对导弹发射后的初始飞行段进行的制导。初始发射阶段时间较短，速度变化大，平均速度小，常用程序或惯性制导，初制导的目的是保证初始阶段结束时，导弹能进入中制导的作用范围。

（2）中制导，是末制导之前的制导，主要目的在于扩展制导作用距离。当中段制导结束时，其制导精度应满足末制导的初始工作要求。中制导通常采用自主式或遥控式制导。自主制导是指导弹上的制导设备靠测量导弹自身运动参数或外界自然参考物的某种参数确定导弹坐标，导引导弹按预定弹道飞行的导弹制导，包括方案、惯性、天文、多普勒和图像匹配制导。它适于攻击固定目标的导弹作全程制导、攻击活动目标的导弹作初制导和中制导。图1-3是采用程序制导的反舰导弹工作示意图，图1-4是采用惯性制导的美国"战斧"巡航导弹。

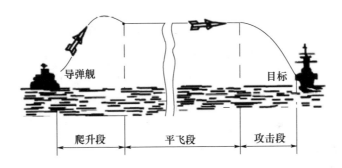

图1-3 采用程序制导的反舰导弹工作示意图

图1-4 采用惯性制导的美国"战斧"巡航导弹

遥控制导是由制导站向导弹发送指令或利用电磁波波束引导导弹飞向目标的导弹制导，包括波束制导、遥控指令制导和TVM制导，分别如图1-5~图1-7所示。

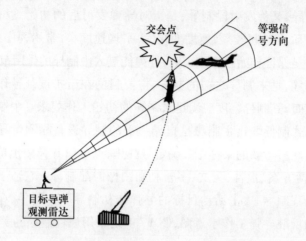

图 1-5 单雷达波束制导系统示意图

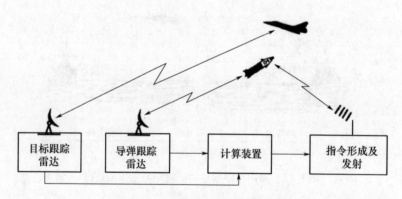

图 1-6 无线电指令制导工作原理

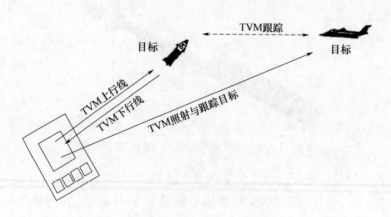

图 1-7 TVM 制导工作原理

（3）末制导,是指导弹在中制导结束后到与目标遭遇（或在目标附近爆炸）时,这一飞行段的制导。主要目的在于提高制导精度。该段作用时间不长,通常采用寻的制导。寻的制导又称自动导引制导,是指导弹上导引头利用目标辐射或反射的能量获得制导信息,自动导引导弹飞向目标的导弹制导,包括雷达寻的制导（图1-8）和光学（红外、电视、激光）寻的制导。

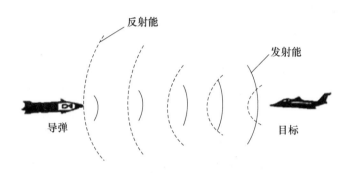

图1-8 主动寻的制导原理示意图

## 1.5 导弹寻的制导系统

导弹末制导大多采用寻的制导,寻的制导系统的弹上设备由导引头（探测装置）、自动驾驶仪（控制设备）和弹体（控制对象）构成,如图1-9所示[2]。现代导引头中自动驾驶仪的功能可由弹上计算机加控制软件实现。

图1-9 寻的制导系统的弹上设备

寻的制导导弹能自主地搜索、捕捉、识别和跟踪目标。其核心是寻的装置,由于装在导弹前部,故又称为"导引头"。

根据信号来源不同,导弹的寻的制导可分为主动、被动和半主动3种方式。

（1）主动寻的制导（Active Homing Guidance）。照射目标的能源位于导弹上,导弹上的导引装置接收从目标反射回来的能量并形成制导信号,如图1-10所示。主动导引头一般是指主动雷达,能主动发出雷达波,靠自身雷达追踪目标,理论上具有"发射后不管"能力。即弹上雷达有发射机也有接收机。

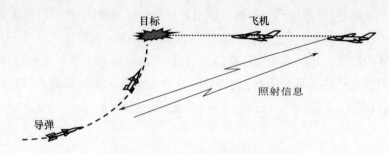

图 1 – 10　主动寻的制导示意图

（2）半主动寻的制导（Semi‐active Homing Guidance）。照射目标的能源可在载机、载舰或地面上，导弹接收目标反射的能量并形成制导信号，如图 1 – 11 所示。即弹上只有接收机，主动发射电磁波的照射器在地面、舰上或飞机等平台上。

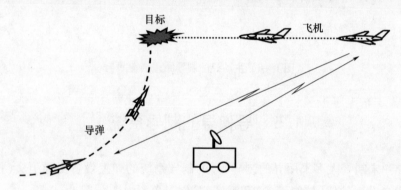

图 1 – 11　半主动寻的制导示意图

（3）被动寻的制导（Passive Homing Guidance）。导弹接收目标自身辐射的能量或反射的自然能源的能量（如光能），形成制导信号，如图 1 – 12 所示，多指反辐射导弹，导弹上的制导装置只被动接收目标发出的雷达信号进行攻击，也有红外被动寻的制导导弹。

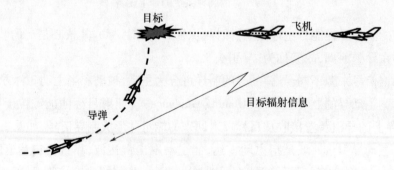

图 1 – 12　被动寻的制导示意图

# 1.6　导弹的导引方法

## 1.6.1　导引方法的概念与分类

导弹不同于炮弹,炮弹飞行轨迹由初速和发射方向决定,轨迹不受控,而导弹轨迹受控,制导系统不断测量目标、导弹或目标、导弹、制导站之间的相对坐标,及时调整飞行路线。所谓导引方法,是指根据目标的运动,使导弹能按一定的飞行弹道(一定的飞行规律)命中目标的方法。导引方法一般是以运动方程式表示。

从导弹和目标的运动学关系可把导引方法按下列情况分类。

(1) 根据导弹纵轴与目标线(导弹 - 目标的连线,又称为视线)的相对位置分为直接法(两者重合)、常值目标方位角法(纵轴超前)。该方法一般用于反舰导弹。

(2) 根据导弹速度向量与目标线的相对位置分为追踪法(两者重合)、常值前置角法(速度向量超前)等;追踪法中导弹速度向量始终指向目标瞬时位置,按追踪法导引的弹道称追踪曲线。常值前置角法保持视线(导弹与目标的连线)与空间某固定基准的夹角为常值,使导弹始终按照与目标相遇的路线飞行。

(3) 根据目标线在空间的变化规律分为平行接近法(目标线在空间只作平行移动)、比例导引法(目标线有转动运动)等。比例导引法是指导弹速度向量转动角速度(在铅垂面内是弹道倾角的角速度,水平面内是弹道偏角的角速度)与目标线转动角速度成一定比例。类似的还有广义比例导引法、修正比例导引法等。这种方法的优点是技术上容易实现,可实行全向攻击,弹道也较平直,因而,空空、地空等自动寻的制导的导弹都广泛采用比例导引法。

(4) 根据"制导站 - 导弹"连线与"制导站 - 目标"连线的相对位置分为三点法(两连线重合)、角度法("制导站 - 导弹"连线超前)。三点法和角度法是地空导弹使用较多的导引方法。

三点法又称为目标覆盖法或重合法,属于遥控导引方法。用此法导引时必须保证导弹的瞬时位置始终处在制导站与目标的连线上,也就是说,制导站、导弹、目标三点始终成一线。这种方法的过载与目标机动有关,而且取决于攻击状态。地空导弹在迎击定高等速飞行的目标时,弹道在命中点达到最大过载;尾追时,在导引弹道的初始段上产生最大过载。三点法用同一个雷达波束捕获目标和导引导弹,技术实施简单,抗干扰性好,但弹道较弯曲。

角度法又称为前置法。制导站用两部雷达分别测量目标和导引导弹,并使导引导弹的波束在导引过程中超前于测量目标的波束,在命中时两波束重合。用此法导引时可使弹道变得比较平直,因而又称为矫直法。矫直的弹道降低了需用法向过载,因而能提高命中精度。适当地选择两部雷达波束间的相对转动规律,可使命中点的弹道需用法向过载不受目标机动飞行参数(切向加速度和法向加速度)的影响,从而提高导引精度。这种方法称为半矫直法或半前置法。

## 1.6.2 几种导引方法的弹道分析

### 1. 导弹与目标的位置和角度关系

在极坐标系中,导弹寻的制导过程中导弹与目标的位置和角度关系[3]如图 1 – 13 所示。假设在某一个瞬时,目标所处的位置为 $M$ 点,导弹所处的位置为 $D$ 点。$V_M$ 为目标运动的速度向量,$V_D$ 为导弹运动的速度向量。导弹和目标之间的连线称为目标视线,两者之间的距离用 $r$ 表示,目标视线和基准线之间的夹角称为目标视线方位角(简称目标视线角),用 $q$ 表示。$\eta$、$\eta_M$ 分别为导弹、目标速度向量与目标线之间的夹角,相应地称为导弹速度向量前置角和目标速度向量前置角(简称为前置角)。$\sigma$、$\sigma_M$ 分别为导弹、目标速度向量与基准线之间的夹角,称为导弹弹道角和目标航向角。当攻击平面为铅垂面时,$\sigma$ 就是弹道倾角 $\theta$;当攻击平面为水平面时,$\theta$ 就是弹道偏角 $\psi_V$。图 1 – 13 所示的角度均为它们的正方向,即为正值。导弹在飞向目标的过程中,两者之间的距离 $r$ 是不断变化的。根据运动学的规律可知,导弹和目标之间距离 $r$ 的变化率 $\dot{r}$ 为导弹速度向量 $V_D$ 和目标速度向量 $V_M$ 在目标视线上投影的代数和,即

$$\dot{r} = \frac{\mathrm{d}r}{\mathrm{d}t} = V_M \cos\eta_M - V_D \cos\eta \qquad (1-1)$$

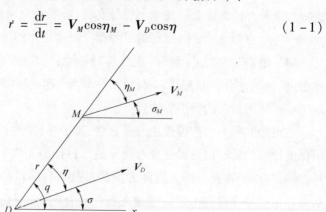

图 1 – 13　寻的制导过程中导弹与目标的位置和角度关系图

导弹在向目标飞行的过程中,除了导弹和目标之间的距离会发生变化之外,目标视线角也要发生变化。目标视线的转动角速度 $\dot{q}$ 应为导弹运动和目标运动分别引起目标视线角转动角速度的代数和,即

$$\dot{q} = \frac{\mathrm{d}q}{\mathrm{d}t} = \frac{V_D \sin\eta}{r} - \frac{V_M \sin\eta_M}{r} \qquad (1-2)$$

2. 不同导引方法的导引弹道

(1)追踪法。追踪法是指导弹在向目标飞行的过程中,导弹运动的速度向量 $V$ 应每时每刻都指向目标。导弹飞行弹道如图 1 – 14 所示。图中 1′、2′、3′、… 和 1、2、3、… 分别代表同一瞬间目标和导弹在同一瞬间目标和导弹所在的位置。连线 $\overline{11'}$、$\overline{22'}$、$\overline{33'}$、… 分别代表在不同时刻的目标视线。导弹的速度向量 $V$ 在对应的时间内应分别与 $\overline{11'}$、$\overline{22'}$、$\overline{33'}$、… 重合。连接 1、2、3、… 各点在空间所形成的曲线就是导弹的追踪导引弹道。

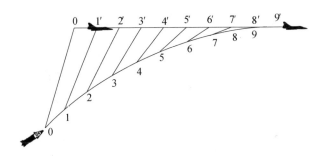

图 1 – 14　追踪法导引弹道

追踪法可以用来攻击固定目标,也可以用来攻击活动目标,且其制导系统结构较为简单,但当导弹迎击目标或攻击近距高速飞行目标时,弹道弯曲程度很严重,造成导弹飞行时所需要的法相加速度大。在用追踪法攻击活动目标时,追踪法对导弹飞行速度和目标飞行速度之间的比值有较严格的要求;否则,在命中点附近会造成弹道的过分弯曲。

(2)平行接近法。平行接近法是指导弹在接近目标的过程中,目标视线在空间始终保持平行,如图 1 – 15 所示。导弹接近目标的过程中,目标视线的转动角速度 $\dot{q}$ 应为零,即

$$\frac{V_D \sin\eta - V_M \sin\eta_M}{r} = 0 \qquad (1-3)$$

式中:导弹飞行过程中的前置角 $\eta$ 取决于目标速度 $V_M$ 与导弹飞行速度 $V_D$ 的比值和目标飞行的前置角 $\eta_M$。

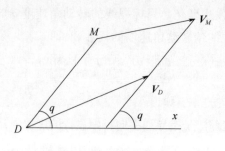

图 1 – 15  平行接近法

平行接近法的一个突出优点是弹道"平直",假设目标在空间做等速直线飞行,同时,导弹和目标在同一平面内做等速飞行。如果对导弹采用平行导引法进行导引,从式(1 – 3)中可以看出导弹的前置角应该为一常数,目标视线角也为常数,因此,导弹的弹道倾角也应为常数,即导弹的飞行轨迹是一条直线,如图 1 – 16 所示,这样导弹飞行过程中的法向需用加速度为 0。平行接近法的另一个突出优点是曲率较小,是一种比较理想的导引方法,但是实现这种导引规律的控制系统是十分复杂和困难的,目前在导弹上实际使用很少见。

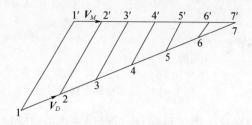

图 1 – 16  平行接近法弹道

(3) 比例导引法。比例导引法是指导弹在接近目标的过程中,使导弹速度向量 $V_D$ 转动角速度 $\dot{\sigma}$ 正比于目标视线的转动角速度 $\dot{q}$,即

$$\dot{\sigma} = K\dot{q} \qquad (1 – 4)$$

式中:$K$ 为比例导引法的比例系数。

在比例系数 $K$ 一定的条件下,如果使目标视线的转动角速度较小,那么,导弹速度向量的转动角速度也较小,即可以使弹道比较平直。从式(1 – 3)中可以看出,只要选择比较合理的导弹前置角,就可以使目标视线的转动角速度的数值较小,从而使弹道比较平直,实现比例导引法的装置比较简单。因此,比例导引法得到了广泛的应用。

比例导引法的导弹需用过载取决于初始误差、目标加速度以及目标机动等因素。除初始误差引起的需用过载随时间减小外,其他因素引起的需用过载均随时间增加,到命中点达到最大。对于防空导弹,导弹的速度和可用过载随着飞行时间的加长而越来越小;针对对空导弹,由于飞行高度越来越高,高空空气稀薄,致使可用过载降低更加严重。为解决比例导引法的上述缺陷,改善弹道特性,对比例导引法进行修正,这种方法称为修正比例导引法。

# 1.7　各类导引头概述

## 1. 雷达导引头

雷达自动导引或自动瞄准,是利用弹上设备接收目标辐射或反射的无线电波,实现对目标的跟踪并形成制导指令,导引导弹飞向目标的一种导引方法。雷达导引头的任务是捕捉目标,对目标进行角坐标、距离和速度的跟踪,并计算控制参数和形成控制指令,操纵导弹击毁目标。目前,雷达导引头广泛应用于反舰导弹、防空反导导弹、反辐射导弹等。

## 2. 红外导引头

红外寻的制导利用目标辐射的红外线作为信号源,形成引导指令,实现对目标的跟踪和对导弹的控制,使导弹飞向目标的一种制导方式。目前,红外导引头应用于空空导弹、空地导弹、地地导弹等。红外导引头可分为红外点源导引头和红外成像导引头。

(1) 红外点源导引头。红外点源导引头由光学系统、调制器、红外探测器与制冷装置、信号处理、导引头的角跟踪系统等部分组成。红外点源导引头采用红外点源探测器接收目标辐射的红外线,确定目标的位置及角运动特性,形成相应的跟踪和引导指令。导引头控制系统控制伺服装置,使光学系统光轴跟踪目标,同时引导导弹飞向目标。

(2) 红外成像导引头。红外成像寻的制导利用红外探测器探测目标的红外辐射,根据获取的红外图像进行目标捕获与追踪,并将导弹引向目标。红外成像技术就是把物体表面温度的空间分布情况变为按时间排列的电信号,并以可见光的形式显示出来,或将其数字化存储在存储器中,为数字机提供输入,用数字信号处理方法处理这种图像,从而得到制导信息。红外成像技术真正实现了对目标进行全向攻击的能力。

3. 电视寻的导引头

电视寻的制导是由电视导引头利用目标反射的可见光信息,形成引导指令,实现对目标跟踪和对导弹控制的一种被动寻的制导技术。

电视导引头在导弹飞行末端发现、提取、捕获目标,同时使光轴瞬时对准目标;当光轴和弹轴不重合时,给出与偏角成比例的控制信号。使得导弹实时对准目标,引导导弹直接摧毁目标。目前,电视制导应用于空地导弹系统等。

4. 激光寻的制导导引头

激光寻的制导系统是利用目标漫反射的激光,形成引导指令,实现对目标的跟踪和对导弹的控制,使导弹飞向目标的一种制导方式。

由于激光发射器发射激光时需要用到制冷装置,因此,主动激光导引头小型化比较困难。激光制导一般采用半主动寻的制导,另外,半主动激光寻的制导使用时会限制载机或载舰的机动,因此,也在一定程度上限制了它在实际战场中的使用。

5. 复合导引头

多模复合制导在充分利用现有的寻的制导技术的基础上,能够获取目标的多种频谱信息,通过信息融合技术提高寻的装置的智能特性,弥补单模制导的缺陷,发挥各种传感器的优点,提高武器系统的作战效应。

复合导引头主要包括雷达主被动复合导引头、雷达红外复合导引头、雷达可见光复合导引头等。

# 本章小结

导弹在现代战争中起着至关重要的作用,在对海、对空、对地的打击中,导弹往往是打击最精准的武器。本章主要介绍了导弹的主要组成与分类以及导弹的导引方法等,重点介绍了导弹的制导系统以及导弹寻的制导系统。

# 思 考 题

1. 简述导弹各部分的组成及功能。

2. 简述导弹的分类。

3. 简述制导系统的概念与分类。

4. 简述寻的制导系统的概念与分类。

5. 根据导弹纵轴与目标线的相对位置分哪几种方法?

# 第 2 章　末制导雷达基础

末制导雷达一般又称为雷达导引头或弹载雷达,末制导雷达技术是雷达技术的组成部分,其技术发展历程可以参照雷达技术,但略有滞后。本章以末制导雷达为应用背景,从雷达的基本概念出发,讨论雷达制导技术涉及的天线基本知识、雷达测量原理、雷达信号处理基础,为后续章节的学习打下理论基础。

## 2.1　雷达基本概念

### 2.1.1　雷达的定义

雷达(Radar)是 Radio Detection and Ranging 的缩写,原意是"无线电探测和测距",即用无线电方法发现目标并测定它们在空间的位置。早先的概念是:由雷达发射机产生具有给定参数的电磁波,经天线辐射到空间,通过天线波束在空间扫描,一旦目标出现,就会对辐照的电磁波产生反射和散射,此反射波和散射波再被雷达天线接收,送至接收机,经检波、放大和信息处理后,即可获得目标的位置和目标的其他属性。这里所说的发射机就是雷达的辐射源,因此,这种雷达称为有源雷达。

后来,随着电子技术、雷达技术和各种武器技术的发展,目前雷达的概念有所扩展,除上述有源雷达外,又派生出无源雷达,也就是说,这种雷达没有辐射源,它是借用空间已有的电波,照射到目标所形成的回波来探测目标。从雷达本身看,它是无辐射源,实际上是有源的,这源是外部辐射源。

### 2.1.2　雷达的产生与发展

1. 雷达的诞生历程

1864 年,伟大的电磁之父麦克斯韦(James Clerk Maxwell)发表了巨著《电磁学通论》,从数学和物理学,论证了电磁波的存在,并指出光就是电磁波。

1886 年,赫兹(Heinerich Hertz)巧夺天工,他发明了天线,将谐振回路形成的电磁波,辐射到空间,证实了电磁波的存在。

1897 年,波波夫利用无线电波探测物体。

1903 年至 1904 年,德国侯斯美尔(Christian Hulsmeyer)发明了船用防撞雷达,获得了专利权。这种雷达只能测量目标的距离。同年,世界上出现了第一架飞机。

1914 年至 1918 年,第一次世界大战。飞机在战场上的作用越来越大。当时,飞机飞行速度不高,人们是通过声波探测来提前预警飞机信息。因此,有的科普作家认为雷达的诞生从声波探测开始,也有人认为雷达的诞生是起始于多普勒效应的发现。

1917 年,罗伯特·沃特森·瓦特(Robert Watson – Watt)成功设计雷暴定位装置,宣告雷达的诞生。

1922 年,美国泰勒和杨建议在两艘军舰上装备高频发射机与接收机以搜索敌舰。

1937 年,美国开始研制相控阵雷达,直到 20 世纪 50 年代中期,研制出实用型舰载相控阵雷达。

1947 年,美国贝尔电话实验室研制出线性调频脉冲雷达。

20 世纪 50 年代中期,美国装备了超视距预警雷达系统,可以探测超声速飞机,不久又研制出脉冲多普勒雷达。

20 世纪 80 年代,相控阵雷达实现了多功能,成为远程反导防御系统的重要组成部分。

2. 雷达发展的 4 个阶段

(1)第一阶段(20 世纪 30 年代至 50 年代)。

以国土防空警戒指挥和引导为目的,多为米波段雷达,磁控管为发射机。

技术特点:电子管、非相参。

(2)第二阶段(20 世纪 50 年代至 80 年代)。

从粗略定位到精确引导发展,采用全相参雷达体制,以速调管和行波管为发射机。

技术特点:半导体、全相参。

(3)第三阶段(20 世纪 80 年代至 20 世纪末)。

高精度、高分辨力、高抗干扰能力、多目标能力、高可靠性和维修性。

技术特点:大规模集成电路、全固态、相控阵技术。

(4)第四阶段(21 世纪初至今)。

针对隐身目标、低空低速和高空高速目标、复杂电磁环境。

技术特点:多功能、自适应、目标识别。

### 2.1.3 雷达的分类

雷达种类很多,可按以下方法分类。

（1）按定位方法可分为有源雷达、半有源雷达和无源雷达。

（2）按装设地点可分为地面雷达、舰载雷达、机载雷达、弹载雷达、星载雷达等。

（3）按辐射种类可分为脉冲雷达和连续波雷达等。

（4）按工作波长可分为米波雷达、分米波雷达、厘米波雷达、毫米波雷达等。

（5）按用途可分为目标探测雷达、侦察雷达、武器控制雷达、飞行保障雷达、气象雷达、导航雷达等。

（6）按雷达采用的技术和信号处理方式可分为脉冲压缩雷达、单脉冲雷达、相参积累和非相参积累雷达、动目标显示雷达、动目标检测雷达、脉冲多普勒雷达、相控阵雷达、合成孔径雷达、边扫描边跟踪雷达等。

### 2.1.4 雷达的组成与基本工作原理

雷达主要由天线、发射机、接收机、信号处理和显示设备组成,基本组成框图如图 2 - 1 和图 2 - 2 所示[4]。

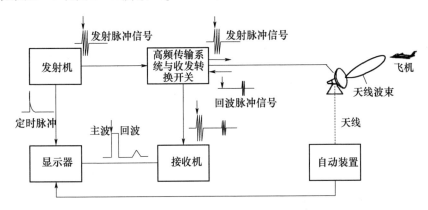

图 2 - 1 雷达简单组成框图

雷达是利用目标对电磁波的反射现象来发现目标并测定其位置。雷达发射机产生的电磁波经天线辐射到大气中后,以光速在大气中传播,位于天线波束内的物体或目标遇到电磁波后会反射一部分电磁波。雷达接收机将天线接收到的微弱回波加以放大,然后将射频信息转换成视频或数字信号,经信号和数据处理后,最终显示出所需要的目标信息。

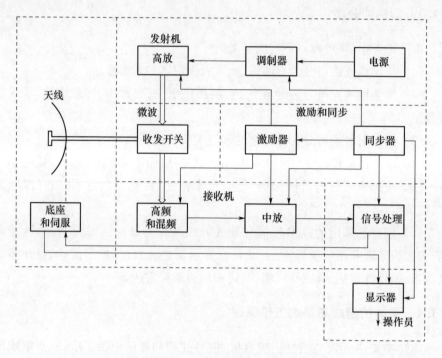

图 2 – 2　雷达基本组成框图

## 2.1.5　雷达的波段划分

通常,雷达的工作频率范围为 2MHz ~ 35GHz,其中超视距雷达工作频率为 2 ~ 30MHz,工作频率为 100 ~ 1000MHz 范围一般为远程警戒雷达,工作频率为 1 ~ 4GHz 范围一般为中程雷达,工作频率在 4GHz 以上一般为近程雷达。我国雷达波段划分如表 2 – 1 所列。

表 2 – 1　我国雷达波段划分

| 波段 | 标称波长/cm | 频率/GHz | 波长范围/cm | 备注 |
|---|---|---|---|---|
| P | 80 | 0.23 ~ 1 | 130 ~ 30 | Previous,远程警戒雷达 |
| L | 22 | 1 ~ 2 | 30 ~ 15 | Long,用于地面远程对空警戒;搜索、跟踪;空间目标探测,以色列费尔康预警机 |
| S | 10 | 2 ~ 4 | 15 ~ 7.5 | Short。用于远程对空警戒;搜索、跟踪;远程气象雷达;机场监视雷达;机载预警;多功能相控阵防空雷达,美国 E – 3 预警机 |

（续）

| 波段 | 标称波长/cm | 频率/GHz | 波长范围/cm | 备注 |
|---|---|---|---|---|
| C | 5 | 4~8 | 7.5~3.75 | Copromise(折中,介于 S 波段和 X 波段之间),用于远程精确制导及跟踪;中程气象雷达;多功能相控阵防空雷达,美国"爱国者"导弹制导雷达 |
| X | 3 | 8~12 | 3.75~2.5 | 交叉线,表示准星。用于武器制导;舰载导航、警用测速;重量轻、精度高,作用距离近,机载火控雷达 |
| Ku | 2 | 12~18 | 2.5~1.67 | under K,短波以下。武器制导;机场地面交通定位。精度高,受天气影响大,作用距离近,机载火控雷达 |
| K | 1.25 | 18~27 | 1.67~1.11 | Kurz,短小(德语)。大气衰减(水蒸气的作用),不用 |
| Ka | 0.8 | 27~40 | 1.11~0.75 | Kurz-above,短波以上。用于武器制导;精度高,受天气影响大,作用距离近,长弓"阿帕奇"35GHz |
| U | 0.6 | 40~60 | 0.75~0.5 | 用于武器制导;受天气影响大,由于天气衰减严重,作用距离近,"地狱火"末导引头 94GHz(0.00075~0.001m) |
| V | 0.4 | 60~80 | 0.5~0.375 | |
| W | 0.3 | 80~100 | 0.375~0.3 | |

## 2.1.6 跟踪雷达的基本原理

跟踪雷达是能连续跟踪一个目标并测量目标坐标的雷达。它的应用场合不同于预警雷达,预警雷达主要用于远程监视任务,而跟踪雷达主要用于目标指示、武器制导、火力控制等。末制导雷达属于典型的跟踪雷达。

跟踪雷达最早用于火炮瞄准的雷达。1938 年,美国陆军通信队研制的手控跟踪雷达 SCR-268,采用波束转换法测角,角度测量误差约为 1°。1944 年,美国的新型微波炮瞄自动跟踪雷达 SCR-584 投入使用,采用圆锥扫描测角体制,角跟踪误差(均方根)约 2mil(1mil=0.06°≈1mrad)。

1947 年至 1948 年,在地面导弹和机载火炮控制中已开始使用单脉冲法跟踪雷达。单脉冲法能在一个回波脉冲里完全确定目标的角位置,也可消除目标反射截面积变化所引起的测角误差。

具有代表性的单脉冲精密跟踪雷达是 1956 年美国无线电公司研制的靶场测量雷达 AN/FPS-16,其角跟踪误差(均方根)为 0.1~0.2mil。单脉冲测角示意图如图 2-3 所示。

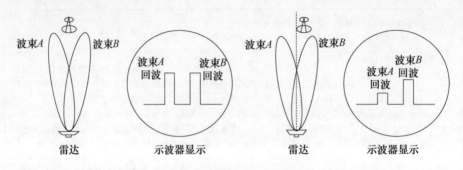

图 2 - 3　单脉冲测角示意图

跟踪雷达的应用日益广泛,不仅用于各种火炮控制、导弹制导、外弹道测量、卫星跟踪、突防技术研究等军事部门,而且在气象、交通、科学研究等领域的应用也日益扩大。

跟踪雷达可对目标方位和仰角进行自动跟踪,雷达天线跟随目标运动而连续地改变指向,使天线电轴始终指向目标。跟踪雷达组成框图如图 2 - 4 所示。

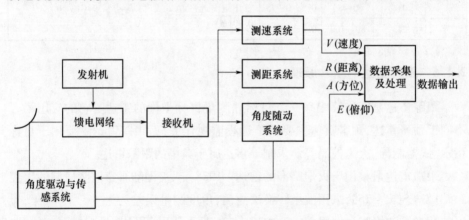

图 2 - 4　跟踪雷达组成框图

1. 距离跟踪

通过比较目标回波脉冲与测距波门之间的时间差,就可以控制测距波门移动到目标回波距离上,完成对目标的距离跟踪。随着数字技术的发展,数字式距离跟踪系统越来越显示出其优越性。

2. 角度跟踪

当雷达自动跟踪一个目标时,某一瞬时因目标运动到一个新的位置而偏离了天线电轴指向,便在目标与天线电轴指向之间产生一个夹角,称为角误差。

角误差使天线系统有误差信号输出,接收机对误差信号进行放大和变换后送到天线的方位、仰角驱动放大器的输入端,经功率放大后控制方位、仰角驱动电机,改变天线电轴指向,使天线电轴重新瞄准目标。

3. 速度跟踪

检测发射信号和目标回波信号之间的频率差,不仅能实时测量目标的径向速度,而且可在距离、角度跟踪支路进行相干积累处理,扩展雷达跟踪距离,增加雷达的速度分辨能力。

在跟踪雷达中,除了具有为目标检测所必需的信号产生功能、发射机、天馈线、接收机、信号处理及数据处理功能外,还必须具有为目标跟踪和测量所必需的多个自动闭环跟踪回路。

目前的跟踪雷达中,不仅采用单脉冲技术,还同时采用相控阵技术、脉冲多普勒技术、脉冲压缩技术、动目标显示技术和雷达成像技术等,以满足多种功能和高性能要求,这一技术同样也应用于末制导雷达中。

## 2.2　天线的基本知识

### 2.2.1　电磁波的产生与传播

电磁波是电磁场的一种运动形态。电与磁可以说是一体两面,变动的电会产生磁,变动的磁则会产生电。变化的电场和变化的磁场构成了一个不可分离的统一的场,这就是电磁场,而变化的电磁场在空间的传播形成了电磁波。电磁的变动就如同微风轻拂水面产生水波一般,因此称为电磁波,也称为电波。

麦克斯韦方程组(Maxwell's Equations)是英国物理学家詹姆斯·麦克斯韦在 19 世纪建立的一组描述电场、磁场之间关系的偏微分方程。只要是电磁波的传播,都必须满足麦克斯韦方程组。同时,电磁波在两种不同媒质的分界面,媒质参数会发生突变,引起某些场分量的不连续,我们称为电磁场边界条件。根据电磁场边界条件,在媒质分界面处电场的切向分量和磁感应强度的法向分量是连续的。电磁波在自由空间或是传输线中传输,或是以天线的形式辐射,都必须满足麦克斯韦方程组和边界条件,反之,列出了天线或微波传输器件的边界条件,结合麦克斯韦方程组,就能得出电磁波在该天线或传输器件中的传输规律。这也是我们分析和研究不同天线和电磁波传播的理论基础。

麦克斯韦方程组为

$$\begin{cases} \nabla \times H = \varepsilon \dfrac{\partial E}{\partial t} + J \\[2mm] \nabla \times E = -\mu \dfrac{\partial H}{\partial t} \\[2mm] \nabla \cdot B = 0 \\[2mm] \nabla \cdot E = 0 \end{cases} \qquad (2-1)$$

麦克斯韦方程组(2-1)由两个旋度方程和两个散度方程组成:第一个方程表示电生磁,若电场变化,则磁场随之变化;第二个方程表示磁生电,若磁场变化,则电场随之变化;第三个方程表示磁力线是无始无终的封闭闭合曲线;第四个方程表示电力线出发和终止于自由电荷。

按照麦克斯韦电磁场理论,变化的电场在其周围空间要产生变化的磁场,而变化的磁场又要产生变化的电场。这样,变化的电场和变化的磁场之间相互依赖、相互激发、交替产生,并以一定速度由近及远地在空间传播出去。电磁波不同于机械波,它的传播不需要依赖任何弹性介质,它是能够不依赖任何介质进行传播的"神秘力量"。即使在真空中,它也能来去自如,而且转瞬即至。它只靠"变化电场产生变化磁场,变化磁场产生变化电场"的机理传播。当电磁波频率较低时,主要借由有形的导电体才能传递;当频率逐渐提高时,电磁波就会外溢到导体之外,不需要介质也能向外传递能量,这就是一种辐射。在低频的电振荡中,磁电之间的相互变化比较缓慢,其能量几乎全部反回原电路而没有能量辐射出去。然而,在高频率的电振荡中,磁电互变甚快,能量不可能反回原振荡电路,于是,电能、磁能随着电场与磁场的周期变化以电磁波的形式向空间传播出去。

根据以上的理论,每一段流过高频电流的导线都会有电磁辐射。有的导线用作传输,就不希望有太多的电磁辐射损耗能量;有的导线用作天线,就希望能尽可能地将能量转化为电磁波发射出去。于是,就有了传输线和天线。无论是天线还是传输线,都是电磁波理论或麦克斯韦方程在不同情况下的应用。

对于传输线,这种导线的结构应该能传递电磁能量,而不会向外辐射;对于天线,这种导线的结构应该能尽可能将电磁能量传递出去。不同形状、尺寸的导线在发射和接收某一频率的无线电信号时,效率相差很多,因此,要取得理想的通信效果,必须采用适当的天线才行。研究什么样结构的导线能够实现高效的发射和接收,也就形成了天线这门学问。高频电磁波在空中传播,如遇着导体,就会发生感应作用,在导体内产生高频电流,使我们可以用导线接收来自远处的无线电信号。

### 2. 2. 2　天线基础

1. 天线的发明

天线是 1894 年由俄国科学家波波夫发明的,迄今已有 120 多年的历史。1896 年,波波夫和助手雷布金在俄国物理化学协会的年会上,正式进行了用无线电传递莫尔斯电报码的表演,雷布金拍发信号,波波夫接收信号,通信距离是 250m。波波夫致力于把无线电通信应用于海军。1897 年春天,他在喀琅施塔得港进行实验,在相距 640m 的战舰间建立了无线电联系。到夏天,通信距离已达 5km。1900 年 2 月,俄国海军在芬兰湾的戈格兰德岛和岸上的哥特卡村设立了电台,长期保持无线电沟通和联系,距离达 50km。1900 年初,铁甲舰"阿普拉克辛海军上将"号在戈格兰德岛一带触礁搁浅,俄国海军在进行拖曳引救时,无线电台发挥了很大的作用。1901 年夏天,波波夫又在黑海进行了实验,使行进中的舰队能在 110km 内保持无线电联系。

天线最早发明是以无线电通信为背景而被发现和发展,它也是后来雷达天线发明的基础。

2. 天线基本原理

天线是一种变换器,它把传输线上传播的导行波,变换成在无界媒介(通常是自由空间)中传播的电磁波,或者进行相反的变换。何为导行波呢? 简单来说,导行波就是一种传输线上的电磁波,天线是怎么实现导行波和电磁波之间转换的呢?

早在 18 世纪,麦克斯韦等许多科学家们就已猜测、预言、论证了电磁波的存在,其中物理学家赫兹首先用人工方法产生了电磁波。原来它是由迅速变化的电场和磁场产生的。要产生变化的电场和磁场必须有一个振源。这种振源可以由线圈 L 和电容器 C 组成的振荡电路完成,如图 2 - 5 所示。其中线圈用来储存磁场能量,电容器用来储存电场能量。为了产生持续的电磁振荡,还要求 LC 接在晶体管电路中,并依靠电路中的直流电源不断地补给能量。

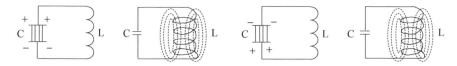

图 2 - 5　LC 振荡电路

　　在未通电以前,电路里没有电流。当接通电源时,因为电感的存在,便产生了一个同电源大小相同、极性相反的电动势。由于它的阻碍,电流只能从0开始逐渐变大并给电容充电。再说电容,在接通电源时电容无电荷,电压为0。随着电容电压的提高电流也逐渐减少,直到为0。这里如果断开电源,电容将通过电感和电阻放电,在刚开始放电时,由于电感相反的感应电动势的作用,电流又是从小到大,直到电容电压接近0,而这时电感中的电流却达到了最大。在电流开始减少时又是电感的影响,它的特性就是阻止电流的变化,所以就又产生了一个阻碍电流减少的电动势。由这个电动势而产生的电流又重新给电容充电。这样周而复始,电容充放电的过程即是电磁场不断转化的过程,变化的电场和磁场产生电磁波,电磁波产生之后,还要发射。发射电磁波除需要极高的频率之外,还需要电容极板间距大,而两极板间的最大距离无非是一条接天,成为天线,一条接地,成为地线。因此,若要把电路中的电磁能发射出去,还必须具备两个条件。

　　(1)振荡的频率必须足够高。频率越高,电场和磁场变化越快,产生的场越强,辐射出去的能量也越多。这样方能有效地把能量发射出去。

　　(2)电路必须开放。可设法将普通的LC振荡电路加以改造,使电容极板面积越来越小,极板间隔越来越大,再使电感线圈匝数越来越少,最后使电路演化为一根直导线,如图2-6所示。这样的电路称为振荡偶极振子,也就是俗称的天线。

　　这种由振荡回路演变的天线,本身就是一个振荡器,但又与普通的LC振荡回路有区别。有了天线,电磁场才能够发射到空间去。实际上,天线起了"能量转换"的作用。我们用馈线送入天线的并不是无线电波,而是高频振荡电流。在天线上由变化的电场在它周围产生变化的磁场,这个变化的磁场又在自己周围产生变化的电场,新产生的变化的电场再在自己周围产生变化的磁场,这样变化的电场和变化的磁场相互激发,形成闭合的电力线和磁力线。它们像链条一样,一个一个地相互推斥而滞留在空间,如图2-7所示。由于高频振荡频率极高,相互推斥也极快,于是,在空间向外扩散传播开来,成为波。这种波因为是由电场和磁场产生的,所以称为电磁波,简称为电波。经科学家们计算,电波的传播速度为 $3 \times 10^8$ m/s。

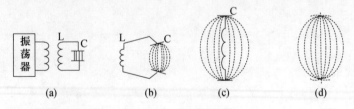

图2-6　天线的产生

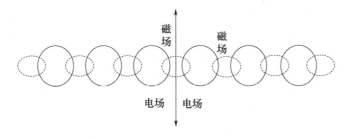

图 2 - 7　电波的传播

天线的形态有很多,根据相似度,可大致归为以下几类。

(1) 按用途分类,可分为通信天线、电视天线、雷达天线等。

(2) 按工作频段分类,可分为中波天线、短波天线、超短波天线、微波天线等。

(3) 按方向性分类,可分为全向天线、定向天线等。

(4) 按外形分类,可分为线状天线、面状天线等,其中短波天线、超短波天线多为线天线,微波天线多为面天线。面天线包括喇叭天线、缝隙天线、抛物面天线等。

3. 天线的主要参数

1) 天线的方向性

天线的方向性是指衡量天线将能量向所需方向辐射的能力。

天线辐射的电磁场在固定距离上随角坐标分布的图形,称为方向性图,用辐射场强表示的称为场强方向性图,用功率密度表示的称为功率方向性图,用相位表示的称为相位方向性图。根据天线的互易性定理,在一定条件下(实际上这些条件在雷达中常能满足),天线的发射方向图和接收方向图是一样的。

(1) 主瓣宽度。主瓣宽度是衡量天线的最大辐射区域的程度的物理量。方向图通常都有两个瓣或多个瓣,其中辐射强度最大的瓣称为主瓣,其余的瓣称为副瓣或旁瓣。天线辐射主瓣副瓣示意图如图 2 - 8 所示。

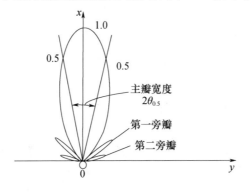

图 2 - 8　天线辐射主瓣副瓣示意图

在主瓣最大辐射方向两侧,辐射强度降低 3dB(功率密度降低 1/2)的两点间的夹角定义为波瓣宽度(又称为波束宽度、主瓣宽度、半功率角)。波瓣宽度越窄,方向性越好,作用距离越远,抗干扰能力越强。还有一种波瓣宽度,即 10dB 波瓣宽度,顾名思义,它是方向图中辐射强度降低 10dB(功率密度降至 1/10)的两个点间的夹角。

(2)旁瓣电平。旁瓣电平是指离主瓣最近且电平最高的第一旁瓣的电平。实际上,旁瓣区是不需要辐射的区域,所以其电平越低越好。

(3)前后比。前后比是指最大辐射方向(前向)电平与其相反方向(后向)的电平之比。前后比越大,天线的后向辐射(或接收)越小,天线辐射前向功率和后向功率示意图如图 2-9 所示。前后比 $F/B$ 的计算十分简单,即

$$F/B = 10\lg\{(\text{前向功率密度})/(\text{后向功率密度})\}$$

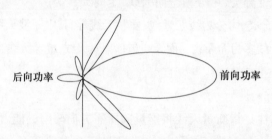

图 2-9　天线辐射前向功率和后向功率示意图

(4)方向系数。在离天线某一距离处,天线在最大辐射方向上的辐射功率流密度与相同辐射功率的理想无方向性天线在同一距离处的辐射功率流密度之比。这是方向性中最重要的指标,能精确比较不同天线的方向性,表示了天线集束能量的电参数。

2)天线效率

天线效率定义为天线辐射功率与输入功率之比。

常用天线的辐射电阻 $R$ 表示天线辐射功率的能力。天线的辐射电阻是一个虚拟的量,定义如下:设有一电阻 $R$,当通过它的电流等于天线上的最大电流时,其损耗的功率就等于其辐射功率。显然,辐射电阻的高低是衡量天线辐射能力的一个重要指标,即辐射电阻越大,说明天线的辐射能力越强。

3)增益系数

天线作为一种无源器件,其增益的概念与一般功率放大器增益的概念不同。功率放大器具有能量放大作用,但天线本身并没有增加所辐射信号的能量,它只是通过天线振子的组合并改变其馈电方式把能量集中到某一方向。增

益系数是综合衡量天线能量转换和方向特性的参数,它的定义是:方向系数与天线效率的乘积,记为 $G = D \cdot \eta$ ,其中 $D$ 为方向系数,$\eta$ 为天线效率。可见,天线方向系数和天线效率越高,则增益系数也就越高。

物理意义:天线的增益系数描述了天线与理想的无方向性大线相比在最大辐射方向上将输出功率放大的倍数。也可以这样通俗地理解为定向天线与理想全向天线(其辐射在各方向均等)在一定的距离上的某点处产生一定大小的信号之比。例如,如果用理想的无方向性点源作为发射天线,需要 100W 的输入功率,而用增益为 $G = 13\mathrm{dB}$ 的某定向天线作为发射天线时,输入功率只需 100/20 = 5W。换言之,某天线的增益,就其最大辐射方向上的辐射效果来说,与无方向性的理想点源相比,把输入功率放大的倍数就是天线在最大辐射方向上的输出功率的放大倍数。

4)极化方向

极化特性是指天线在最大辐射方向上电场向量的方向随时间变化的规律。极化方向,就是天线电场的方向。天线的极化方式有线极化(水平极化和垂直极化)和圆极化(左旋极化和右旋极化)等方式。如何理解线极化?首先想象那幅经典的电磁波传播图(图 2 - 10),电场在一个平面以正弦波传播,磁场在电场的正交平面也以正弦波传播,我们从起点沿着传播方向去看电场,看到的就是一段短线,这种极化就是线极化。那么,线极化的方向如何确定呢?当高频电流通过天线时,会在天线上产生高频电压,形成高频电场,这个电场方向一般与天线的走向一致,即线极化的极化方向是与天线的走向一致的。如果天线是水平方向架设的导线,产生的电场也是水平方向的,称为"水平极化"天线;如果天线是垂直于地面架设的导线,产生的电场也是垂直方向的,称为"垂直极化"天线(通常,直线导线结构的天线为线极化)。

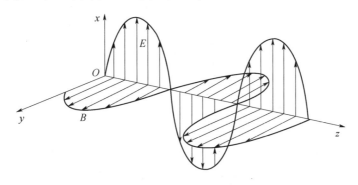

图 2 - 10　经典电磁波传播示意图

如何理解圆极化呢？同样是那幅经典的电磁波传播图，不过此时的电场大小始终不变，但是方向围绕着 $x$ 轴不断旋转变化，但在任何一个平面上的投影都是一个正弦波，有点类似我们对信号的处理中辐度不变，但相位在不断变化。此时，从原点向传播方向去看电场，看到的就是一个圆，这种极化就是圆极化。当然，向左旋转就是左旋极化，向右旋转就是右旋极化（通常，螺旋结构的天线为圆极化）。

只有收信天线的极化方向与所接收电磁波的极化方向一致才能感应出最大的信号来。根据这一原理，可以推断出以下结论。

对于线极化，当收信天线的极化方向与线极化方向一致（电场方向）时，感应出的信号最大（电磁波在极化方向上投影最大）；随着收信天线的极化方向与线极化方向偏离越来越多时，感应出的信号越小（投影不断减小）；当收信天线的极化方向与线极化方向正交（磁场方向）时，感应出的信号为零（投影为零）。线极化方式对天线的方向要求较高。当然，在实际条件下，电磁波传播途中遇到反射折射，会引起极化方向偏转，有时一个信号既可以被水平天线接收，也可以被垂直天线接收，但无论如何，天线的极化方向是常常需要考虑的重要问题。

对于圆极化，无论收信天线的极化方向如何，感应出的信号都是相同的，不会有什么差别（电磁波在任何方向上的投影都是一样的）。所以，采用圆极化方式，使得系统对天线的方位（这里的方位是天线的方位）敏感性降低。因而，大多数场合都采用圆极化方式。

打个形象的比喻，线极化类似弯曲在地面上爬行的蛇，圆极化类似蛇绕在木棍上绕行。再打个比喻，你拿一根绳子，上下摆，绳子传递的波就是线极化形式的；不断地画圆，传递的波就是圆极化的。

电磁波发射分为水平波（H）和垂直波（V），接收也分为水平波（H）和垂直波（V），单极化是指（HH）或者（VV），就是水平发射水平接收，或垂直发射垂直接收。

双极化是指一种极化模式的同时加上另一种极化模式，如垂直发射水平接收（VH）和水平发射垂直接收（HV）。

全极化技术难度最高，要求同时发射 H 和 V，也就是 HH、HV、VV、VH 4 种极化方式。

5）频带宽度

天线的电参数都与频率有关，也就是说，上述电参数都是针对某一工作频率设计的，当工作频率偏离设计频率时，往往要引起天线参数的变化。当工作频率变化时,天线的有关电参数不应超出规定的范围,这一频率范围称为频带宽度,简称为天线的带宽。

# 2.3　雷达的基本测量原理

### 2.3.1　雷达测距基本原理

1. 雷达测距原理

雷达测距的基本原理是:雷达电磁波发射出去遇到目标后,目标会在各个方向上发生散射,总有一小部分能量会反射到雷达天线处。当反射到雷达处的信号能量足够大时,雷达信号处理机可以检测出该目标,进一步可以比对回波信号相对发射信号的延迟时间 $t_r$,如图 2 – 11 所示[4]。由于电磁波在空间传播的速度等于光速 $c$,电磁波遇到目标返回到雷达处传播的实际距离为目标距离的 2 倍。所以目标的距离为

$$R = 0.5c \cdot t_r \qquad (2-2)$$

式中:$c$ 为光速,$c = 3 \times 10^8 \mathrm{m/s}$;$t_r$ 为来回传播时间;$R$ 的单位是 m;因子 0.5 是考虑到双程时间延迟的需要。

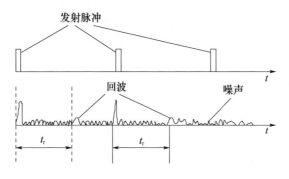

图 2 – 11　雷达接收波形示意图

由于 $1\mu s$ 代表距离为 150m,有时也用下式计算,即

$$R = 0.15T_R \qquad (2-3)$$

式中:$T_R$ 为时间,单位为 $\mu s$;$R$ 为测得的距离,单位为 km。

2. 雷达测距有关的基本概念

(1) 雷达最大作用距离。雷达最大作用距离是指雷达在无干扰条件下以规定方式扫描时,天线波瓣最大增益方向上的探测距离。它是衡量雷达探测、

跟踪能力的重要性能参数之一。决定其作用距离大小的主要因素包括雷达向空间发射的射频能量、接收机的灵敏度、天线有效面积、工作频率,以及选定目标的截面积和规定的目标发现概率及虚警概率等。雷达的最大作用距离理论上可以通过雷达方程推算出来。

设雷达发射功率为 $P_t$,当用各项均匀辐射的天线发射时,距离雷达 $R$ 处的功率密度 $S_1'$ 等于功率与假想的球面积 $4\pi R^2$ 相除,即

$$S_1' = \frac{P_t}{4\pi R^2} \qquad (2-4)$$

天线增益 $G$ 用来表示相对于各向同性天线,实际天线在辐射方向上功率增加的倍数为

$$S_1 = \frac{P_t G}{4\pi R^2} \qquad (2-5)$$

用雷达截面积 $\sigma$ 表示被目标截获照射功率后再次辐射回雷达处功率的大小。回波信号的功率密度表示为

$$S_2 = S_1 \frac{\sigma}{4\pi R^2} = \frac{P_t G}{4\pi R^2} \cdot \frac{\sigma}{4\pi R^2} \qquad (2-6)$$

式中:$\sigma$ 的大小随着具体目标的不同而不同,它可以看作目标被雷达"看见"的尺寸。假设天线的有效接收面积为 $A_e$,则雷达接收到的回波功率为

$$P_r = A_e S_2 = \frac{P_1 G A_e \sigma}{(4\pi)^2 R^4} \qquad (2-7)$$

当接收到的回波功率 $P_r$ 等于最小可检测信号 $S_{\min}$ 时,雷达达到其最大最用距离 $R_{\max}$,超过这个距离就不能有效地对目标进行检测了,即

$$R_{\max} = \left[\frac{P_t G A_e \sigma}{(4\pi)^2 S_{\min}}\right]^{1/4} \qquad (2-8)$$

其中,天线增益 $G$ 和它的有效接收面积 $A_e$ 具有以下关系,即

$$G = \frac{4\pi A_e}{\lambda^2} \qquad (2-9)$$

式中:$\lambda$ 为电磁波波长。

因此,雷达基本方程可以写为

$$R_{\max} = \left[\frac{R_1 G^2 \lambda^2 \sigma}{(4\pi)^3 S_{\min}}\right]^{1/4} = \left[\frac{P_t A_e{}^2 \sigma}{4\pi \lambda^2 S_{\min}}\right]^{1/4} \qquad (2-10)$$

一般来说,实际雷达参数中给定最大作用距离时,都会有一个参考环境,例如,假设目标 RCS 为 $0.5 \mathrm{cm}^2$,检测概率在 85% 以上时(雷达最大作用距离处目

标的发现概率为 85%），然后，通过计算仿真或试验确定雷达的最大作用距离。

（2）脉冲重复频率。脉冲重复频率（Pulse Repetition Frequency，PRF）是指每秒发射的脉冲数目，是脉冲重复间隔（Pulse Repetition Interval，PRI）的倒数。脉冲重复间隔就是一个脉冲和下一个脉冲之间的时间间隔。

（3）距离模糊。距离模糊是指在脉冲雷达中，当目标离雷达的距离大于脉冲重复周期所对应的最大距离时，目标回波不落在本周期内，此时，测得的目标距离为非真实距离，称为距离模糊。

最大不模糊距离 $R_{max}$ 是指，当雷达发出的一个脉冲遇到该距离处的目标物产生的后向散射波返回到雷达时，下一个雷达脉冲刚好发出。也就是说，雷达波传播到位于最大不模糊距离处的目标物，然后其回波再返回雷达所用的时间刚好是两个脉冲之间的时间间隔。

考虑图 2-12 所示的例子[5]。回波 1 表示位于距离 $R_1 = c\Delta t/2$ 处的目标由于脉冲 1 产生的雷达反射信号。回波 2 可以解释为相同的目标由于脉冲 2 产生的反射信号，或者可能是位于距离 $R_2$ 处的更远目标由于脉冲 1 又产生的反射信号。

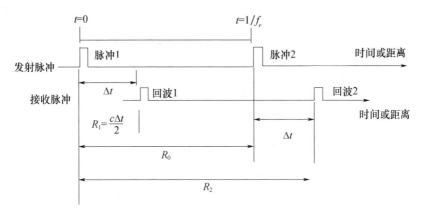

图 2-12　距离模糊示意图

在这种情况下，有

$$R_2 = \frac{c\Delta t}{2} \left( \text{或 } R_2 = \frac{c(T + \Delta t)}{2} \right) \tag{2-11}$$

显然，距离模糊与回波 2 有关。因此，一旦发射了一个脉冲，雷达必须等待足够长的时间，以使最大距离处目标的反射信号在下一个脉冲发射前返回。因此，最大不模糊距离必须对应于 1/2 个 PRI，即

$$R_u = c \frac{T}{2} = \frac{c}{2f_r} \tag{2-12}$$

（4）距离分辨率。距离分辨率用 $\Delta R$ 表示，是描述雷达将相非常接近的目标检测为不同目标能力的指标。雷达系统通常设计在最小距离 $R_{\min}$ 和最大距离 $R_{\max}$ 之间工作。$R_{\min}$ 和 $R_{\max}$ 之间的距离划分为 $M$ 个距离单元（门），每个宽度为 $\Delta R$，即

$$M = (R_{\max} - R_{\min})/\Delta R \qquad (2-13)$$

分离至少 $\Delta R$ 的目标能够完全在距离上分辨。在相同距离单元内的目标可以使用信号处理技术在横向距离（方位）上进行分辨。考虑位于距离 $R_1$ 和 $R_2$ 处的两个目标，分别对应时间延迟 $t_1$ 和 $t_2$。将这两个距离的差表示为

$$\Delta R = R_2 - R_1 = c\,\frac{(t_2 - t_1)}{2} = c\,\frac{\delta t}{2} \qquad (2-14)$$

现在，尝试回答下面的问题：使 $R_1$ 处的目标 1 和 $R_2$ 处的目标 2 在距离上表现为完全分辨（不同距离单元）的最小 $t$ 是多少？换句话说，最小的 $\Delta R$ 是多少？

首先，假设两个目标分离 $c\tau/4$，其中 $\tau$ 是脉冲宽度。在这种情况下，当脉冲后沿碰到目标 2 时，前沿已经向后传播了距离 $c\tau$，反射的脉冲将包括两个目标的反射信号（不可分辨的反射信号），如图 2-13（a）所示。

然而，如果两个目标至少分开 $c\tau/2$，那么，当脉冲后沿碰到第一个目标时，目标 2 回波的前沿开始返回到目标 1，产生了两个不同的反射脉冲，如图 2-13（b）所示。因此，$\Delta R$ 应该大于或等于 $c/2$。因为雷达带宽 $B = \dfrac{1}{\tau}$，所以，有

$$\Delta R = \frac{c\tau}{2} = \frac{c}{2B} \qquad (2-15)$$

一般来说，雷达用户和设计者都寻求使 $\Delta R$ 最小，以增强雷达性能。如式（2-15）所表明，为了获得好的距离分辨率，必须使脉冲宽度最小。然而，这样将减小平均发射功率并且增加工作带宽。获得好的距离分辨率的同时维持足够平均发射功率，可以通过使用脉冲压缩技术来实现。

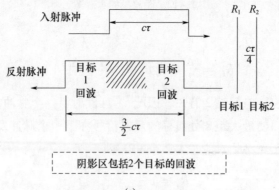

(a)

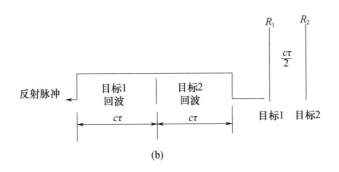

(b)

图 2 - 13   目标能否分辨示意图

(a)两个不能分辨的目标;(b)两个可分辨的目标。

### 3. 距离跟踪

目标距离是通过估计发射脉冲的往返延迟测量的。连续地估计运动目标距离的过程就称为距离跟踪。距离跟踪通常用在跟踪体制雷达上。由于运动目标的距离随时间变化,因此,距离跟踪器必须不断地进行调整,以便保持目标在距离上被锁定。这一过程可以用一个分裂波门系统实现,其中要应用(前、后)两个距离门。

分裂波门跟踪的概念如图 2 - 14 所示,典型的脉冲雷达回波的草图也示于图中。前波门起始于期望的雷达回波起始时间并持续到雷达回波时间宽度的 1/2。后波门起始于雷达回波的中心并于雷达回波结束时结束。为此,雷达回波时间宽度和脉冲中心时间的良好估计必须报告给距离跟踪器,从而前、后波门能够正好处于期望回波的起始和中心时刻上。

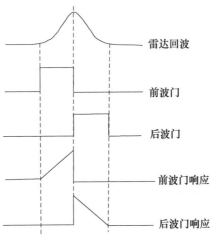

图 2 - 14   分裂距离波门示意图

前波门产生正电压输出,而后波门产生负电压输出。前、后波门的输出相减,将差信号送至个积分器中,可得到一个误差信号。若两个波门处于正确的时间位置,则积分器的输出将等于 0。另外,当波门没有处于正确的时间位置时,则积分器的输出不为 0,其给出一个指示,表明波门必须在时间上移动,向左还是向右依赖于积分器输出的符号。

随着数字化技术在末制导雷达中的应用,数字化的末制导雷达中有时不用分裂波门也能实现距离跟踪波门对回波脉冲的跟踪,一般采用检测出脉冲的中心点后,直接控制数字波门对准目标的中心点。另外,对于一些末制导雷达为了出于抗距离后拖干扰的考虑,不是跟踪目标的脉冲中心点,而是跟踪脉冲的前沿,这种方法称为前沿跟踪。

### 2.3.2 雷达测速基本原理

#### 1. 多普勒频率

多普勒(1803—1853)是奥地利物理学家、数学家和天文学家。一天,多普勒带着他的孩子沿着铁路旁边散步,一列火车从远处开来,多普勒注意到:火车在靠近他们时笛声越来越刺耳,然而,就在火车通过他们身旁的一刹那,笛声声调突然变低了。随着火车的远去,笛声响度逐渐变弱,直到消失。这个平常的现象吸引了多普勒的注意,他思考:为什么笛声声调会变化呢?他抓住问题,潜心研究多年。多普勒的这个重大发现,称为"多普勒效应"。

雷达在探测运动目标时,也会发生多普勒效应。当目标物与雷达之间存在相对运动时,接收到回波信号的载波频率相对于原来的发射的载波频率产生一个频率偏移,这个频率偏移在物理学上称为多普勒频移。雷达使用多普勒频率提取目标的径向速度(距离变化率),以及区分运动和静止目标与物体,如杂波。多普勒现象描述了由于目标相对于辐射源的运动而引起的入射波形中心频率的偏移。根据目标运动的方向,此频移可能是正的或负的。入射到目标的波形具有以波长 $\lambda$ 分隔的等相位波前。接近目标使反射的等相位波前互相更靠近(更小的波长)。相反,离开或后退目标(远离雷达运动)使反射的等相位波前扩展(更大的波长),如图 2-15 所示。

多普勒频移与目标速度成比例,即

$$f_d \approx \frac{2v}{c}f_0 = \frac{2v}{\lambda} \tag{2-16}$$

因此,可以从距离变化率提取 $f_d$,反之亦然。

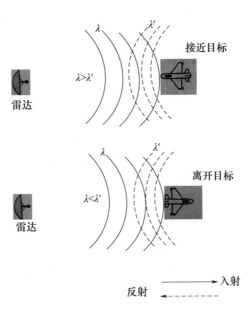

图 2 - 15　目标运动对反射的等相位波前的影响

2. 雷达测速原理

物体(目标)在观察者视线方向的速度称为径向速度,当目标相对于雷达运动后,出现频率偏移,假设回波相对于发射频率 $f_0$ 的频移为 $f_d$,此时,目标相对于雷达的径向速度为

$$V_R = \frac{1}{2}\lambda f_d \qquad\qquad (2-17)$$

式中: $V_R$ 为目标与雷达的相对(径向)速度(m/s); $\lambda$ 为雷达工作波长(m), $\lambda = c/f_0$ ; $f_d$ 为双程多普勒频率(Hz)。

如果一个目标在两个脉冲的时间间隔内移动得太远,它的真实相移超过 180°,则会赋予它一个小于 180° 的相移值,而该相移对应的速度值也将小于 $V_{max}$,得到的速度也是错误的,即出现速度模糊。多普勒雷达能够测量的一个脉冲到下一个脉冲的最大脉冲相移是 180°,与 180°脉冲相移所对应的目标物径向速度值即最大不模糊速度。

### 2.3.3　雷达测角基本原理

从天线动与不动,雷达测量目标回波入射方向角的方法有两类。

(1)天线波束是运动的,如螺旋扫描,在方位(或俯仰)上连续扫描。根据回波同运动之间的关系确定角度数据,称为波束扫描法。

（2）具有多个相对固定的天线波束，如多个馈源形成的重叠波束。根据同一时刻不同波束中收到的回波之间的强弱确定角度数据，称为单脉冲法，即能从单个回波脉冲信号中获得目标全部角坐标信息。

从雷达获得角度时使用的回波信息参数的不同，雷达测角的方法又分为两类。

（1）振幅法。振幅法又可以分为最大信号法、最小信号法、等信号法等。

（2）相位法。相位法又可以分为两天线相位法和三天线相位法。

振幅法是指利用天线收到的回波信号幅度值进行角度测量的方法，下面简单介绍几种典型的振幅法。

**1. 最大信号法**

天线作圆周扫描或扇形扫描时，找出回波脉冲串的最大值（中心值）对应的波束轴线指向角度，即为目标所在方向，如图 2-16 所示。

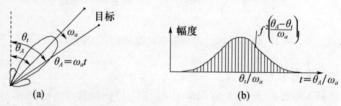

图 2-16　最大信号法测角示意图

最大信号法的缺点是不能瞬时测角，但是在目标信噪比较低的情况下，与有些瞬时测角方法相比在测角精度上有一定的优势。因此，该方法也常作为末制导雷达在低信噪比（SNR）下测角的备用方法。

**2. 最小信号法**

最小信号法采用两个在 $O$ 点处相切的波束，转动天线使显示器上的回波消失或最小时，天线零值轴所指的方向即为目标的角度，这种方法本质上与最大信号法类似，如图 2-17 所示。

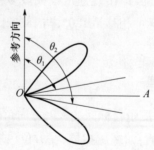

图 2-17　最小信号法测角示意图

## 3. 等信号法

等信号法是采用两个相同且彼此部分重叠的波束,当两个波束收到的回波信号相等时,等信号轴所指方向即为目标方向。

等信号法测角示意图如图 2 – 18 所示,由图 2 – 18 可以看出,$OC$ 方向波束 1 收到的回波强,$OB$ 方向波束 2 收到的回波强,$OA$ 方向两个波束收到的回波均强。

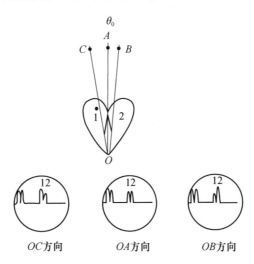

图 2 – 18　等信号法测角示意图

等信号法的实现可以采用顺序波瓣法、圆锥扫描法和同时波瓣法来实现。在顺序波瓣法中,角度的测量通过围绕着跟踪轴不断地对称切换笔形波束得到,测量误差受笔形波束的宽度、噪声等影响。圆锥扫描技术的原理和顺序波瓣法相似,其原理是使天线不停地围绕主轴旋转,通过天线轴线的角位置误差信号确定目标方向,由这个误差信号驱动角伺服系统使天线向减小误差的方向转动,从而实现目标跟踪。这两种方法都需要多个脉冲才能到达测角的目的。当回波脉冲序列含有附加的调制分量时,测量精度将下降。对于高精度跟踪雷达来说,回波影响是严重的。因此,在末制导雷达中普遍采用同时波瓣法,也就是前面所提到的单脉冲法测角。

下面介绍一种简单的等信号法——比幅法,等信号法测角示意图如图 2 – 19 所示。假设在用等信号法测量时,目标偏离等信号方向的夹角为 $\theta$,天线方向图满足

$$F(\theta) = F(-\theta) \qquad\qquad (2-18)$$

等信号方向为

$$F_1(\theta) = F_2(\theta) \qquad\qquad (2-19)$$

天线 1 方向图为

$$F_1(\theta) = F(\theta + \Delta\theta) \qquad (2-20)$$

天线 2 方向图为

$$F_2(\theta) = F(\theta - \Delta\theta) \qquad (2-21)$$

当 $\theta = 0$ 时,等信号方向为目标所在方向。

比幅法:天线 1 的幅度为 $\mu_1(\theta)$,天线 1 的幅度为 $\mu_2(\theta)$,求两信号幅度的比值,即

$$\frac{\mu_1(\theta)}{\mu_2(\theta)} = \frac{F_1(\theta)}{F_2(\theta)} \qquad (2-22)$$

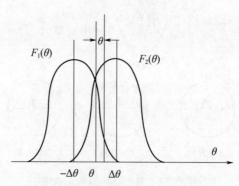

图 2 - 19 等信号法测角示意图

根据比值的大小可以判断目标偏离等信号轴的方向,查找预先制定的表格就可估计出目标偏离等信号轴的数值,从而判定目标的方向。对于末制导雷达,等信号法在具体应用时,往往不是直接比较两个波束收到信号的振幅,而是利用两个波束收到的信号和与差来比较,这种方法在后续章节中会详细介绍。

对于末制导雷达,在目标搜索阶段可以采用最大信号法测角,在跟踪阶段可以采用等信号法实现目标跟踪。

## 2.4 雷达信号处理基础

### 2.4.1 简单脉冲雷达回波信号形式

由于末制导雷达中主要是脉冲体制的雷达,这里以脉冲体制雷达为例说明回波信号形式。假设雷达发射的是简单脉冲信号,目标回波信号是由发射波形经过延迟和多普勒频移后的复现波形所构成,可简单地描述为

$$s(t) = \sum_{-\infty}^{+\infty} A \cdot \text{rect}\left(\frac{t - t_s - nT_r}{\tau_s}\right)\cos(2\pi f_d t + \varphi) \qquad (2-23)$$

式中：$T_r$ 为雷达脉冲重复周期；$A$ 为回波的起伏包络；$f_d$ 为多普勒频率；$\varphi$ 为初相；$t_s$ 为目标回波的延迟；$\tau_s$ 为目标的回波宽度。

发射的脉冲串如图 2-20 所示。

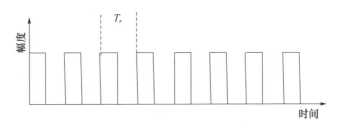

图 2-20　发射的脉冲串

假设一个目标出现在某一特定的方向，只有当目标在天线主瓣内时，雷达才接收到特别强的回波，此时，设半功率天线方向波束宽度为 $\theta_{0.5}$，扫描时间为 $T_{SC}$，目标仰角为 $\theta_e$，则 PRF 为 $f_r$ 的雷达接收到的目标回波脉冲数为

$$n_p = \frac{\theta_{0.5} T_{SC} f_r}{2\pi \cos\theta_e} \qquad (2-24)$$

从图 2-21 中可见，发射的脉冲串具有相等的幅度，受天线的双向调制。发射的信号经过天线方向图调制后返回的脉冲串的形式如图 2-22 所示。

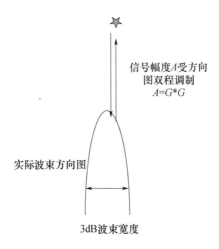

图 2-21　天线双向调制示意图

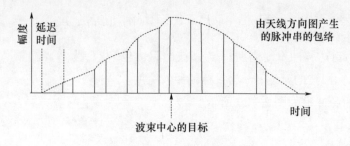

图 2-22　接收的脉冲串

从图 2-22 可见,脉冲串不再具有相等的幅度,而是受天线方向图调制后具有某种分布,这就是静止目标反射回的雷达回波信号,运动目标反射回的雷达回波信号会带有信号包络的起伏变化,如图 2-23 所示。

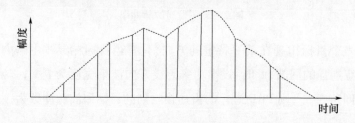

图 2-23　来自起伏目标的接收脉冲列

由图 2-23 可见,目标运动时目标回波信号的包络起伏变化、幅度时大时小,目标运动时,目标各反射点的回波信号相互叠加,会造成相位发生改变,导致目标的有效截面积变化,通常用某种函数近似目标的起伏包络。

当然,脉冲串幅度不相等的情况主要出现在末制导雷达搜索阶段或边扫描边跟踪阶段,在目标跟踪阶段,天线波束的主瓣一直跟踪目标,回波的幅度也会基本保持稳定。

## 2.4.2　相参与非相参积累

1. 积累的概念

由于雷达回波信号不但有微弱的信号,还会有很强的噪声。雷达的主要目的就是要把微弱的目标信号从噪声中分离出来,设法提高信噪比。要想把信号提取出来,必须要将信号放大,但放大的同时噪声也被放大,因为它们总是同时存在的,并且放大电路自己本身也有噪声,放大后信号与噪声的比值反而变小了,更不利于提取有用的回波信号。解决的方法是进行信号的积累,由于雷达回波信号能量是相对确定的,而噪声是随机的,通过积累后可以提高 SNR。

在信号理论中,相参又称为相干,相参信号的英文是 coherent signal,定义为脉冲之间存在确定的相位关系。雷达脉冲的相参是指脉冲之间的初始相位具有确定性(第一个脉冲的初相可能是随机的,后序的脉冲和第一个脉冲之间的相位具有确定性)。非相参是指脉冲之间的初始相位都是随机的,彼此不相关。原来的脉冲产生方式是让振荡器通过一个精度不高的开关,由于开关的精度不高,微小的时延误差就会导致高频信号的初相出现大的差异,因此,产生出来的脉冲信号初始相位可以看作是在$[0,2\pi]$之间的均匀分布,下一个脉冲也是如此。例如,磁控管振荡器就是一个非相参的振荡器,应用磁控管的雷达发射机属于单级振荡式,以它为激励器的雷达都是非相参体制,因此,在末制导雷达中逐步被淘汰。现在相参体制雷达信号产生一般采用高精度晶体振荡器加直接数字频率合成(Direct Digital Frequency Synthesis,DDS),当然,这种信号产生方式也是有相位误差的,衡量相参性能好坏的指标包括频率稳定度、相位噪声等,应用这种方式的雷达发射机属于主振放大式,在现代末制导雷达中普遍采用。信号积累一般为脉冲驻留期间的积累,即波束扫过目标时,由于波束有一定的宽度,扫过目标时波束会驻留在目标上一段时间,这时会返回若干个脉冲,将这些脉冲进行相参或非相参积累。另外,出于抗干扰和反隐身的考虑,现代雷达还要考虑雷达扫描间的积累,即雷达扫描一个周期得到一帧雷达数据,将这些点迹数据进行关联和积累,这种积累往往是非相参的。

2. 相参积累的实现

雷达中相参积累的含义就是复数相加,可分为以下两种情况。

(1) 对相对雷达固定目标的回波。采用数学运算中的相加就可以。图 2-24 所示为脉冲相参积累的实现示意图。

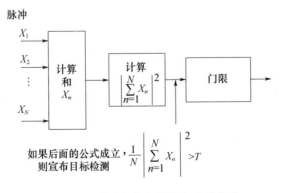

图 2-24　脉冲相参积累的实现示意图

相参积累本质上是各个信号的幅度(或电压)相加,然后取平方,与门限比较来实现检测。理论上,$N$ 次相参积累信噪比提高 $N$ 倍,用对数表示就是信噪比改善 $10 \log_{10}^{N}$ dB。

(2)对运动目标的回波。由于目标回波叠加了运动目标的相移,实现相参积累的方法一般是快速傅里叶变换(Fast Fourier Transform,FFT),也就是对每项移相相加。下面是 FFT 相关公式。

傅里叶变换公式为

$$F(w) = \int_{-\infty}^{+\infty} f(t) e^{-jwt} dt \qquad (2-25)$$

式中:$e^{-jwt}$ 的作用是抵消掉由频率 $w$ 在 $t$ 段时间内所造成 $f(0)$ 的相位移动,即

$$F(w) = \int_{-\infty}^{+\infty} f(0) e^{jwt} e^{-jwt} dt = \int_{-\infty}^{+\infty} f(0) dt = f(0) \int_{-\infty}^{+\infty} dt = f(0) \int dt \qquad (2-26)$$

如果信号 $f(t)$ 中不含有频率 $w$,而含有频率 $w_1$,则有

$$F(w) = \int_{-\infty}^{+\infty} f(0) e^{jw_1 t} e^{-jwt} dt = \int_{-\infty}^{+\infty} f(0) e^{j(w_1-w)t} dt = 0 \qquad (2-27)$$

3. 非相参积累的实现

较早时期的末制导雷达由于受到器件限制,不能发射相参的信号,因此,回波的能量积累也只能进行非相参积累,一般是对回波信号的包络检波后的视频进行积累,也称为视频积累。加上实际系统的需求,在一些雷达的信号处理系统中常常先对信号进行相参积累,然后再进行视频积累。早期雷达的视频积累方法是依靠显示终端和人眼的辨别方法实现的,但人眼观测容易疲劳,在目标比较密集的场合往往容易丢失目标。后来出现了使用逻辑电路实现的视频积累器,它检测 $N$ 个脉冲经过门限后的输出,如果有任意 $M$ 个脉冲超过给定的门限值,则判定一个目标存在,这种视频积累器称为两门限型积累器,也称为二进制积累。再后来出现了多抽头延迟线积累器,因为需要很多的延迟线,当积累的脉冲数较大时,这种视频积累器需要大量的存储单元,造成了很长的延迟时间,受到当时电子器件的限制,为了解决延迟线的长时间延迟问题,出现了反馈型视频积累器[6]。

(1)加权积累。末制导雷达搜索阶段或边扫描边跟踪阶段,脉冲信号加权处理后再累加性能更好。假定加权函数为 $W(k)$,输入的脉冲为 $y_i(k)$,则积累后的输出信号为

$$Y_i = \sum_{k=1}^{m} W(k) y_i(k) \qquad (2-28)$$

因为回波信号的幅度大小受天线双程方向图的调制,所以在积累时理想的加权函数应与天线方向图的平方(大 SNR 时)或 4 次方(小 SNR 时)成正比。天线方向图的形状通常近似于某种函数来逼近,常用的函数包括余弦函数、高斯函数、辛克函数等。

(2) 二进制积累($M-N$ 检测)技术。二进制积累是对每一个脉冲单独进行门限比较,如果大于门限为 1,否则为 0,记录超过门限的脉冲数,将超过门限的脉冲数与另一个门限比较,实现目标检测,如图 2-25 所示。

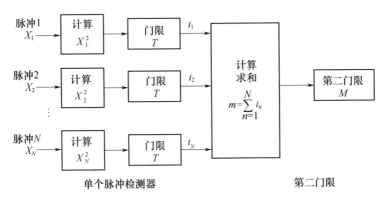

图 2-25　二进制积累

如果在 $N$ 个脉冲中至少有 $M$ 个被检测,称为二进制($M-N$ 检测)技术,二进制积累检测概率为

$$P_{M/N} = \sum_{K=M}^{N} \frac{N!}{K!(N-K)!} p^{K} (1-p)^{N-K} \qquad (2-29)$$

要求 $N$ 个脉冲至少有一个超过检测门限,称为积累检测($1-N$ 检测)技术,积累检测概率为

$$P_{c} = 1 - (1-p)^{N} \qquad (2-30)$$

$M/N$ 检测方法:在 $N$ 次检测中有 $M$ 次检测到,则认为目标存在,这种检测方法称为 $M/N$ 检测,$M/N$ 检测概率以及虚警概率与单个脉冲检测概率与虚警概率的关系为

$$P_{D} = \sum_{J=M}^{N} \frac{N!}{J!(N-J)!} P_{S}^{J} (1-P_{S})^{N-J} \qquad (2-31)$$

$$P_{FA} = \sum_{J=M}^{N} \frac{N!}{J!(N-J)!} P_{n}^{J} (1-P_{n})^{N-J} \qquad (2-32)$$

式中:$P_{S}$ 为单次检测的检测概率;$P_{n}$ 为单次检测虚警概率。

这种积累方式一般采用滑窗实现积累,即将信号二进制表示后,在进行积累时每次新的进入滑窗时,旧的信号就从另一端移出滑窗。

积累的实现方法可以描述为:为了实现积累,应为雷达信号的每个距离门设置1个滑动窗,每一新的距离门数据进滑窗队列,就有1个陈旧的数据离开队列,滑动窗向前移动1步。积累值可按下式求得,即

$$Y(n) = Y(n-1) + X(N) - X(0) \tag{2-33}$$

式中:$N$ 为积累窗的长度;$Y(n-1)$ 为上次积累结果;$X(N)$ 为新入列的数据;$X(0)$ 为最早进入队列的数据。

(3)反馈型视频积累技术。为了解决滑窗型非相参积累存储量大的问题,出现了反馈型非相参积累技术。它主要包括单极点滤波积累和双极点滤波积累等。

① 单极点滤波积累。单极点滤波积累原理框图如图 2-26 所示。

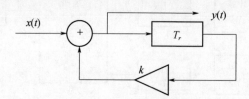

图 2-26　单极点滤波的原理

系统方程为

$$y_i = x_i + ky_{i-1}, 0 < k < 1 \tag{2-34}$$

② 双极点滤波积累。具有两个反馈回路的双极点滤波器是一种可以得到十分近似理想加权函数的视频积累器,双极点滤波原理框图如图 2-27 所示。

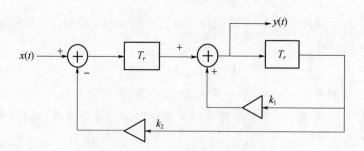

图 2-27　双极点滤波的原理框图

系统的差分方程为

$$y(t) = x(t - T_r) + k_1 y(t - T_r) - k_2 y(t - 2T_r) \tag{2-35}$$

4. 扫描间的积累技术

信号积累除了在波束驻留期间的相参或非相参积累外,还可以进一步在

雷达扫描间进行积累,由于雷达扫描间的回波信号一般都是不相参的,所以扫描间的积累一般为非相参积累。对于雷达和目标相对运动速度较小时,可以将扫描间的雷达信号能量按距离和方位分辨单元对应的累加在一起再进行检测。当雷达和目标相对运动速度较大时,扫描间的信号能量将不会分布在同一个距离和方位分辨单元,对这种情况进行积累时,常常使用检测前跟踪(Track Before Detect,TBD)技术。检测前跟踪方法是通过对检测和目标航迹确认前的一段时间内(多帧)的数据进行存储与处理,检测和跟踪非常低信噪比条件下的运动目标。基于 Hough 变换[7]的检测就是其中的一种。Hough 变换最早应用于图像处理中,是检测图像空间中图像特征的一种基本方法,主要适用于检测图像空间中的直线。在海杂波环境中进行基于 Hough 变换的检测时,需要时间距离平面数据,即需要不同时间距离单元的杂波和目标数据。

基于 Hough 变换的目标检测如下。

(1) Hough 变换简介。Hough 变换法是通过式(2 - 36)将笛卡儿坐标系中的观测数据($x,y$)变换到参数空间($\rho,\theta$),即

$$\rho = x\cos\theta + y\sin\theta \qquad (2 - 36)$$

式中:$\theta \subset [0,180^\circ]$。对于一条直线上的点($x_i,y_i$),必有两个唯一的参数 $\rho_0$ 和 $\theta_0$ 满足

$$\rho_0 = x_i\cos\theta_0 + y_i\sin\theta_0 \qquad (2 - 37)$$

由式(2 - 37)可知,数据空间的一点经 Hough 变换后在参数空间上形成一条曲线。参数空间上的每一点唯一对应数据空间上的一条直线,数据空间的同一条直线上的点在参数空间应该交于一点。通过检测该交点即可确定数据空间的直线,这就是 Hough 变换的原理。图 2 - 28 给出了 Hough 变换的示意图。

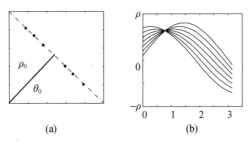

图 2 - 28　Hough 变换

(a)笛卡儿坐标系中的一条直线;(b)Hough 变换示意图。

（2）基于 Hough 变换的检测结构。将雷达的时间 – 距离平面 $(r,t)$ 视为数据空间,其相应数值为雷达回波能量,运用 Hough 变换即可实现对目标的检测。实际检测结构中,为了便于数据处理,将数据空间和参数空间分别离散化,形成一个个方格(单元),每个方格的中心点为

$$\theta_n = n\Delta_\theta, n = 1,2,\cdots,N_\theta \qquad (2-38)$$

$$\rho_n = n\Delta_\rho, n = 1,2,\cdots,N_\rho \qquad (2-39)$$

式中: $\Delta_\theta = \pi/N_\theta$ , $N_\theta$ 为参数 $\theta$ 的分割段数; $\Delta_\rho = L/N_\rho$ , $N_\rho$ 为参数 $\rho$ 的分割段数, $L$ 为雷达测量范围的 2 倍。

基于 Hough 变换的检测过程如下:首先,在数据空间上设置第一门限,其大小可根据单脉冲虚警概率得到;其次,将通过第一门限的回波再经 Hough 变换转换到参数空间;再次,对参数空间的每个方格累加通过的每一条曲线的数值(对回波信号进行非相干积累),并与在参数空间上设置的第二门限进行比较,只有积累能量超过第二门限的方格才被认为是检测点,即认为检测到了信号;最后,通过逆 Hough 变换,参数空间的检测点被映射回数据空间,形成时间 – 距离平面的目标航迹,即可实现对目标的跟踪。基于 Hough 变换的检测结构如图 2 – 29所示。

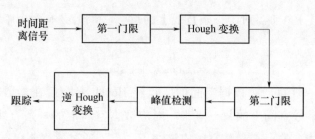

图 2 – 29　基于 Hough 变换的检测器结构

当存在杂波时,通过第一门限的杂波与目标信号一起经 Hough 变化转换到参数空间。由于杂波是随机的,而目标信号具有很强的相关性,因此,目标信号对应的 Hough 单元的积累值以高概率高于其他单元。综上所述,因为充分利用了信号与杂波具有不同统计特性的特点,故基于 Hough 变换的信号检测可以从强杂波环境中检测出目标。

5. 非相参积累的性能分析

$n$ 个信号非相参积累信噪比改善介于 $n$ 和 $\sqrt{n}$ 之间,参考 Marcum 和 Swerling 的非相参积累损耗公式,即

$$L_{\mathrm{NCI}} = 10\lg(\sqrt{n_p}) - 5.5\mathrm{dB} \qquad (2-40)$$

以及 Peebles 给出的改善因子精确到 0.8dB 的经验公式,即

$$[I(n_p)]_{dB} = 6.79(1 + 0.235P_D)\Big[1 + \frac{\log(1/P_{fa})}{46.6}\Big]\lg n_p$$

$$\{1 - 0.140\lg n_p + 0.018310\,(\lg n_p)^2\} \qquad (2-41)$$

对应的非相参积累数与信噪比改善关系如图 2 - 30 所示。

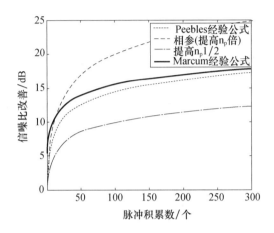

图 2 - 30　信号积累数与信噪比改善的关系

### 2.4.3　雷达信号检测的基本概念

1. 雷达信号检测

检测是判定目标是否出现的处理过程,通常是在所有增强信噪比的处理之后,将信号与门限比较。

4 种检测状态如下。

(1) 目标不存在,干扰信号没有超过门限,检测没有发生。

(2) 目标存在,合成的信号(目标和干扰)超过门限,检测发生,正确检测。

(3) 目标不存在,干扰信号超过了门限,虚假的检测产生,称为虚警。

(4) 目标存在,合成的信号(目标和干扰)没有超过门限,检测没有发生,称为漏检。

雷达是利用目标对电磁波的反射来发现并测定目标位置的。雷达接收的信号主要包括 3 个部分:有用的目标回波;由电子干扰和雷达设备本身形成的噪声;地面、海面、空中的雨云等待背景形成的杂波。所以,一个充满杂波的环境是雷达信号检测和处理的固有环境。早期的雷达没有任何分辨能力,它将所有得到的信息包括杂波和干扰直接送到显示端上,对目标的检测由操作手对显

示端的显示自行决定,操作手的个人能力很重要。现代雷达在计算机的帮助下,不考虑操作手的人为干预的情况下,把统计决策理论结合计算机形成雷达自动检测程序。在自动检测系统中需要设定一个门限,根据门限,计算机判断目标是否存在。由此可见,门限过高,会有可能漏判目标,这就是所谓的漏检或漏警,相应出现概率为漏检概率。门限过低,便会可能把干扰当成目标,这就是所谓雷达虚警,它的发生概率称为虚警概率。

2. 门限检测

雷达信号检测就是对接收机输出的由信号、噪声和其他干扰组成的混合信号经过信号处理以后,以规定的检测概率输出所希望得到的有用信号,而噪声和其他干扰则以低概率产生随机虚警(通常以一定的虚警概率为条件)。它可用门限检测描述。雷达接收到的背景噪声是随机起伏的,目标回波也是随机起伏的,在给定的距离上判断是否有目标出现,我们需要设置一个门限(常数或变量),检测性能(检测概率)取决于目标当对于噪声的强度以及门限的设置。图2-31是噪声中信号门限检测的示意图。

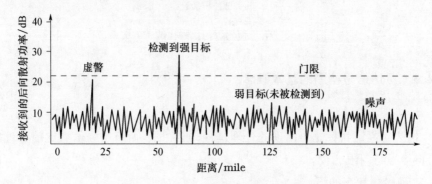

图2-31 噪声中信号门限检测的示意图

在雷达信号检测中,事先常常不知道目标在一定条件下的出现概率,也不知道一次漏检所造成的损失。故在检测中常采用奈曼 - 皮尔逊准则:在给定虚警概率时,有

$$P(D_1 \mid H_0) = P_{f_a} \qquad (2-42)$$

在一定条件下,使检测概率 $P(D_1 \mid H_1)$ 达到最大。

对于一给定的检测系统,输入信号及理想的判决结果可表示为

$$H_0: \quad x(t) = n(t) \qquad (2-43)$$

仅有噪声,表示无信号,即

$$H_1: \quad x(t) = s(t) + n(t) \qquad (2-44)$$

信号加噪声,表示有信号。

仅有噪声时,设噪声概率密度函数为 $p(x \mid H_0)$ ,因噪声电平超过判决门限 $V_T$ ,而造成虚警的概率表示为

$$P(D_1 \mid H_0) = \int_{V_T}^{+\infty} p(x \mid H_0) \mathrm{d}x \qquad (2-45)$$

式中: $V_T$ 由假设条件 $P(D_1 \mid H_0) = P_{f_a}$ 决定。

信号和噪声同时输入时,设信号加噪声的概率密度函数为 $p(x \mid H_1)$ ,则判决结果为 $H_1$ 的概率为

$$P(D_1 \mid H_1) = \int_{V_T}^{+\infty} p(x \mid H_1) \mathrm{d}x \qquad (2-46)$$

判决规则为

$$\begin{cases} \dfrac{P(x \mid H_1)}{P(x \mid H_0)} > \Lambda_0, \text{判决结果为} H_1 (\Lambda_0 \propto V_T) \\ \dfrac{P(x \mid H_1)}{P(x \mid H_0)} < \Lambda_0, \text{判决结果为} H_0 (\Lambda_0 \propto V_T) \end{cases} \qquad (2-47)$$

### 2.4.4　恒虚警检测

1. 恒虚警检测的必要性

恒虚警检测技术是指雷达系统在保持虚警概率恒定条件下,对接收机输出的信号与噪声作判别以确定目标信号是否存在的技术。恒虚警检测可以确保系统不会由于杂波强度太大而导致过载,从而保证系统正常的工作,使得雷达在强干扰下损失一点检测能力,但仍能工作。

为了说明干扰强度变化对虚警概率的影响,做一下分析。以瑞利分布模型阐述雷达系统的信号检测中恒虚警检测的必要性。瑞利分布的特性可以表示为

$$p(x \mid H_0) = \begin{cases} \dfrac{x}{b^2} \exp\left( -\dfrac{x^2}{2b^2} \right), & x \geqslant 0 \\ 0, & x < 0 \end{cases} \qquad (2-48)$$

式中: $x$ 为干扰的幅度; $b$ 为瑞利系数。

若将信号的检测门限设为 $T$ ,那么,干扰幅度大于检测门限的虚警概率为

$$p_f = \int_T^{\infty} \dfrac{x}{b^2} \exp\left( -\dfrac{x^2}{2b^2} \right) \mathrm{d}x = \exp\left( -\dfrac{T^2}{2b^2} \right) \qquad (2-49)$$

式中: $p_f$ 为单次检测的虚警概率。

这样,若保持检测门限 $T$ 不变,由于干扰强度的起伏,虚警概率将发生变化,如图 2 – 32 所示。

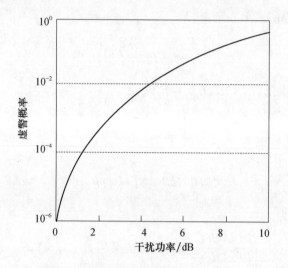

图 2 – 32　固定门限检测时的虚警概率

由图 2 – 32 可以看出,如果最初按照 $p_{fa} = 10^{-6}$ 调整检测门限 $T$,当干扰功率增大 2dB,虚警概率就会从 $10^{-6}$ 增加到 $10^{-4}$,即会增大 100 倍。

事实上,不管什么分布模型的干扰,干扰幅度都会发生变化。如果采用固定的检测门限,虚警概率就无法保持恒定。所以,在雷达信号检测中,必须采用恒虚警概率检测技术。

2. 恒虚警检测的分类

目前,恒虚警检测理论可分为以下几点内容。

(1) 依据杂波的分布模型,可以分为瑞利分布恒虚警检测、对数正态分布恒虚警检测、韦布尔分布恒虚警检测、K 分布恒虚警检测等。

(2) 按数据处理的方法可分为参量型及非参量型恒虚警处理。

(3) 按依据采样值得到的自动检测门限,可分为时域与空域恒虚警检测技术。

(4) 按信号的空域分布特性可分为点目标与扩展目标的恒虚警方法。

(5) 按雷达的个数可分为单传感器与多传感器分布式模型的恒虚警检测方法。

3. 恒虚警概率检测方法

经常应用的恒虚警检测技术主要有两类:一类是对邻近单元的杂波进行采

样,依据采样值的幅度大小计算检测门限,称为滑窗式检测,也称为空域恒虚警检测;另一类是利用若干次扫描的回波信号采样值估计杂波幅度的大小,称为杂波图 CFAR 检测,也称为时域恒虚警检测。在空域平缓而时域变化剧烈的杂波背景下,滑窗式检测比较适用。在空域或距离上变化较剧烈而时域变化较平缓的条件下,杂波图恒虚警比较适用[8]。

1) 空域恒虚警处理

对于空域恒虚警处理,在已知干扰背景的统计分布的条件下,可以采用参量 CFAR 检测,在没有干扰背景统计分布的先验知识时,采用非参量型 CFAR 检测。一般来讲,在干扰背景统计分布已知时,参量 CFAR 检测性能要优于非参量型 CFAR 检测。

(1) 参量 CFAR 检测。以瑞利型杂波加噪声环境和 Swerling 起伏目标为例,经过平方率检波后服从指数分布,其概率密度函数为

$$p(x) = \frac{1}{\lambda} e^{-\frac{x}{\lambda}}, x > 0 \qquad (2-50)$$

式中:$\lambda = \begin{cases} \sigma^2, & H_0 \\ \sigma^2(1+S), & H_1 \end{cases}$,$\sigma^2$ 为杂波噪声平均功率,$S$ 为平均信噪比。

随机变量 $x$ 的统计平均值为

$$\mu_x = E(x) = \int_0^\infty x p(x) \mathrm{d}x = \lambda \qquad (2-51)$$

虚警概率,即随机变量 $x$ 超过门限 $T$ 的概率为

$$P_{fa} = \int_T^\infty p(x) \mathrm{d}x = \int_T^\infty \frac{1}{\lambda} e^{-\frac{x}{\lambda}} \mathrm{d}x = e^{-\frac{T}{\lambda}} \qquad (2-52)$$

若令 $T = \alpha\mu$,$P_{fa} = e^{-\alpha}$,则恒虚警概率只依赖门限因子 $\alpha$。由于杂波通常只存在于一定的方位和距离范内,在对这些杂波的平均值估值时,不能在许多次扫描周期里进行,也不能在一次距离扫描的全程里进行,而只能在检测点的邻近距离单元,且邻近单元的长应短于杂波散射体连片所占的实际长度。图 2-33 给出了单元平均 CFAR(CA-CFAR)的方框图。

图 2-34 是参量检测时固定门限的检测示意图,图 2-35 是参量 CFAR 检测恒虚警检测示意图。

通过某种条件下的仿真实现,恒虚警算法对阶跃噪声环境检测的门限结果如图 2-36 所示,从图 2-36 可以看出,目标在恒虚警条件下被检测出来了,这种情况用固定门限去检测将会出现非常多的杂波。

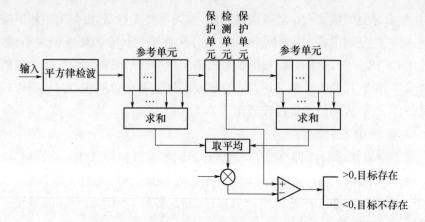

图 2 – 33　单元平均 CFAR( CA – CFAR) 方框图

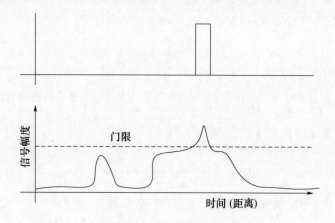

图 2 – 34　固定门限的检测示意图

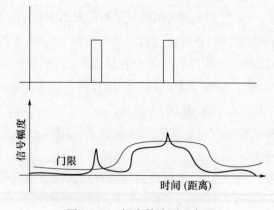

图 2 – 35　恒虚警检测示意图

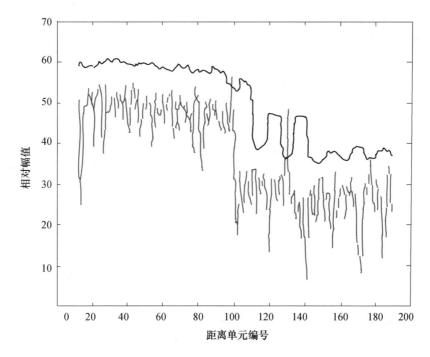

图 2 - 36  CA - CFAR 对目标在阶跃噪声环境中的检测

为了减少这类检测器在杂波边缘内侧虚警显著增大问题,一般采用其改进电路——两侧单元平均选大电路,如图 2 - 37 所示。在被检测单元两侧各选 $L$ 个单元,分别求这 $L$ 个单元的均值,两者选大后输出,乘以门限乘子 $C_1$ 作为检测门限。图中被检测单元两侧各空出一个单元是为了避免目标本身对门限值的影响。单元个数 $L$ 一般选 8 或 16。

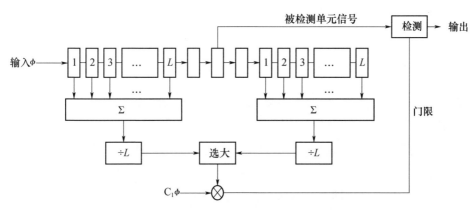

图 2 - 37  两侧单元平均选大 CFAR 检测器

（2）非参量 CFAR 检测。非参量恒虚警检测亦称为分布无关型。检测方案有较强的适应性,其示意图如图 2 – 38 所示。

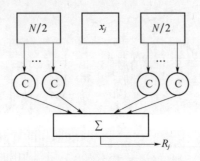

图 2 – 38　非参量检测示意图

例如,对第 $j$ 个单元进行检测,其值为 $x_j$,将其与各参考单元的值 $x_{j+k}$ $\left(k = -\dfrac{N}{2}, -\dfrac{N}{2}+1, \cdots, -2, 2, \cdots, \dfrac{N}{2}\right)$ 相比较,当 $x_j > x_{j+k}$ 时,输出为"1",当 $x_j < x_{j+k}$ 时,输出为"0"。将比较器的输出用加法器求和,称为该检测单元的秩值,以 $R_j$ 表示,即

$$R_j = \sum_{k=-\frac{N}{2}}^{k=\frac{N}{2}} C(x_j - x_{j+k}) \tag{2-53}$$

式中:$k \neq 0$（$k = 0$ 为检测单元）,$k \neq \pm 1$（左、右各空开一个单元）,并且

$$C(y) = \begin{cases} 1 & , y > 0 \\ 0 & , y \leq 0 \end{cases} \quad (y = x_j - x_{j+k}) \tag{2-54}$$

通过计算机的处理,即可得到各距离单元相应的秩值输出。假设杂波为彼此独立且不相关的,但具有相同的分布律,取 $L$ 为检测门限,一次扫掠的虚警概率为

$$P_{F_1} = 1 - \frac{L}{N+1} \tag{2-55}$$

即 $R_j \geq L$ 的概率,由此可见,虚警概率仅与参考单元数 $N$ 及检测门限 $L$ 有关,而与杂波分布律及杂波强度无关,因而,就能保证恒虚警概率。对于第二次扫描,虚警概率比较高,所以要通过多次积累进一步降低虚警概率。根据专用微机速度、容量、字长等特点,一般采用秩值求和、滑窗检测的方法。如果搜索波门每个同步周期滑动一次,微机处理速度跟不上,搜索波门可采用 3 ~ 5 个同步周期滑动一次,以增加处理时间。最后,求出的秩和与门限比较,如果秩和小于设定的门限,则判定不是目标,且继续进行搜索;如果秩和大于门限,

则再进行幅度绝对门限判别;如果过门限,则转入跟踪目标程序。

2)杂波图恒虚警检测

地物杂波在空间上的"均匀性宽度"很窄,但在时间上较平稳。若采用 CFAR 处理,CFAR 损失将很大,因此需采用"时间采样法",以天线扫描周期为周期进行采样,依靠对时间采样估计背景杂波水平。此时,将雷达观测空间分成很多个图像单元构成杂波图。杂波图存储每个图单元的背景杂波功率水平估值,每个值依靠迭代算法更新。一个图单元包含 $M$ 个分辨单元,$M=1$ 时称为杂波图的点技术;$M>1$ 时称为杂波图的面技术。对时间单元采样的典型处理方法是对多次扫描做指数加权平均。在保证单个图单元的局部均匀性的条件下,$M$ 值越大,CFAR 损失越小。$M$ 减小会使一个图单元中多目标环境出现的概率减小,但会使存储容量增加。

(1)杂波图 CFAR 点技术。恒虚警检测中常用到单元选大算法/单元选小算法/有序统计类算法,可以将这些算法应用到杂波图 CFAR 点技术处理上,杂波图递归积累的输入是利用上述算法处理后的输出得到的。

① 单元选大算法。取一个杂波检测单元中的最大数据,即

$$X_n(i,j) = \max\{x_n(i',j')\} \qquad (2-56)$$

式中:$x_n(i',j')$ 为杂波检测单元中的数据。单元选大算法在杂波边缘环境下的处理性能较好。

② 单元选小算法。取一个杂波检测单元中的最小数据,即

$$X_n(i,j) = \min\{x_n(i',j')\} \qquad (2-57)$$

单元选小算法在多干扰目标背景下的处理性能较好。

③ 有序统计类算法。首先对杂波检测单元中的数据从小到大排好序,接着从排好序的数据内选择第 $m$ 个分辨单元,并将它作为这个杂波检测单元的杂波背景功率值。

排好序的序列为

$$x_1(i',j') \leqslant x_2(i',j') \leqslant \cdots \leqslant x_m(i',j') \leqslant \cdots \leqslant x_k(i',j') \qquad (2-58)$$

可以得到杂波图递归积累的输入信号为

$$\hat{X}_n(i,j) = x_m(i',j') \qquad (2-59)$$

杂波图建立时,将若干次天线扫描回波处理后的值作为递归的输入。现在,将单元平均、单元选大/选小、有序统计类处理应用在递归的输入值的处理上。杂波图 CFAR 点技术改进方法的结构图如图 2-39 所示。

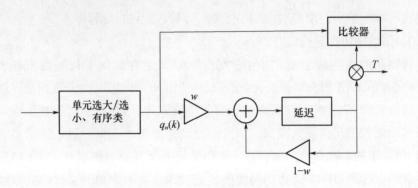

图 2 - 39　杂波图 CFAR 点技术改进结构图

式(2 - 56)和式(2 - 57)是杂波图点技术检测方法的递归算法,依据该算法可以得到各个杂波检测单元的平均功率值为

$$q_n(k) = \hat{X}_n(i,j) \tag{2-60}$$

$$\hat{p}_n(k) = (1-w)\hat{p}_{n-1}(k) + wq_n(k) \tag{2-61}$$

将式(2 - 59)展开,可得

$$\hat{p}_n(k) = w\sum_{i=0}^{\infty}(1-w)^i q_{n-i}(k) \tag{2-62}$$

由此可以看到,整个递归算法就是对先前全部回波信号作指数加权平均。式中设第 $k$ 个单元,第 $n+1$ 次扫描的估计值为 $\hat{p}_n(k)$,设第 $n$ 次扫描的采样值为 $q_n(k)$,$w$ 为遗忘因子,其值为 0 ~ 1。对于海面的慢速目标,若想要建立平稳的杂波背景,则要求 $w$ 的值取小一些;如果为快速的目标或者雷达载体运动速度较快,那么,$w$ 的值应当取大一些,这样有利于杂波图迭代响应速度加快,但是,另一方面杂波背景的平稳性就会变差。若当前时刻是第 $n$ 次天线扫描,我们常依据第 $n-1$ 次的回波信号的杂波采样更新值 $\hat{p}_{n-1}$ 以得到的检测门限。由此可知,杂波图实际上存储的就是各个空间单元的检测门限,而且此值会随下一圈天线的扫描而实时更新。

(2) 杂波图 CFAR 面技术。通常情况下,海杂波的统计特性与地杂波及气象杂波不同,相对于雷达天线重复扫描周期,海浪的变化平缓,因此,邻近脉冲间的海杂波的相关性较强,利用脉间递归处理的技术,检测性能并不理想。海杂波的统计特性不但与海表面起伏有关,还与雷达参数有关,利用杂波图技术可以改善目标的检测性能。

杂波图 CFAR 点技术仅依据被检测单元本身的信息,几乎是由时域处理估计得到杂波的背景功率。接下来,分析的是杂波图 CFAR 面技术方法,其应用在时域空域二维都均匀且比较特殊的杂波背景中。杂波图 CFAR 面技术将天线扫描的整个空域分割成若干个杂波检测单元,利用被检测单元临近的杂波单元信息计算杂波的背景功率,所以杂波图 CFAR 点技术可以看作面技术的特例,面技术是点技术在空域检测上的扩展。杂波图 CFAR 面技术检测的基本原理如下。

假设 A 为被检测单元,在临近 A 的方位上取 M 个杂波检测单元数,距离上取 N 个杂波检测单元数。这样,空域上有 MN 个杂波检测单元,在 MN 个单元中取 pq 个作为保护单元(图 2-38 中的阴影区域),剩余的 K = MN - pq 个作为参考单元,可以用其计算 A 的杂波背景均值。与滑窗式恒虚警检测方法相同,为了使杂波参考单元,可以用其计算 A 的杂波背景均值。与滑窗式恒虚警检测方法相同,为了使杂波参考单元不受检测单元的影响,计算杂波的背景功率值不包括保护单元。杂波图 CFAR 面技术的原理结构图如图 2-40 所示。

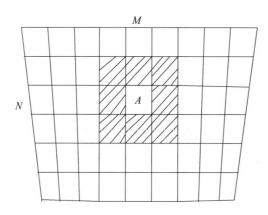

图 2-40　杂波图 CFAR 面技术的原理结构图

一般地,雷达工作在应用的杂波图都是先依据若干次扫描周期递归处理得到稳定的杂波图,检测门限是在稳定的杂波图建立后计算得到的。现在做这样的假设,扫描间信号是独立同分布的瑞利分布,则平方律检波后杂波检测单元就符合指数分布。

杂波检测单元的杂波背景功率为

$$\hat{p}_n(k) = (1-w)\hat{p}_{n-1}(k) + wq_n(k) \qquad (2-63)$$

展开可以得到

$$\hat{p}_n(k) = w\sum_{i=0}^{\infty}(1-w)^i q_{n-i}(k) \qquad (2-64)$$

式中:$w$ 为遗忘因子;$\hat{p}_n(k)$ 为第 $k$ 个空间单元,在第 $n+1$ 次天线扫描中对杂波背景概率的估计;$q_n(k)$ 为对杂波检测单元平均后的值,其表达式为

$$q_n = \frac{1}{K} \sum_{k=1}^{K} \hat{X}_n^k(i,j) \tag{2-65}$$

式中：$K = MN - pq$，$\hat{X}_n^k(i,j)$ 为第 $k$ 个杂波分辨单元在第 $n$ 次雷达天线扫描中的输出，就是用参考单元输出的均值估计被检测单元 $A$ 的杂波背景功率。

## 本章小结

末制导雷达是导弹武器系统的重要组成部分，在弹道飞行的末段实时监测目标信息，并发送至控制系统，控制导弹飞向目标。本章首先介绍了雷达的基本概念和天线的基本知识，然后重点介绍了雷达基本测量原理和信号处理基础，主要包括雷达测距、测速、测角基本原理，相参与非相参积累以及恒虚警检测等知识。

## 思 考 题

1. 简述天线基本原理。为什么雷达天线一般采用面天线？
2. 雷达能够测量目标的哪些信息？测量的基本原理是什么？
3. 雷达信号检测、虚警和漏检的含义是什么？恒虚警检测的含义是什么？
4. 简述相参积累与非相参积累的实现方法。
5. 恒虚警检测的方法有哪些？

# 第3章　主动末制导雷达技术

雷达导引头总体上可按主动、被动和半主动来分类,其中主动雷达导引头是最基本的,也是应用最多的。考虑到目前先进的主动雷达导引头大多采用了线性调频、脉冲压缩、恒虚警检测、单脉冲测角等技术,本书中重点以这些先进技术为背景对主动雷达导引头原理展开介绍。

## 3.1　概　　述

### 3.1.1　功能

末制导雷达又称为雷达导引头,它是一种安装在导弹头部,用于完成导弹飞行末段导引的探测装置,是无线电寻的制导系统的关键设备。一般末制导雷达功能有两个:一是完成对目标的搜索、截获、跟踪;二是与弹上控制信息传输,将制导信号和制导指令送至弹上计算机,如图 3－1 所示。

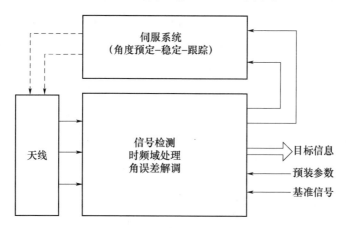

图 3－1　末制导雷达功能框图

末制导雷达实质上是一个时空信号处理器,它在检测目标的散射或辐射信号的基础上,对其信号处理和数据处理,提取目标距离、角度等信息,将相关信号和指令传输给控制系统。控制系统根据这些信号和指令,根据一定的导引方法形成控制信号,控制舵系统偏转,调整导弹姿态使其按照一定的弹道飞向目标。

### 3.1.2 预定检测

与常规雷达检测方法不同,导引头通常根据武器系统提供的目标角度、距离和速度的先验数据,在相应的空域、时域和频域内快速、有效地检测目标。

(1)角度预定。天线主波束犹如一个空域选通门,目标进入主波束是检测目标的前提。雷达导引头的角度预定系统,根据待测目标在弹体坐标系中的方位角与俯仰角的预定信息,将天线轴线转动至目标方向,使目标落入天线的主波束内。角预定信息误差、目标机动、角度装定误差等均会导致角预定偏差。角预定偏差充分小于天线主波束宽度时,才能检测目标;否则,必须进行角度搜索,使目标进入天线主波束。

(2)距离预定。在具有脉冲测距功能的雷达导引头,距离预定系统根据待测目标的距离预定信息,将雷达导引头中的距离选通脉冲移动到相应的时延位置,开启接收信道中的距离选通电路,使回波脉冲通过接收通道。距离预定信息误差、目标机动、距离装定误差等均会导致距离预定偏差。距离预定偏差远小于距离选通脉冲宽度时,才能选通回波脉冲;否则,必须进行距离搜索,使目标回波通过距离选通电路。习惯上,距离选通脉冲被称为距离门。

(3)速度预定。在利用多普勒信息测速的雷达导引头中,速度预定就是多普勒频率预定。多普勒频率预定系统根据待测目标的多普勒预定信息,控制雷达导引头接收机的本振频率,使回波信号频率与本振频率之差落入中频窄带滤波器,进行单谱线检测与跟踪。多普勒预定信息误差目标机动、多普勒装定误差等均会导致多普勒预定偏差。多普勒预定偏差充分小于窄带滤波器带宽时,才能选通回波信号;否则,必须进行多普勒搜索,使目标回波谱线落入窄带滤波器。习惯上,窄带滤波器被称为速度门。

(4)多维预定。多维预定是指二维或多于二维的参数预定。导弹与目标快速机动情况下,只有当目标同时落入角度门、距离门和速度门,而且留驻时间大于截获判读时间,才有可能截获目标,如图3-2所示。

### 3.1.3 工作过程

典型主动末制导雷达工作过程可分为目标搜索与检测、目标选择识别与捕捉、目标跟踪与信息提取和指令形成。

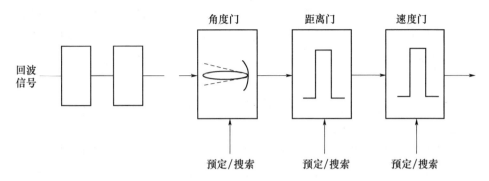

图 3 - 2　多维预定搜索系统示意图

（1）目标搜索与检测。导引头开机以后，一般工作在搜索状态。导引头在不同的距离角度处发射信号，并接收回波，判断该处是否有目标存在。

主动末制导雷达在接到控制系统传输的开机指令后，天线波束开始在一个扇面范围内搜索。搜索的方式可分为单平面和双平面，单平面指雷达方位一个平面搜索，俯仰上不搜索，双平面指雷达在方位和俯仰上两个平面上都能搜索。由于舰艇航行在海平面上，其高度基本上是确定的，因此，反舰导弹一般采用单平面寻的。雷达天线搜索示意图如图 3 - 3 所示。天线波束在方位搜索的同时，距离预定门以滑窗的形式完成距离上搜索，只有在距离预定门（也称为搜索波门）的回波信号才能进入接收机，经过接收机的放大、检波等处理后，在信号处理机里完成目标的检测。

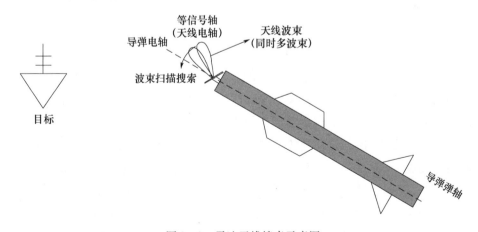

图 3 - 3　雷达天线搜索示意图

（2）目标选择识别与捕捉。导引头搜索检测到不同位置处的多个目标回波后，根据一定的规则，选择某个特定的目标作为预定目标，转入跟踪。

主动末制导雷达搜索过程中如果发现预定目标,距离或多普勒速度预定波门会变小,由预定波门由搜索波门变为跟踪波门,如果回波信号落入跟踪波门内,即捕捉到目标。

(3)目标跟踪与信息提取。导引头转入跟踪后,在预定目标的方向发射信号,提取预定目标的距离角度等信息;当目标位置改变后,改变天线角度,确保雷达波束最大方向能持续照射目标,并持续测量目标的位置等信息。

在距离上,传统的末制导雷达一般采用分裂波门法控制跟踪波门跟踪目标回波的能量中心,现代末制导雷达大多利用前沿跟踪法控制跟踪波门跟踪回波信号的脉冲前沿,实现目标的距离跟踪;方位上,利用单脉冲跟踪体制完成方位上的跟踪。此时,天线的等信号轴将一直指向目标,雷达天线跟踪示意图如图3-4所示。

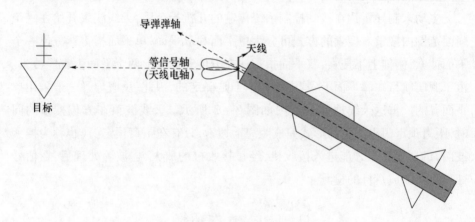

图3-4 雷达天线跟踪示意图

(4)指令形成。根据持续测量到的目标信息形成引导指令。

当天线跟踪目标后,导引头会实时产生一个与天线电轴和导弹弹轴夹角成比例的误差信号(一般称为航向控制电压)传送给控制系统,控制系统根据一定的导引方法,控制导弹弹体调整运动航向。由于舰船的速度远小于导弹的运动速度,反舰导弹常用直接法,控制系统通过执行机构——舵系统调整导弹姿态,控制导弹弹轴与天线电轴重合。如果采用固定前置角法导引,则天线电轴与导弹弹轴呈一个固定的角度。图3-5是导弹航向跟踪目标示意图。对于防空导弹来讲,由于目标运动速度快,因此一般采用修正的比例导引方法。

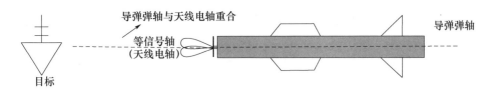

图 3 - 5　导弹航向跟踪目标示意图

## 3.1.4　主动末制导雷达的指标参数

（1）工作频率。目前末制导雷达的主要工作频段包括 X 波段、Ku 波段和 Ka 波段,如图 3 - 6 所示。工作频率是末制导雷达的核心指标,也是影响雷达导引头性能的主要因素。通常,工作频率是由按照雷达导引头的用途所确定的,工作频率或波段的不同对发射机、天线等分系统的影响很大。

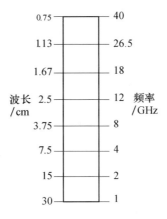

图 3 - 6　末制导雷达工作频率分布图

（2）雷达脉冲重复周期和脉冲宽度。采用脉冲探测的末制导雷达发射信号的间隔称为雷达重复周期,它与脉冲宽度一起是脉冲雷达的基本参数,如图 3 - 7 所示。

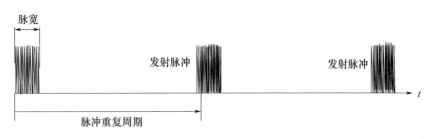

图 3 - 7　雷达重复周期与脉宽示意图

（3）信号形式。不同的信号形式对发射机的要求也各不相同。图3-8给出了末制导雷达中应用较多的3种信号形式,分别为简单脉冲调制信号、线性调频信号和相位编码信号[9]。

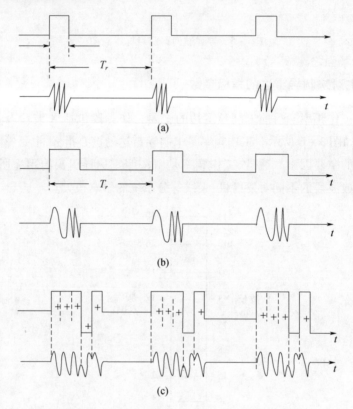

图3-8　3种典型的末制导雷达信号和调制波形

（4）分辨力。雷达分辨力,是指雷达能分辨空间两个靠近目标的能力,主要包括距离、角度和速度分辨力。

（5）捷变带宽。为了提高末制导雷达的工作性能和抗干扰能力,要求雷达的发射信号能在多个频点上快速跳变,末制导雷达频率捷变带宽越宽越有利于抗干扰。

（6）发射功率。发射功率将直接影响末制导雷达的威力和抗干扰能力,通常规定发射机送至天线输入端的功率为发射机的输出功率。不同体制雷达的发射功率相差极大,如非相参体制末制导雷达,采用磁控管发射机,峰值功率为几十千瓦;相参体制末制导雷达采用固态发射机和脉冲压缩技术,峰值功率可大幅降低。

（7）天线增益。天线增益是一个比值，等于在某一个特定方向上单位立体角内所辐射的功率与同样总功率在所有方向上即等方向均匀辐射时单位立体角内所辐射功率之比。

（8）天线波瓣宽度与旁瓣电平。通常采用 3dB 波束宽度，即主向两侧平均功率流密度为主向的一半所决定的夹角。旁瓣电平为主向辐射场强与旁瓣中最大辐射场强之比，通常用分贝（dB）表示。

（9）方位搜索范围与跟踪范围。末制导雷达在方位上搜索与跟踪的左右极限角形成的角度范围。

（10）距离搜索范围与跟踪范围。末制导雷达在距离上搜索与跟踪的最远点和最近点形成的距离范围。

（11）抗干扰性能。随着战场环境的日益复杂，要求末制导雷达具备较强的抗干扰能力，以反舰导弹末制导雷达为例，其应具有适应 6 级海情、抗杂波干扰、抗距离拖引干扰、抗同频异步干扰、抗箔条、抗有源诱饵和抗角反射体的能力。

## 3.1.5　末制导雷达的主要作战需求

（1）对海上集团目标的识别。反舰导弹在打击航母编队、大型舰艇编队等目标时，必须具备对海上集团目标的识别能力。末制导雷达工作时，以编队之间最小距离 300m 为例，若天线波束宽度为 5°，则能将目标分辨开的距离约为 3437m，如果此时不能有效分辨目标，则导引头跟踪的是编队回波的中心，与真实目标位置有偏差，会造成跟踪和命中误差。

（2）混杂在多个目标中的小目标。对于混杂在渔船等民用目标中的导弹快艇以及具有较小雷达散射面积的隐身舰艇，也是当前末制导雷达主要的作战对象。

由于小目标的雷达散射截面积小，因此末制导雷达的探测距离较近。假设一般驱逐舰的雷达反射面积按照 $5000\mathrm{m}^2$ 计算，常规雷达体制导引头作用距离为 30km；而一般导弹艇的雷达反射面积按照 $500\mathrm{m}^2$ 计算，常规雷达体制导引头作用距离减小为 15km 左右；对于小艇和隐身舰艇，当雷达反射面积缩减到几十平方米时，常雷达导引头作用距离将减小到几千米左右。

（3）停泊在近岸、港内军用目标。为适应新形势下的作战需求，需要提高导引头的能力，满足对近岸、港内军用目标的攻击要求。由于近海、近岸的海杂波和地杂波较强，目标信号容易淹没在地海杂波中，无法分辨目标。

（4）提高干扰和复杂环境下的抗干扰能力。面对现代战争日益复杂严峻的战场干扰环境,反舰导弹抗干扰能力的提高不仅需要拓展导头获取信息的维度,同时还应在研究主要作战对象干扰装备和干扰战术的基础上,充分利用先验、历史及协同等信息,通过有效导引和优化作战策略,提升导引头抗干扰能力。

反舰导弹均采用超低空掠海飞行模式,面临大量的海面杂波的干扰,在高海情时,海杂波的强度极易超过雷达的捕捉门限电平,会使导引头错误捕捉海浪;海面反射电磁波会引起多路径效应,从而使导引头无法正常跟踪目标。

### 3.1.6　主动末制导雷达的新体制与新技术

#### 1. 开辟新波段

毫米波作为末制导雷达一个新的工作波段,具有明显的优势和特点。在毫米波存在 4 个大气窗口,分别为 35GHz、94GHZ、140GHZ 和 220GHz 左右。毫米波制导雷达的主要特点体现在抗干扰能力、反隐身能力等方面。在抗干扰能力上,由于毫米波末制导雷达的天线波束宽度比 X 波段、Ku 波段要小得多,窄波束有利于降低海(地)杂波的干扰,从而减弱多路径效应;同时,窄波束不利于敌方检测我方的电磁波信号,也不利于敌方干扰信号被我方接收;毫米波末制导雷达的频带较宽,使得毫米波有源干扰设备难以在宽带范围内实现大功率辐射。

毫米波末制导雷达具有一定的反隐身能力,通常针对厘米波段进行的隐身外形设计,对毫米波不再是平滑或忽略不计。

毫米波末制导雷达全天候作战能力介于厘米波和红外波之间,对毫米波的衰减主要是由氧气、云、雨、雾的吸收和散射,因此天气因素会对毫米波末制导雷达作战效能产生较大的影响。

#### 2. 高分辨力导引头

常见反舰导弹雷达导引头的距离分辨率为 50 ~ 10m,方位分辨率为 20 ~ 50m。而采用高分辨率技术的导引头距离分辨率为 0.5 ~ 10m,横向分辨率为 0.5 ~ 10m。高分辨力导引头采用的技术措施主要有以下几种。

（1）距离高分辨技术脉冲压缩技术。距离分辨率与脉冲宽度有关,1μs 脉冲距离分辨率为 150m,而 0.1μs 脉冲距离分辨率为 15m。但是脉冲宽度是不可能无限制减小的,这是因为窄脉冲电路处理难度较大,且窄脉冲难以实现大功率,会影响作用距离。采用脉冲压缩技术可以提高距离分辨率,可以形成目标的一维距离像,同时可以降低对发射机的要求。采用固态源发射机产生脉冲压缩信号,省去了磁控管、高压电源、变流机、大功率散射风扇等器件,而且不需要老炼,导引头使用寿命也将大大增加;同时导引头体积大为减小,高压和微波器件减少,使得可靠性大大增加。当导引头在近距离工作时,可根据需要切换成简单窄脉冲。

(2)方位高分辨技术合成孔径/逆合成孔径雷达技术。在距离方向和垂直距离方向(横向/方位向)都采用高分辨力技术,可以获取目标或目标区域的两维高分辨力雷达图像,常见的体制有合孔径雷达(SAR)导引头和逆合成孔径雷达(ISAR)导引头。

3. 采用新型天线

从末制导雷达系统角度而言,随着系统集成度越来越高,导引头主要功能模块基本可以分为两大模块,即天线微波前端模块和信号数据处理模块。

天线对于导引头的性能提高至关重要,传统导引头一般采用旋转抛物面天线和卡塞格伦(包括变态卡塞格伦)天线。卡塞格伦天线通过副反射面(双曲面)将馈源后置,降低了传输线的损耗,其效率比前馈抛物面天线效率高10%左右。但是副反射面存在遮挡效应。

随着导引头性能提高的需求,上述两种类型的天线已渐渐不能满足需求,主要原因是导引头要求在更宽的角度范围内搜索跟踪目标,而这两种类型的天线在大角度偏焦的情况下性能下降严重,主要是增益下降,波束展宽,副瓣升高。前馈旋转抛物面的馈线损耗和卡塞格伦天线的副反射面遮挡也影响了天线。

为解决上述问题,出现了变态扭极化卡塞格伦线和平板裂缝阵天线。开在波导壁上的缝隙截断波导壁电流后,电流将沿缝隙的边缘流动,并且在缝隙的两边形成电压,由电流和电压立生的交变电磁场,能够向空间辐射出去,这种带有缝隙的波导就称为缝隙辐射体,独立应用时则称为缝隙天线,由波导缝隙天线构成的天线阵称为波导裂缝天线阵,在平面上将波导裂缝线阵按一定的间距排列就形成面阵,也称为平板天线阵。

抛物面天线、卡塞格伦天线、平板天线一般都用于主动导引头,其工作频带较窄,被动导引头工作时,需要接收舰载雷达辐射的信号,甚至是通信频段的信号,这些信号工作频段覆盖的频段较宽,一般需要采用宽带天线。常用的宽带天线有对数周期天线、螺旋天线、单极子天线和加载天线,为了避免极化损失,导引头天线通常采用圆极化形式。

未来雷达导引头发展的一个重要趋势就是采用相控阵天线,相控阵天线作为电扫描阵具有众多优点,其重要组成部分之一是安置在每一天线单元上的收/发(TR)组件。一个典型的 TR 组件由移相器、收发开关、功率放大器、低噪声放大器、衰减器、波控器等部分组成,一个 TR 组件就是一部小型的雷达发射接收机。相控阵天线通过移相器控制天线阵面的相位分布,实现天线方向图的自适应形成和波束电扫描,这对高雷达导引头的整体性能具有重要意义。

4. 不同波段/不同体制复合导引头

复合导引头的最大意义在于能将各种波段和体制的制导方式进行功能互补,提升导引头整体性能。通常认为,主动毫米波雷达与被动红外成像的复合是一种最佳的技术途径,具有体积小、重量轻、精度高的特点,是目前导引头技术发展的重点。

# 3.2　常见末制导雷达信号的波形

在雷达系统中,雷达的信号波形并不是单一的,根据复杂程度不同可以分为很多类,其中既有简单的脉冲信号,也有复杂的调制信号。不同的信号波形,拥有不同的特性,所使用的信号处理方法也不相同,雷达要使用什么样的发射信号波形,要由雷达具体的作用、要求等因素所决定。对于导弹的末制导雷达来说,发射信号是一种用于探测目标的信号载体,末制导雷达采用不同的发射信号波形,其抗干扰能力,探测的精确程度和目标分辨率等性能会受到影响,因此,一些简单的波形不能满足现代末制导雷达对发射信号的要求。本节将对导弹末制导雷达中应用较多的 3 种复杂信号波形进行介绍。

## 3.2.1　线性调频信号波形

线性调频信号(LFM)也常称为 Chirp 信号[10],是目前在导弹末制导雷达系统中应用十分广泛的一种发射波形。与名称一样,该信号会对频率进行调制,可以将其简单的理解为脉冲在持续时间内频率随时间连续线性变化。因为可以利用其频率调制的特性获得较大的脉宽,增加末制导雷达的探测范围,因此,线性调频信号在导弹末制导雷达中的应用十分广泛。

典型线性调频信号的数学表达式为

$$s(t) = \text{rect}\left(\frac{t}{\tau}\right)\cos(2\pi f_0 t + \pi k\, t^2) \tag{3-1}$$

相应的复数表达式为

$$s(t) = \mathrm{rect}\left(\frac{t}{\tau}\right)\mathrm{e}^{\mathrm{j}2\pi\left(f_0 t + \frac{k}{2}t^2\right)} \tag{3-2}$$

$$\mathrm{rect}\left(\frac{t}{\tau}\right) = \begin{cases} 1, & \left|\dfrac{t}{\tau}\right| \leqslant 1 \\ 0, & \text{其他} \end{cases} \tag{3-3}$$

式中：$t$ 为信号在时域内的采样时刻；$B$ 为信号带宽；$\tau$ 为雷达信号发射脉冲的宽度；$k = B/\tau$ 为信号的调频频率；$f_0$ 为信号中心频率，信号的瞬时频率为 $f_0 + kt$。

线性调频信号根据调制斜率大小的不同可分为两类，图 3 – 9 所示为两种调频模式下的线性调频信号：当频率调制斜率 $k > 0$ 时，脉冲信号的频率随时间的增加而逐渐增加，相对应的信号波形周期随频率的增加而减小，其波形之间的间距越来越紧密，这种调频方式被称为向上线性调频，如图 3 – 9(a)所示；反之，当频率调制斜率 $k < 0$ 时，脉冲信号的频率会随时间的增加而逐渐减小，相对应的信号波形的周期随频率的减小而增加，其波形之间的间距越来越宽松，这种调频方式称为向下线性调频，如图 3 – 9(b)所示。

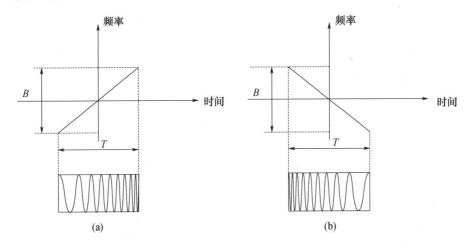

图 3 – 9　线性调频信号波形图

(a)向上线性调频；(b)向上线性调频。

使用 MATLAB 仿真得到的线性调频信号时域波形图和频域图如图 3 – 10 所示，从图中可以明显看出，信号波形的周期随时间逐渐减小，信号的频率随时间成线性变化。

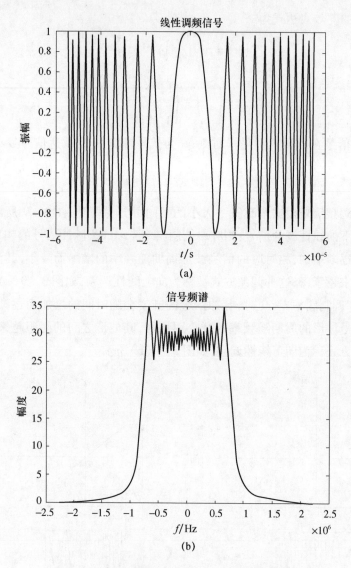

图 3 – 10　线性调频信号时域波形和频域幅值特性
(a) 线性调频信号时域；(b) 线性调频信号频移。

### 3.2.2　相位编码信号波形

　　相位编码脉冲信号[11]，因其采用伪随机序列，也称为伪随机码编码信号，是对脉冲宽度相同，载频相同的脉冲的相位按照一定的编码方式变化得到的一种信号波形。跟线性调频信号采用线性规律对频率进行调制的方法不同，相位编码信号是按照一定编码方式对信号的相位进行调制，因此，调制函数并不都是线性的,具有一定的离散特性。相位编码信号拥有更强的抗敌方干扰能力,在导弹末制导雷达上有较好的应用效果。

相位编码信号数学表达式为

$$s(t) = u(t)e^{(j2\pi f_0 t)} \tag{3-4}$$

$$u(t) = \alpha(t)e^{[j\varphi(t)]} \tag{3-5}$$

式中:$\varphi(t)$ 为信号相位调制函数;$f_0$ 为信号频率。

相位编码信号根据相位取值的数量的不同可以分为二相码与多项码两类。因二相编码信号具有低截获以及更强的抗干扰力能力,目前,在末制导雷达上的应用较为广泛。二相码的相位调制只能取 0 或 $\pi$ 两种形式,即 $\{\varphi(k) = 0, \pi\}$,也可表示为 $\{c_k = e^{j\varphi(k)} = +1, -1\}$。

二相编码数学表达式为

$$y = \begin{cases} P^{-\frac{1}{2}} \sum_{k=0}^{P-1} c_k v(t - KT), & 0 < T < \Delta = PT \\ 0, & \text{其他} \end{cases} \tag{3-6}$$

$$v(t) = \begin{cases} T^{-\frac{1}{2}}, & 0 < t < T \\ 0, & \text{其他} \end{cases} \tag{3-7}$$

式中:$T$ 为子脉冲宽度;$P$ 为码长;$c_k$ 为第 $k$ 个码元是 $+1$ 或是 $-1$。

使用 MATLAB 仿真得到的码长为 13 位的巴克码信号时域波形如图 3-11 所示。仿真中,载波频率 $f_c$ 为 10MHz,13 位子码的相位为 1,1,1,1,1,-1,-1,1,1,-1,1,-1,1,信号幅度为 1。

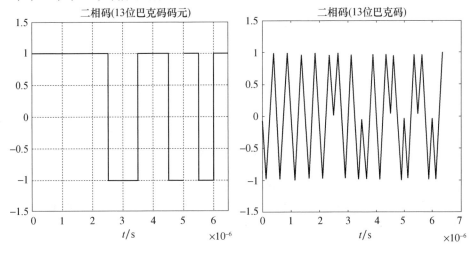

图 3-11　二相编码信号时域波形

在信号带宽时宽都较小时,编码信号具有更大的主瓣副瓣比,以及信号波形的不规律变化,使得它拥有更好的压缩性能和更强抗干扰能力,使其在导弹末制导雷达上有更加广泛的运用。但编码信号对于多普勒十分敏感,存在多普勒敏感性[12],当因导弹的高速飞行导致信号回波出现多普勒频移时,会导致脉冲压缩的性能受到一定程度的影响。

### 3.2.3 捷变频信号波形

频率捷变信号,可以简单地理解为信号的频率不固定,相邻脉冲的频率在一定的范围内快速且无规律变化的信号。因为每个脉冲的频率都不相同,在反舰导弹末制导雷达的应用中信号频率很难被敌方掌握,使得频率捷变信号相对其他信号具有更强的抗干扰能力。频率捷变信号按照频率捷变的类型可以分为脉组频率捷变以及脉间频率捷变两类[13]。

(1)脉组频率捷变。脉组频率捷变示意图如图3 – 12所示,脉组频率捷变信号中脉冲分组发出,不同组的脉冲频率会发生变化,但一个脉组组内的脉冲频率是相同的,脉组频率捷变信号的数学表达式为

$$y = Au(t)e^{j[\omega t + s(t)]} \tag{3-8}$$

$$u(t) = \text{rect}\left(\frac{t}{\tau}\right) + \text{rect}\left(\frac{t-t_r}{\tau}\right) + \cdots + \text{rect}\left(\frac{t-nt_r}{\tau}\right) \tag{3-9}$$

式中:$A$ 为信号幅度;$\omega$ 为可变化的载波频率;$s(t)$ 为脉冲内调制形式;$u(t)$ 为矩形脉冲;$t_r$ 为脉冲周期。

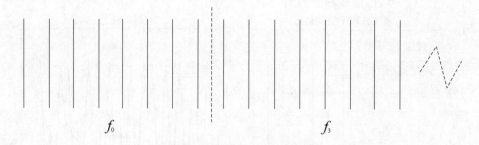

图3 – 12 脉组频率捷变示意图

(2)脉间频率捷变。脉间频率捷变示意图如图3 – 13所示,脉间频率捷变是指每个脉冲之间的频率都在变化,每个脉冲的频率都不相同。脉间频率捷变信号的数学表达式为

$$y = A\text{rect}\left(\frac{t}{\tau}\right)e^{j[\omega t + s(t)]} \tag{3-10}$$

式中:rect$(t/\tau)$为矩形脉冲。

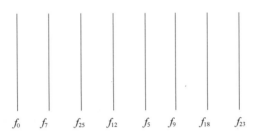

$$f_0 \quad f_7 \quad f_{25} \quad f_{12} \quad f_5 \quad f_9 \quad f_{18} \quad f_{23}$$

图 3 - 13　脉间频率捷变示意图

　　现代战场环境复杂,相应的干扰技术也随之提高,各种干扰手段层出不穷,单一频率的信号无法应对复杂的干扰环境,如线性调频信号,一旦被敌对方掌握相应的频率以及调制斜率等信息,就很难再发挥作用。因此,频率捷变信号逐渐受到末制导雷达的重视,使用频率捷变信号作为发射信号提高导弹的抗干扰能力,成为导弹末制导雷达的发展趋势。频率捷变信号是信号频率不断变化的信号,其每个脉冲频率都不同,敌方无法捕获到导弹雷达的准确脉冲频率,从而在一定程度上可以对抗敌方的针对性干扰和抑制海杂波等环境因素干扰,从而提高抗干扰能力。

## 3.3　主动末制导雷达信号处理技术

### 3.3.1　脉冲压缩

　　导弹末制导雷达的基本任务是通过发射脉冲和接收由目标反射回来的回波信号,从而完成对目标的探测和识别。雷达的距离分辨率是衡量雷达探测性能的主要参数之一,距离分辨率的高低与脉冲时宽的大小成反比,当脉冲时宽越小时距离的分辨率越高。因此,通过缩短脉冲时宽提高检测的距离分辨率是雷达信号处理的常用手段。但当脉冲时宽变短会对导弹的其他性能造成影响,例如,脉冲时宽与发射功率成正比,脉冲时宽变小的同时雷达功率也随之减小。在雷达发射宽度较宽的脉冲且不增加发射功率的情况下,同时提高导弹的检测距离和检测的准确度。现代末制导雷达多采取脉冲压缩体制,使用脉冲时宽较宽的信号进行探测,在接收回波信号后对脉冲宽度进行压缩,从而压缩信号时宽,有效解决探测距离与检测的准确度之间的矛盾,这种方法就是脉冲压缩处理。

　　脉冲压缩末制导雷达的接收机可以视为一个等效的匹配滤波器,可以将接收机接收的回波信号与发射信号的复共轭形式相乘,已知调频信号可以使用一定的调制函数对频率的调制增大脉冲带宽,匹配滤波器就是一个与调制函数相反的过程,从而实现能量压缩,提高回波信号的信噪比。

脉冲压缩是指雷达在发射时采用宽脉冲信号,接收和处理回波后输出窄脉冲。脉冲压缩技术是匹配滤波理论和相关接收理论的一个很好的实际应用。它很好地解决了这样的一个问题:在发射端发射大时宽、带宽信号,以提高信号的发射能量,而在接收端,将宽脉冲信号压缩为窄脉冲,以提高雷达对目标的距离分辨精度和距离分辨力。该技术解决了雷达远距离探测与高精度测距性能不可兼顾的问题,是现代雷达中不可缺少的关键技术。

脉冲压缩的 DSP 处理方法有时域相关或频域相乘。对于点数较多的回波信号,采用频域相乘方法可以获得较快的运算速度。频域脉冲压缩的原图如图 3 − 14 所示。

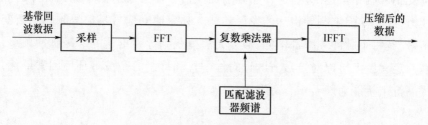

图 3 − 14　脉冲压缩处理流程图

DSP 对采样后的数据进行 FFT 变换,变换至频域后,与其匹配滤波器频率数据(参考信号 FFT 后的共轭)进行复数相乘,相乘后,再与复数补偿因子进行相乘解决脉冲间距离走动问题,最后将结果做 IFFT,重新变换回时域。其中,FFT 点数、复数相乘点数、IFFT 点数均为 1024 点。

假设雷达发射线性调频(LFM)信号

$$s(t) = \mathrm{rect}\left(\frac{t}{T}\right) \mathrm{e}^{\mathrm{j}z\pi(fct + \frac{K}{2}t^2)} \tag{3 − 11}$$

信号 $s(t)$ 的匹配滤波器的时域脉冲响应为

$$h(t) = s^*(t_0 - t) \tag{3 − 12}$$

式中:$t_0$ 为使滤波器物理可实现所附加的时延。

理论分析时,可令 $t_0 = 0$,重写式(3 − 11),即

$$h(t) = s^*(-t) \tag{3 − 13}$$

将式(3 − 11)代入式(3 − 13)得

$$h(t) = \text{rect}\left(\frac{t}{T}\right)\text{e}^{-\text{j}\pi Kt^2} \times \text{e}^{\text{j}2\pi f_c t} \qquad (3-14)$$

如图 3 - 15 所示，$s(t)$ 经过系统 $h(t)$ 得输出信号 $s_0(t)$，当 $0 \leqslant t \leqslant T$ 时，有

图 3 - 15　LFM 信号的匹配滤波

$$
\begin{aligned}
s_0(t) &= \int_{t-T/2}^{T/2} \text{e}^{\text{j}\pi Kt^2} \text{e}^{-\text{j}2\pi Ktu} \text{d}u \\
&= \text{e}^{\text{j}\pi Kt^2} \frac{\text{e}^{-\text{j}2\pi Ktu}}{-\text{j}2\pi Kt}\bigg|_{t-T/2}^{T/2} \cdot \text{e}^{\text{j}2\pi f_c t} \\
&= \frac{\sin\pi K(T-t)t}{\pi Kt}\text{e}^{\text{j}2\pi f_c t}
\end{aligned}
\qquad (3-15)
$$

当 $-T \leqslant t \leqslant 0$ 时，有

$$
\begin{aligned}
s_0(t) &= \int_{-T/2}^{t+T/2} \text{e}^{\text{j}\pi Kt^2} \text{e}^{-\text{j}2\pi Ktu} \text{d}u \\
&= \text{e}^{\text{j}\pi Kt^2} \frac{\text{e}^{-\text{j}2\pi Ktu}}{-\text{j}2\pi Kt}\bigg|_{-T/2}^{t+T/2} \cdot \text{e}^{\text{j}2\pi f_c t} \\
&= \frac{\sin\pi K(T+t)t}{\pi Kt}\text{e}^{\text{j}2\pi f_c t}
\end{aligned}
\qquad (3-16)
$$

合并式(3 - 15)和式(3 - 16)得

$$s_0(t) = T\frac{\sin\pi KT\left(1-\frac{|t|}{T}\right)t}{\pi KTt}\text{rect}\left(\frac{t}{2T}\right)\text{e}^{\text{j}2\pi f_c t} \qquad (3-17)$$

式(3 - 17)即为 LFM 脉冲信号经匹配滤波器得输出，它是一个固定载频 $f_c$ 的信号。当 $t \leqslant T$ 时，包络近似为辛克(sinc)函数，有

$$S_0(t) = TSa(\pi KTt)\text{rect}\left(\frac{t}{2T}\right) = TSa(\pi Bt)\text{rect}\left(\frac{t}{2T}\right) \qquad (3-18)$$

如图 3 - 16 所示，当 $\pi Bt = \pm\pi$ 时，$t = \pm\frac{1}{B}$ 为其第一零点坐标；当 $\pi Bt = \pm\frac{\pi}{2}$ 时，$t = \pm\frac{1}{2B}$，习惯上，将此时的脉冲宽度定义为压缩脉冲宽度，即

$$\tau = \frac{1}{2B} \times 2 = \frac{1}{B} \qquad (3-19)$$

LFM 信号的压缩前脉冲宽度 $T$ 和压缩后的脉冲宽度 $\tau$ 之比通常称为压缩比 $D$,即

$$D = \frac{T}{\tau} = TB \qquad (3-20)$$

式 $(3-20)$ 表明,压缩比也就是 LFM 信号的时宽频宽积。

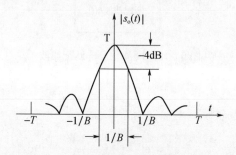

图 3 – 16  匹配滤波的输出信号

### 3.3.2  脉冲积累

信号回波在经过脉压处理后,其能量大大压缩,脉冲信噪比提高,但由于噪声的存在,单一脉冲信号中的目标与噪声的信噪比还太小,可能会将部分起伏较大的噪声误判为目标。因此,常常使用对一段时间内所接收到的多个脉冲进行脉冲积累提高回波信号的信噪比。雷达在一段时间内接收多个目标回波,脉冲积累处理就是对这段时间内所接收的多个脉冲进行累加,通过叠加峰值,抑制噪声有效提高回波的信噪比,增强抗干扰能力,获取更加精确的目标参数,从而提高末制导雷达的制导性能。目前,常用的积累方法根据是否考虑相位补偿可以分为相参积累和非相参积累。

1. 非相参积累

非相参积累,因其是利用回波包络检波后的信号进行积累,也称为检波后积累。如图 3 – 17 所示,经过包络检波之后,回波脉冲信号只存有幅度信息,可以简单地理解为非相参积累是不考虑相位的影响而直接对回波信号的幅度信息进行累加,因此,对于系统的相参没有过高的要求,在工程实现较为简便。

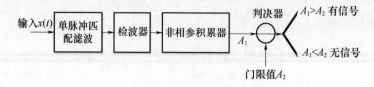

图 3 – 17  非相参积累处理流程

在噪声环境的下进行非相参积累时,由于包络检波的非线性作用,导致非相参积累进行了一个非线性的累加操作,会将一部分信号能量和噪声能量累加在一起,导致目标信号的积累增益损失,影响了输出信号的信噪比。如 Marcum 和 Swerling 的非相参积累损耗公式为

$$L_{\mathrm{NCI}} = 10\log\sqrt{np} - 5.5\,\mathrm{dB} \qquad (3-21)$$

由于噪声信号对目标信号的影响,难以得到非相参积累的信噪比公式,但可以通过增益来表达对信噪比的改善效果。假设有 $N$ 个回波脉冲信号,经过非相参积累处理后,由于存在积累损耗,输出的积累增益将介于 $[\sqrt{N}, N]$ 的区间内,当积累数较大时,信噪功率比的改善趋近于 $\sqrt{N}$。

2. 相参积累

相参积累,相参的意思是脉冲与脉冲之间存在一定的相位联系,即已知第一个脉冲的相位信息就能得到其他相位信息,且初相的随机性不会影响之后脉冲相位的确定。如图 3 – 18 所示,与非相参积累不同,相参积累是在包络检波前进行的,因此,脉冲信号中既包含幅度信息也包含确定的相位关系。相参积累可以简单地描述为对拥有相位关系的回波脉冲串进行同相叠加,可获得比非相参积累更高信噪比和更加精确的多普勒频率,因此,对于雷达信号的相参性能有很高的要求。

图 3 – 18　相参积累处理流程

相参积累处理基本原理如图 3 – 19 所示,相参积累处理就是将多个脉冲进行匹配叠加的过程,方块矩阵代表所接收的一组回波脉冲,每一横行代表一个脉冲,每一行内的纵向划分代表一个脉冲内的不同时刻的采样序列。现有一枚导弹末制导雷达要对 $M$ 个脉冲进行相参积累,每个脉冲在快时间内采样点数为 $n$,且脉冲与脉冲的相应采样点对齐在相同的距离单元上。此时,只需将 $M$ 个脉冲中在相同距离单元上的值进行累加,假设每个脉冲的峰值是相同的,对齐累加 $M$ 个后,理论上所输出的幅度为之前单一脉冲的 $M$ 倍,功率增加为之前的 $M^2$ 倍[14]。

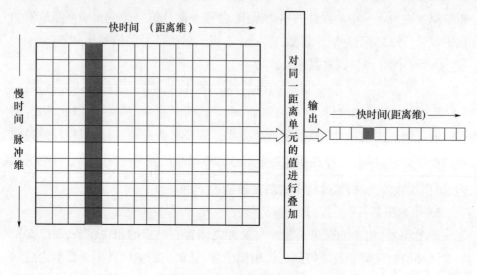

图 3 – 19　相参积累示意图

综上所述,相参积累就是相位对齐的脉冲相加,所累加的脉冲数越多,输出的幅值也就越大,其信噪比越高。在对峰值信号累加的同时,信号中的噪声也会累加,但因为回波信号中的噪声相位是随机分布的,且相邻脉冲之间的噪声是彼此独立的,所以回波信号进行相参积累时积累信号中噪声分量的功率是独立噪声样本功率的和,噪声的功率提高为积累前的 $M$ 倍。因此,回波信号经过相参处理后的信噪比可以提高为原来的 $M$ 倍。

相参积累的实现可分为两种情况:一种是雷达和目标之间相对固定的情况,此时,只要直接相加就可以了;另一种情况是雷达和目标之间存在相对运动,由于目标回波相加时掺入了运动目标的相位,这种情况下要采用先移相后相加的方法,即需采用快速傅里叶变换。对于现有的导弹其末制导雷达多为第二种情况,现代末制导相参积累一般利用数字信号处理算法 FFT 来实现。

假设采样后的信号矩阵为 $S(m,n)$,其中 $n$ 为目标距离向采样点数,$m$ 为脉冲的编号,脉冲压缩后信号为 $S'(m,n)$,这种情况下进行相参积累处理的数学表达式为。

$$S''(:,n) = \mathrm{FFT}(S'(:,n)) \qquad (3-22)$$

式中:$(:,n)$ 为距离的第 $n$ 列组成的向量;矩阵 $S''(:,n)$ 为相参积累后的“距离 – 多普勒”二维信号矩阵。图 3 – 20 所示为相参积累原理示意图:

相参积累时，
列向量做FFT

| 距离波门<br>脉冲序列 | 1 | 2 | ... | i | ... | n |
|---|---|---|---|---|---|---|
| 1 | $x_{11}$ | $x_{12}$ | ... | $x_{1i}$ | ... | $x_{1n}$ |
| 2 | $x_{21}$ | $x_{12}$ | ... | $x_{2i}$ | ... | $x_{2n}$ |
| ⋮ | ⋮ | ⋮ | ⋮ | ⋮ | ⋮ | ⋮ |
| j | $x_{j1}$ | $x_{j2}$ | ... | $x_{ji}$ | ... | $x_{jn}$ |
| ⋮ | ⋮ | ⋮ | ⋮ | ⋮ | ⋮ | ⋮ |
| k | $x_{k1}$ | $x_{k2}$ | ... | $x_{ki}$ | ... | $x_{kn}$ |

(a)

| 距离波门<br>频率 | 1 | 2 | ... | i | ... | n |
|---|---|---|---|---|---|---|
| 1 | $y_{11}$ | $y_{12}$ | ... | $y_{1i}$ | ... | $y_{1n}$ |
| 2 | $y_{21}$ | $y_{12}$ | ... | $y_{2i}$ | ... | $y_{2n}$ |
| ⋮ | ⋮ | ⋮ | ⋮ | ⋮ | ⋮ | ⋮ |
| j | $y_{j1}$ | $y_{j2}$ | ... | $y_{ji}$ | ... | $y_{jn}$ |
| ⋮ | ⋮ | ⋮ | ⋮ | ⋮ | ⋮ | ⋮ |
| k | $y_{k1}$ | $y_{k2}$ | ... | $y_{ki}$ | ... | $y_{kn}$ |

(b)

图 3 - 20　"距离 – 多普勒"二维分布图

(a)相参积累前；(b)相参积累后。

图 3 - 20(a)中，每个行向量表示 1 个雷达脉冲重复周期内的距离单元向量，每连续 $k$ 个行向量排列好后，形成 1 个二维数组(1 个处理帧)。再对每个列向量(即行向量中对应距离单元)做复数 FFT 处理，共做 $n$ 次，形成图 3 – 20(b)中相参积累后的结果，形成"距离 – 多普勒"二维分布图。若回波中存在目标信号，则二维分布图上会出现目标尖峰，对该二维分布图取模值处理后，形成 CFAR 平面，如图 3 – 21 所示。

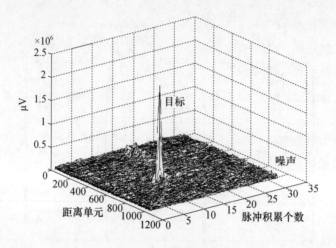

图 3-21　CFAR 平面

当导弹进行匀速运动时,其纵向上的相位成线性变化,纵向做 FFT 后,将在对应的多普勒的点上出现一个积累的峰值,从而实现了相参积累。

但在实际的应用中,以超声速反舰导弹为例,在末制导雷达进行长时间相参积累时,因导弹速度的影响导致检测存在多普勒扩散和距离走动等问题,积累效果会出现距离单元偏移并且会降低信噪比,需对相参积累进行速度补偿。

### 3.3.3　恒虚警率检测

以 CFAR 平面为基础,采用二维 CFAR 检测方法,完成目标检测。CFAR 处理原理如图 3-22 所示。在检测单元的两侧各留出一些保护单元,保护单元的总数略大于目标所占分辨单元数。同时,由于采用相参体制,可以联合利用距离维和速度维的一定数量的参考单元的平均值作为比较电平,在与检测单元进行比较,依据识别系数判断比较结果,从而判断目标的存在。

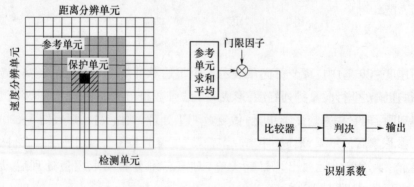

图 3-22　二维 CFAR 原理图

根据检测概率、虚警概率,可以设置二维 CFAR 中的单次检测信噪比为 12.5 dB,在此基础上采用二进制积累,采用 3 选 2 的准则,进行目标确认,以进一步减少噪声干扰的影响,进一步降低虚警概率。

恒虚警检测按照检测的维数可以分为二维恒虚警以及一维恒虚警,先通过二维恒虚警进行初步的筛选,而后在二维恒虚警的结果上分别通过距离维和频率维完成更为精细的恒虚警检测。超过恒虚警门限的信号认为是目标,根据目标所在的距离单元计算目标的距离。

### 3.3.4　距离信息提取

检测出来信号后,找到目标信号所在的距离单元标号 $N_r$,根据测距的基本原理,则对应的距离为

$$r = (N_r - 1) \cdot \frac{1}{F_s} \cdot c/2 \qquad (3-23)$$

式中:$F_s$ 为信号采样频率;$c$ 为光速;$N_r$ 为距离单元标号(这里假设距离为 0 的点标号为 1,每个距离单元采样 1 次)。

由于实际目标回波能量分布可能在多个距离单元上,因此,在进行数据处理时还需要对一个日标数据进行点迹凝聚(或称目标联合)。

## 3.4　信号处理中的弹速补偿技术

### 3.4.1　线性调频末制导雷达的运动补偿

线性调频信号是目前导弹末制导雷达常用的一种雷达信号。线性调频雷达系统能发射较大工作带宽的信号,从而获得较远的探测范围,同时,通过脉冲压缩、相参积累等处理,能够增加距离分辨率,提高信噪比,有效地解决了发射功率需求与作用距离需求之间的矛盾问题。但随着导弹高速化的发展,反舰导弹的速度越来越快,雷达随导弹高速运动时所产生多普勒效应对信号处理造成的影响也随之增大,受导弹运动的影响,回波信号产生距离单元走动、多普勒扩展等问题,导致雷达信噪比降低。

1. 末制导雷达运动回波模型

在末制导雷达对目标探测的过程中,相对运动特性及雷达信号回波特性都因导弹的运动受到了很大的影响,如今使用的信号处理方法不能保证一定精确

度的探测。要研究高速弹载雷达的信号处理问题,首先要建立雷达信号回波模型,并分析运动和回波的特点。

(1)运动模型。与陆基雷达不同,导弹末制导雷达是搭载在导弹弹体上并随导弹运动的,末制导雷达具备与导弹相同的运动状态。如图 3 – 23 所示,假设现有一枚反舰导弹对一目标舰艇执行打击任务,某一探测时刻导弹与目标之间的起始距离为 $R_0$,且舰艇的方位角为 $\alpha$,俯仰角为 $\beta$,波束宽度为 $\psi$。导弹以运动速度 $v$ 和加速度 $a$ 向目标方向做匀加速直线运动,因舰艇速度远远小于导弹速度,将舰艇速度忽略不计,因此,导弹与舰艇目标之间的相对速度近似等于导弹的速度。设导弹与舰艇之间的瞬时距离为 $R(t)$,得到导弹与舰艇间相对运动的数学表达式为

$$R(t) = R_0 - \left( (v \cdot t) + \frac{1}{2} a\, t^2 \right) \cdot \cos\beta \qquad (3-24)$$

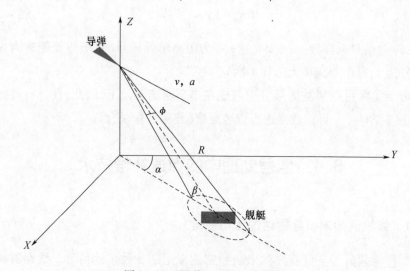

图 3 – 23　导弹 – 目标运动模型图

(2)回波模型。假设导弹末制导雷达使用的信号波形为线性调频信号,其发射信号的数学表达式为

$$S(t) = \frac{1}{\sqrt{T_P}} \text{rect}\left( \frac{t}{T_P} \right) \mathrm{e}^{(u\pi j t^2 + 2\pi j f_0 t)} \qquad (3-25)$$

式中:$f_0$ 为信号载波频率;$T_P$ 为脉冲宽度;$u = \dfrac{B}{T_P}$ 为信号调频斜率;$B$ 为信号带宽。

设脉冲串中的脉冲个数为 $M$,脉冲重复周期为 $T_r$,可以得到第 $m$ 个脉冲的信号表达式为

$$s(\tilde{t},t_m) = \frac{1}{\sqrt{T_P}} \mathrm{rect}\left(\frac{\tilde{t}}{T_P}\right) \mathrm{e}^{(u\pi\mathrm{j}\tilde{t}^2 + 2\pi\mathrm{j}f_0\tilde{t})} \tag{3-26}$$

式中：$\tilde{t}$ 为快时间；$t_m$ 为慢时间；$t$ 为全时间，是快时间 $\tilde{t}$ 和慢时间 $t_m$ 之和，慢时间又为脉冲发射时间，可以由 $t_m = m T_r(m = 0,1,\cdots,M-1)$ 得到，因此，可以 $\tilde{t} = t - m T_r(m = 0,1,\cdots,M-1)$。

现以第一个脉冲波为例，脉冲在 $t = 0$ 时刻发出，脉冲发射时信号源距目标的距离为 $R_0$，发射信号走过 $R_0$ 到达并接触目标，经由目标反射后再走过 $R_0$ 的距离返回目标处。已知脉冲波的传播速度为光速 $C$，即信号到达目标经反射后回到雷达所用的路程时间为

$$\tau = \frac{2R_0}{C} \tag{3-27}$$

接收机接收到信号的时刻为

$$t_1 = t_0 + \tau \tag{3-28}$$

因雷达与目标之间的相对运动，在下一个脉冲发出时的时间内导弹向目标移动，每个脉冲发出时刻不同，其发出时距导弹的路程也不相同。已知第 $m$ 个脉冲的发射时间为 $t_m = m T_r$，则当第 $m$ 个脉冲波发射时所对应的导弹 – 目标距离可以近似表示为

$$R_m(\tilde{t}) = R_0 - v(t_m + \tilde{t}) - \frac{1}{2}a t^2_m \tag{3-29}$$

已知脉冲波的传播速度为光速 $C$，则脉冲波到达目标舰艇并返回雷达的时间为

$$
\begin{aligned}
\tau_m(\tilde{t}) &= \frac{2R_m(\tilde{t})}{C} = \frac{2\left(R_0 - v(t_m + \tilde{t}) - \frac{1}{2}a t^2_m\right)}{C} \\
&= \frac{2R_0 - 2v t_m - a t^2_m}{C} - \frac{2v\tilde{t}}{C} \\
&= \tau_m - \frac{2v\tilde{t}}{C}
\end{aligned}
\tag{3-30}
$$

综上所述，导弹接收到的回波信号与导弹发射的发射信号波形相似，回波信号只是比发射信号多了一个回波时延 $\tau_m(\tilde{t})$，由此得到第 $n$ 个脉冲回波信号的数学表达式为

$$
\begin{aligned}
s(\tilde{t},t_m) &= As(\tilde{t} - \tau_m(\tilde{t}))\mathrm{e}^{[2\pi\mathrm{j}f_0(\tilde{t}-\tau_m(\tilde{t}))]}\mathrm{e}^{(2\pi\mathrm{j}f_d\tilde{t})} \\
&= As\left(\tilde{t} - \frac{2R_m(\tilde{t})}{C}\right)\mathrm{e}^{\left[2\pi\mathrm{j}f_0\left(\tilde{t} - \frac{2R_m(\tilde{t})}{C}\right)\right]}\mathrm{e}^{(2\pi\mathrm{j}f_d\tilde{t})}
\end{aligned}
\tag{3-31}
$$

式中：$A = \dfrac{1}{\sqrt{T_P}}$ 表示回波信号的幅度；$s(\tilde{t} - \tau_m(\tilde{t})) = \mathrm{rect}\left(\dfrac{\tilde{t} - \tau_m(\tilde{t})}{T_P}\right)$ 表示矩阵脉

冲；$f_d$ 为多普勒频率，由 $f_d = \dfrac{2v}{\lambda} = \dfrac{2v f_0}{C}$ 得到。

对基频信号去除载频，得到去载频后的基带信号数学表达式为

$$s(\tilde{t}, t_m) = As\left(\tilde{t} - \frac{2 R_m(\tilde{t})}{C}\right) \mathrm{e}^{\left[-2\pi \mathrm{j} f_0 \frac{2 R_m(\tilde{t})}{C}\right]} \mathrm{e}^{(2\pi \mathrm{j} f_d \tilde{t})} \tag{3-32}$$

进行快速傅里叶变换，得到回波频域信号，其数学表达式为

$$s(f, t_m) = As(f - f_d) \mathrm{e}^{\left[-2\pi \mathrm{j}(f + f_0 - f_d)\frac{2 R_m(\tilde{t})}{C}\right]} \mathrm{e}^{(2\pi \mathrm{j} f_d \tilde{t})}$$

$$= S_r(f, t_m) = \frac{1}{\sqrt{2B}} \mathrm{rect}\left(\frac{f - f_d}{B}\right)$$

$$\mathrm{e}^{\left[-\mathrm{j}\left(\frac{\pi (f - f_d)^2}{u}\right)\right]} \mathrm{e}^{\left[-2\pi \mathrm{j}(f + f_0 - f_d)\tau_m\right]} \tag{3-33}$$

进行脉冲压缩，再进行傅里叶逆变换，得到脉冲压缩后的回波时域信号表达式为

$$s_{rc}(\tilde{t}, t_m) = \frac{1}{2B}(B - |f_d|)\mathrm{sinc}\left[\pi(B - |f_d|)\left(t - \tau_m + \frac{f_d}{u}\right)\right] *$$

$$\mathrm{e}^{(\pi \mathrm{j} f_d \tilde{t})} \mathrm{e}^{\left[\pi \mathrm{j}(f_d - 2f_0)\tau_m\right]} \tag{3-34}$$

**2. 末制导雷达回波特性分析**

通过分析前面所得到的导弹回波信号方程，可看出导弹的回波信号方程中存在受导弹飞行速度和加速度影响的项。当导弹速度过大时，势必会导致导弹末制导雷达在进行相参积累的过程中发生距离单元走动和多普勒扩展等问题，导致积累信号信噪比下降影响积累性能。本节针对战术反舰导弹的匀加速运动模型和线性调频信号的回波模型进行研究，分析导弹在高速运动中影响相参积累性能的相关因素。

（1）回波包络项分析。由上述的回波信号模型可得回波信号的包络项，其数学公式表示为

$$E_{nu} = \frac{1}{2B}(B - |f_d|)\mathrm{sinc}\left[\pi(B - |f_d|)\left(t - \tau_m + \frac{f_d}{u}\right)\right] \tag{3-35}$$

由于多普勒频移会带来距离和多普勒的耦合，对脉冲压缩后的回波信号包络项产生影响，具体体现在回波信号脉宽的减小（$B - |f_d|$）和在包络项中产生了一个附加的延迟时间 $\dfrac{f_d}{u}$，但由于 $|f_d| \ll B$，因此回波信号的脉宽减小的并不

多。但附加的延迟时间$\dfrac{f_d}{u}$对包络峰值的相位产生影响。由式(3-6)可知,当$\tilde{t}=$

$\tau_m-\dfrac{f_d}{u}$时为 sinc 包络的峰值,且已知$\tau_m=\dfrac{(2R_0-2vt_m-at_m^2)}{C}$是关于$t_m$的二次函

数,$t_m$与脉冲序号有关,综上所述,脉冲的峰值与脉冲的序列号有关。当导弹以

高速运动时,多普勒频率因相对速度的增大而增大($f_d=\dfrac{2v}{\lambda}=\dfrac{2vf_0}{C}$),脉冲包络的

附加延迟时间随多普勒频率增大而增大,不同脉冲之间的时间延迟增大导致了
信号峰值处于不同的距离单元上,这种因导弹运动引起的现象称为距离单元走
动。在发生距离单元走动的情况下进行相参积累,因为各脉冲的采样点没有对
齐,峰值存在走动,会导致功率的损耗,影响积累效果。相比于相对速度,加速
度对距离单元走动影响可以忽略[15]。

导弹进行相参积累时,对于相对速度有一定的约束要求。为了保障相参积
累的效果,一般要求在相参积累时距离走单元动要小于 1/4 个距离单元。现假
设一枚导弹末制导雷达的积累脉冲数为$N$,可以得到相对速度的约束公式为

$$vNT_r<\frac{1}{4}\cdot\frac{C}{2B}\Rightarrow v<\frac{C}{8BNT_r} \qquad (3-36)$$

当相对速度大于约束值时,回波信号包络出现严重的距离单元走动,不能
满足进行相参积累的条件时,就达不到相应的积累效果。

(2)回波相位项分析。由式(3-35)可得回波信号的相位项为

$$\varphi(t_m)=\pi f_d\tilde{t}+\pi(f_d-2f_0)\tau_m=\pi f_d\tilde{t}-\pi(f_d-2f_0)\frac{2R_0-2vt_m-at_m^2}{C} \qquad (3-37)$$

分析式(3-38),其相位项可以分为两部分:一部分为受快时间影响的项
$\pi f_d\tilde{t}$;另一部分为受延时时间影响的相位项。在当雷达随导弹进行匀加速飞行
情况下进行相参积累时,可以使用傅里叶变换完成相参积累处理,进行傅里叶

变换后,只有加速度的项$-\pi(f_d-2f_0)\dfrac{at_m^2}{C}$会导致积累相位出现走动。

通常,进行相参积累时,当脉冲间的相位差超过$\pi/2$,脉冲之间相位不能对
齐,积累时会相互抵消,导致积累效果下降。因此,为保证相位变化在$\pi/2$内,
对于加速度$\alpha$有一定的约束要求,加速度$\alpha$的约束公式为

$$-\pi(f_d-2f_0)\frac{at_m^2}{C}<\frac{\pi}{2}$$

$$a<\frac{C}{2N^2T_r^2(2f_0-f_d)} \qquad (3-38)$$

因多普勒频率$f_d$所造成的影响与载频$f_0$造成的影响相比较可以约等于 0,所以约束公式可以简化为

$$a < \frac{C}{4 N^2 T_r^2 f_0} = \frac{\lambda}{4 N^2 T_r^2} \tag{3-39}$$

综合上述对与回波信号的包络项和相位项的分析,高速导弹的回波信号进行相参积累时,因各脉冲间采样点存在偏移,会发生距离单元走动、多普勒扩展等现象,大大影响了相参积累的效果。关于距离走动问题的主要影响因素是相对速度,关于多普勒扩展问题的主要影响因素是加速度。

3. 基于惯性导航数据的反舰导弹末制导雷达相参积累补偿

对导弹进行运动补偿的关键是获得相应的运动信息,构建合适的补偿项。目前,雷达常用的补偿方法按照所需运动信息的获取方式可以分为两种:一种是多利用回波信息对雷达与目标相对速度进行计算,这种方法常用于目标高速运动,或无法得知相对速度的情况,如陆基探测雷达;另一种是利用传感器可以获得所需信息。

对于反舰导弹来说,目标通常为舰艇等低速目标,其舰艇速度相对于导弹的飞行速度来说很小,导弹与舰艇之间的相对速度近似等于导弹的自身的速度,目标速度对于相参积累的影响很有限。因此,可以忽略舰艇的速度只需得到导弹自身的速度情况,进行相应的速度补偿就能大大提高相参积累的信噪比。导弹控制系统中搭载了加速度计等敏感元件,导弹的速度可以通过这些敏感元件所测得的数据得到。

导弹的惯性导航系统是为导弹提供相关导航数据并控制导弹飞行姿态的系统。导弹的惯导系统与对外辐射能量来获取信息的雷达不同,它并不是通过接收外界信息的方式获得信息,而是通过系统内的敏感元件,感测自身的信号,并进行处理得到所需导航控制信息。如图 3-24 所示,惯性导航系统的重要敏感元件主

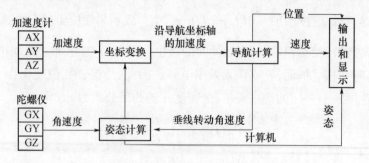

图 3-24 惯性导航系统原理图

要由陀螺仪和加速度计组成,其中陀螺仪可以测得导弹自身的飞行姿态并建立起一个惯性坐标系,加速度计可以获得导弹的加速度数值,通过对加速度进行积分运算可以得到导弹的速度、位置等信息,从而确定导弹自身的位置和运动信息。

在使用惯导系统提供的速度信息进行速度补偿前,首先要确保惯导数据的准确性,因惯导测量精度以及目标的运动速度影响,惯导系统的测量速度与真实的相对速度之间存在一定误差。以当前最为先进的战术反舰导弹为例,其惯性导航系统的加速度计的测量精度可以达到 $0.001g$,解算出的速度精度可以达到 $2m/s$。但惯导系统所提供的速度和加速度等信息是以波束中心为基准的,由于目标在雷达波束中的具体位置不得确定,因此,会产生一定的速度偏差。根据图 3–23 的弹–目运动模型图,远离雷达波束中心的近端速度的偏差是最大的。反舰导弹的作战中,目标舰艇的运动速度很慢,一般不会超过 $20m/s$,因此,可以得到惯导测量速度与真实相对速度的最大速度偏差为

$$|\Delta v|_{\max} = v_t + (v_m + |\Delta v|)\cos a \left[ \cos\beta - \cos\left(\beta + \frac{\varphi}{2}\right) \right] \tag{3–40}$$

(1)基于惯导数据的速度补偿。由回波信号的频域信号表达式得到,导致脉冲峰值位置发生移动主要体现在回波信号的指数项上,即

$$S_r(f,t_m) = \frac{1}{\sqrt{2B}}\text{rect}\left(\frac{f-f_d}{B}\right)e^{\left[-i\left(\frac{\pi(f-f_d)}{u}+\frac{\pi}{4}\right)\right]}e^{[-2\pi j(f+f_0-f_d)\tau_m]} \tag{3–41}$$

从式(3–42)中可以得到,影响回波峰值位置发生距离走动的主要因素为相对速度,因此,要解决回波信号的距离走动问题就要对速度进行补偿。根据式(3–42),得到信号的速度补偿项为 $\exp\left(-\dfrac{j4\pi f_0 v_1 \tau_m}{C}\right)$。速度补偿的具体方法如下。

对 $1\sim M$ 脉冲重复周期的信号进行速度为 $v$ 的距离走动补偿,以第 $n$ 周期的脉冲信号 $S_1(n,:)$ 为例,补偿后的信号为 $S_2(n,:)$,数学表达式为

$$S_2(n,:) = \text{IFFT}(\text{FFT}(S_1(n,:))S_{\text{Ref}})e^{\left(\frac{j4\pi f0 v1 \tau_m}{C}\right)} \tag{3–42}$$

$$f_0 = \left[\frac{-f_s}{2}, \frac{-f_s}{2}+\frac{f_s}{N}, \frac{-f_s}{2}+2\frac{f_s}{N}, \frac{-f_s}{2}+3\frac{f_s}{N}, \cdots, \frac{-f_s}{2}+(N-1)\frac{f_s}{N}\right] \tag{3–43}$$

$$T = [0, T_{\text{PRF}}, 2T_{\text{PRF}}, 3T_{\text{PRF}}, \cdots, (N-1)T_{\text{PRF}}] \tag{3–44}$$

式中:$S_{\text{ref}}$ 为发射信号的共轭;$j$ 为虚数单位;IFFT 表示对括号中的信号进行快速傅里叶逆变换;FFT 表示对括号中的信号进行快速傅里叶变换;$f_0$ 为第 $n$ 个脉冲重复周期信号的采样序列;$f_s$ 为采样频率;$T_{\text{PRF}}$ 为脉冲重复周期。

(2)基于惯导数据的加速度补偿。完成速度补偿后的,得到了脉冲压缩后

的回波时域信号的数学表达式为

$$s_{rc}(\tilde{t},t_m) = A\mathrm{sinc}\left[\pi(B-|f_d|)\left(t-\tau_m+\frac{f_d}{u}\right)\right]\mathrm{e}^{(\pi j f_d \tilde{t})}\mathrm{e}^{[-2\pi j(f_d-f_0)\tau_m]} \tag{3-45}$$

进一步可得加速度补偿项$\mathrm{e}^{(-j2\pi a\tau_m^2/\lambda)}$。综上所示,可以得到加速度补偿的具体方式如下。

对$1\sim M$脉冲重复周期的信号进行加速度的相位补偿,以一经过速度补偿后的$M$脉冲周期信号序列的同一列第$n$点$S_1(:,n)$为例,加速度补偿后的信号$S_2(:,n)$,其补偿数学表达式为

$$S_2(:,n) = S_1(:,n)\mathrm{e}^{\left(-j2\pi a\frac{\tau_m^2}{\lambda}\right)} \tag{3-46}$$

再对补偿后的信号矩阵的所有列进行快速傅里叶变换实现相参积累,以第$n$列为例,可以得到

$$S_2(:,n) = \mathrm{FFT}(S_2(:,n)) \tag{3-47}$$

基于惯导数据的运动补偿流程如图3–25所示。对回波频域信号进行频率脉压后,进行速度补偿,频率脉压后信号乘以速度补偿项$\mathrm{e}^{\left(\frac{j4\pi f0 v1\tau_m}{c}\right)}$,完成速度补偿后,进行IFFT变换得到脉压后的回波信号。再对脉压后回波信号乘以加速度补偿项$\mathrm{e}^{(-j2\pi a\tau_m^2/\lambda)}$进行加速度补偿,完成加速度补偿后,对其进行相参积累,完成信号处理的补偿。

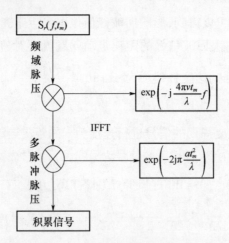

图3–25 基于惯导数据的积累运动补偿

## 3.4.2 相位编码末制导雷达的多普勒补偿

二相编码信号凭借抗干扰能力强,易于实现和灵活的优势,渐渐成为导弹

末制导雷达常用的一种相位编码信号的形式。但在实际应用中,由于二相编码信号对于多普勒频率十分敏感的特性,在导弹以一定的速度飞行下所产生的多普勒频率对相位编码信号产生很大的影响。

1. 二相编码末制导雷达回波模型

二相编码雷达使用了二相码编码序列,把发射信号按照 $0$、$\pi$ 的方式进行相位调制处理,在调相后将载波信号混频通过发射机发射到空间中,信号脉冲在接触到目标后,经目标反射产生回波,再由接收机接收回波。因相对速度、多普勒频率等因素的影响,所接收到的回波信号与发射信号有所不同。

假设发射信号波形的数学表达式为

$$S(t) = a(t)\mathrm{e}^{(\,j\varphi(t))}\mathrm{e}^{\mathrm{j}(2\pi f_c t)} \tag{3-48}$$

假设导弹向目标匀速飞行,其飞行速度为 $v$,在导弹探测的初始时刻导弹与目标之间的距离为 $R_0$,发射信号发射出后,接触目标并反射回波的过程中,回波信号在发射信号的基础上增加了一个延时时间 $t_r$。在发生信号的基础上考虑延迟时间 $t_r$ 后的回波信号表达式为

$$S_r(t) = a(t - t_r)\mathrm{e}^{(\,j\varphi(t - t_r))}\mathrm{e}^{\mathrm{j}(2\pi f_c(t - t_r))} \tag{3-49}$$

假设有一发射信号在 $t - t_r$ 的时刻发出,那么,在 $t = t - \dfrac{t_r}{2}$ 时刻脉冲接触到目标并反射,其回波信号在 $t$ 时刻被接收,照射时刻导弹与目标之间的距离为

$$R(t) = R_0 - vt \tag{3-50}$$

导弹末制导雷达信号的延迟时间为

$$t_r = \frac{2R(t)}{C} \tag{3-51}$$

综上两式可以得到,延迟时间的数学表达式为

$$t_r = \frac{2(R_0 - vt)}{C} \tag{3-52}$$

带入回波信号表达式得

$$S_r(t) = a(t - t_r) \cdot \mathrm{e}^{(\,j\varphi(t - t_r))} \cdot \mathrm{e}^{\mathrm{j}\left(2\pi f_0\left(\frac{C+v}{C-v} - \frac{2R_0}{C-v}t_r\right)\right)}$$

$$v \ll C, \frac{C+v}{C-v} = \frac{1 + \dfrac{v}{C}}{1 - \dfrac{v}{C}} \approx \left(1 + \frac{v}{C}\right)^2 \approx \left(1 + \frac{2v}{C}\right) \tag{3-53}$$

如果 $\varphi = 4\pi f_0 \dfrac{R_0}{C - v}, f_d = \dfrac{2f_0 v}{C}$,且信号幅值 $\alpha = 1$,则回波信号模型可以简化为

$$S_r(t) = e^{(j\varphi(t-t_r))} e^{(j2\pi(f_0+f_d)t - j\varphi)} \qquad (3-54)$$

式(3-54)经过混频处理后,得到相应的回波信号表达式为

$$S_r(t) = e^{(j\varphi(t-t_r))} e^{(j2\pi f_d t - j\varphi)} \qquad (3-55)$$

从回波信号模型中可以得到,回波信号受到多普勒频率 $f_d$ 的影响,信号包络发生了走动,需要对其进行相应的补偿。

2. 基于惯导数据的反舰导弹二相编码雷达多普勒补偿

若雷达与目标之间不存在相对速度,则公式中 $f_d = 0$,编码信号进行匹配滤波和脉冲压缩,其输出的脉压后信号为理想状态,能在相对时间延迟为 0 的位置得到峰值,其旁瓣较小。但应用于末制导雷达时,导弹与目标之间存在一个相对速度,回波信号因速度的影响存在一个与多普勒频率相关的位移。这种情况下进行匹配滤波和脉冲压缩时,将导致失配损失,输出的峰值减小,旁瓣值的增大,使得信噪比降低,影响了探测性能[16]。综上所述,要消除多普勒频率对压缩的影响,需要在进行压缩前对信号进行补偿。多普勒补偿流程图如图 3-26 所示。

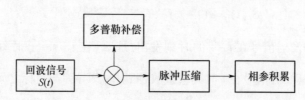

图 3-26　二相编码信号多普勒补偿流程

现假设一枚反舰导弹向舰艇飞行,通过导弹搭载的惯导系统可以得到导弹自身的运动速度,则此时多普勒频移 $f_d = 2v/\lambda$ 为一个可知值。

假设中频回波信号为

$$S(t) = a(t)k\, e^{j(2\pi f_0 t + \varphi(t))} e^{j(2\pi f_d t)} \qquad (3-56)$$

式中: $a(t)$ 表示回波信号的幅度; $k$ 表示回波衰减的系数; $f_0$ 表示中频频率。在回波信号通过数字控制器处理后,得到相应的基带回波信号,数学表达式为

$$S(t) = a(t)k\, e^{j\varphi(t)} e^{j(2\pi f_d t)} \qquad (3-57)$$

从式(3-57)中可以看出,由于多普勒频率项 $e^{j(2\pi f_d t)}$ 的作用以及编码信号的多普勒敏感性,信号相干性被破坏,会导致输出信号峰值降低,伴随旁瓣峰值的增加,无法判断目标峰值等问题。因此,需要构建一个补偿因子,使得回波乘以补偿因子后,可以消除多普勒频率的影响。根据上述多普勒补偿因子的数学表达式为

$$\varphi = \mathrm{e}^{-\mathrm{j}(2\pi f_d t)} \tag{3-58}$$

已知由惯导系统可以得到相对速度,从而获得多普勒频率的值,因此该方法可以实现。乘以补偿因子的回波信号数学表达式为

$$S(t) = a(t)k\,\mathrm{e}^{\mathrm{j}\varphi(t)} \tag{3-59}$$

### 3.4.3　捷变频末制导雷达的相位补偿

频率捷变信号相较于线性调频信号以及相位编码信号更为复杂,拥有更好的抗干扰性,在导弹末制导雷达中有较好的应用前景。因频率捷变信号的频率捷变特性,当前的频率捷变信号更多的是非相参积累处理,因为不考虑相位,在工程上实现起来较为容易。但非相参积累不可避免地会带来一定的积累增益损耗,在脉冲数较多时,其损耗更大。介于相参相较于非相参雷达具有更好的积累特性,现着手于将相参积累技术应用在捷变频雷达上,但由于捷变频雷达的频率捷变特性会导致回波信号相位的相参性达不到相参积累的要求。针对相位补偿,介绍一种脉间捷变频率进行相参积累的方法,使得脉间捷变频率的相参积累可以实现,并对其进行相应速度补偿。

1. 捷变频末制导雷达回波模型

假设一枚匀加速运动反舰战术导弹使用捷变频雷达对一个固定的舰艇目标进行探测雷达发射信号为[17]

$$s(t) = A_k \mathrm{rect}\left(\frac{t}{\tau}\right)\mathrm{e}^{\mathrm{j}2\pi f_n t} \tag{3-60}$$

其捷变频信号的脉冲数为 $N$ 个,载波频率为 $f_n = f_0 + a_n \times \Delta f$,其中 $a_n = [0,1,\cdots,N-1]$,脉冲重复时间为 $T$,即每个脉冲的频率按照一定的规律调频。设在初始时间导弹与目标相距 $R_0$,则第 $n$ 个脉冲发射时导弹与目标相距 $R_n = R_0 - v \times n \times T$。回波信号去载频后的数学表达式为

$$S(\hat{t},t_n) = A_k \mathrm{rect}\left(\frac{t_n}{T_{obs}}\right)\mathrm{sinc}\left[B\left(\hat{t}-\frac{2}{C}R_n\right)\right]\mathrm{e}^{\left(-\mathrm{j}\frac{4\pi f_n}{C}R_n\right)}\mathrm{e}^{\left(-\mathrm{j}\frac{4\pi f_n}{C}v\right)} \tag{3-61}$$

式中: $\hat{t}$ 为快时间; $t_n$ 为第 $n$ 个脉冲的采样时间。

捷变频率信号的频率 $f_n = f_c + a_n \times \Delta f$ 按照一定的规律捷变,不是一个固定的值,因此,不能将回波直接进行快速傅里叶变换来进行相参积累。将发射信号中的 $t = nT$,得到回波的相位关系为

$$\Psi_i = -2\pi(f_0 + a_n \times \Delta f)\left(\frac{2R}{C}\right) = -2\pi(f_0 + a_n \times \Delta f)\left(\frac{2R_0}{C} - \frac{2vnT}{C}\right)$$

$$\tag{3-62}$$

$$\begin{cases} \varphi_1 = -\dfrac{4\pi f_0 R}{C} \\[3mm] \varphi_2 = -\dfrac{4\pi\, a_n \Delta f\, R_0}{C} \\[3mm] \varphi_3 = \dfrac{4\pi v f_0 nT}{C} \\[3mm] \varphi_4 = -\dfrac{4\pi\, a_n \Delta f v nT}{C} \end{cases} \tag{3-63}$$

式(3-63)将回波的相位分为 4 个部分。其中 $\varphi_1$ 为常数,$\varphi_3$ 为恒定载频的速度相关项,这两项都与频率捷变无关,对回波信号相位的相参性没有影响。$\varphi_2$ 和 $\varphi_4$ 为频率捷变的相关项,因频率随机变化,导致相位随着无规律的发生变化,影响了相位的相参性。频率捷变信号回波相位如图 3-27 所示。

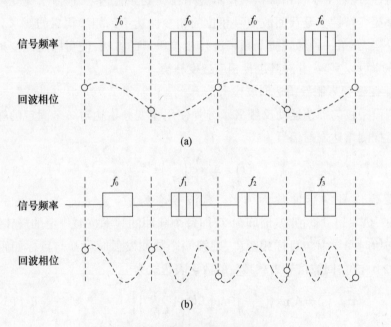

图 3-27 频率捷变信号回波相位

(a)相参雷达;(b)频率捷变雷达。

## 2. 基于惯导数据的反舰导弹捷变频末制导雷达相参积累补偿

针对上述分析导弹运动对回波的影响可以分为包络走动和相位移动两方面,本节提出相位和包络走动的补偿方法进行相应的速度补偿和相位补偿。补偿流程如图 3-28 所示。

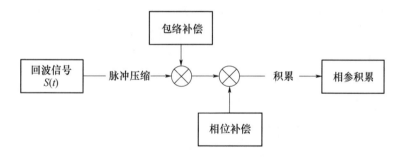

图 3 – 28　基于惯导数据的捷变频雷达相参积累流程图

（1）包络走动运动补偿。假设一战术反舰导弹以速度 $v$ 向目标飞行，为了补偿 $v$ 对回波的影响，构建速度补偿因子，对回波模型在距离频域内进行补偿。从惯导系统中获取导弹速度信息为 $v_0$，构建速度补偿项的数学表达式为

$$\varphi(f, t_n) = e^{\frac{\left[-j4\pi(f+f_n)v_0(n-1)T\right]}{C}} \tag{3-64}$$

暂时忽视幅度因子，则补偿后的信号表达式为

$$S_c(f, t_n) = e^{\frac{\left[-j4\pi(f+f_n)R_0\right]}{C}} e^{\left\{\frac{\left[j4\pi(f+f_n)\right]\left[(v-v_0)(n-1)T\right]}{C}\right\}} \tag{3-65}$$

把信号变换为距离时域信号，变换后的时域信号表达式为

$$S_c(\hat{t}, t_n, v_0) = \mathrm{sinc}\left[B\left(\hat{t} - \frac{2}{C}R_{\Delta n}\right)\right] e^{\left(-j\frac{4\pi f_n}{C}R_n\right)}$$

$$R_n = R_0 - (v - v_0)(n-1)T \tag{3-66}$$

因为目标舰艇的速度远远小于反舰导弹的速度，即弹目相对运动速度以反舰导弹自身运动速度为主，可以通过惯导系统的计算中得到相应时刻的导弹运动速度，即 $v - v_0 = 0, R_n = R_0$。得到包络走动补偿后的数学表达式为

$$S_c(\hat{t}, t_n, v_0) = \mathrm{sinc}\left[B\left(\hat{t} - \frac{2}{C}R_0\right)\right] e^{\left(-j\frac{4\pi f_n}{C}(R_0 - v_0 nT)\right)} \tag{3-67}$$

（2）相位补偿。针对相位走动的问题，进一步对回波信号的相位进行分析并进行补偿，已知信号相位为

$$\varphi_m = -\frac{4\pi f_n}{C}(R_0 - v_0 nT) \tag{3-68}$$

根据影响因素的不同，可以把相位表达式改写为

$$\begin{cases} \varphi_m = \left(-\frac{4\pi f_n}{C}R_0\right) + \left(\frac{4\pi f_n}{C}v_0 nT\right) \\[2mm] \varphi_R = \left(-\frac{4\pi f_n}{C}R_0\right) \\[2mm] \varphi_V = \left(\frac{4\pi f_n}{C}v_0 nT\right) \end{cases} \tag{3-69}$$

相位被分为$\varphi_R$和$\varphi_V$两个子项,其中$\varphi_R$为与弹目距离有关的相位项,$\varphi_V$为与速度补偿有关的相位项,分别对$\varphi_R$和$\varphi_V$进行补偿。但由于频率捷变的影响,补偿较为困难[18]。

对于以上问题,可以采用对脉冲压缩后的信号回波在每个距离单元上进行补偿实现。捷变信号相位补偿及相参积累办法如图3-29所示。

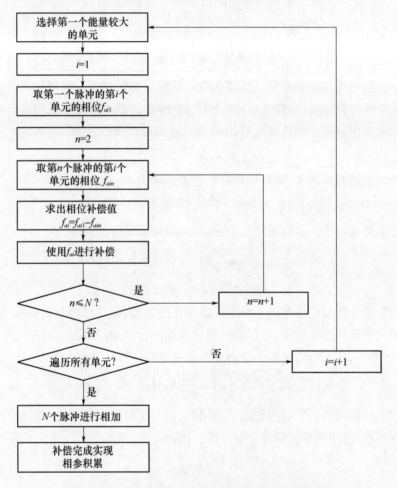

图3-29　频率捷变信号相位补偿及相参积累流程图

在只存在单个目标时,假设一频率捷变信号现有 $N$ 个脉冲,取作一号脉冲,脉冲与脉冲之间的相位不同,若其中第一个脉冲的相位为$\varphi_1$,相邻脉冲的相位为$\varphi_2$,第二个脉冲相对第一个脉冲所需要补偿的相位值为$\varphi_1-\varphi_2$,补偿后第二脉冲的峰值$\varphi_2=\varphi_2+\varphi_1-\varphi_2=\varphi_1$,依次对之后的需要积累的脉冲在所有距离单元上进行补偿,补偿相应的相位值$\varphi_1-\varphi_n$使其与第一个脉冲的相位对齐,补偿后,使得每个脉冲的相位值都相等。对补偿后的 $N$ 个脉冲进行累加,即实现信号的相参积累。

# 3.5　振幅和差单脉冲法测角技术

末制导雷达系统一般采用单脉冲体制[19],每发射一个脉冲,天线能同时形成若干个波束,将各波束回波信号的振幅和相位进行比较,当目标位于天线轴线上时,各波束回波信号的振幅和相位相等,信号差为零;当目标不在天线轴线上时,各波束回波信号的振幅和相位不等,产生信号差,驱动天线转向目标直至天线轴线对准目标,这样可测出目标的方位角与俯仰角。从各波束接收的信号之和,可测出目标的距离,从而实现对目标的测量和跟踪功能。

单脉冲自动测角属于同时波瓣测角法,在一个角平面内,两个相同的波束部分重叠,交叠方向即为等信号轴的方向。将这两个波束接收到的回波信号进行比较,就可取得目标在这个平面上的角误差信号,然后将此误差电压放大变换后加到驱动电动机控制天线向减小误差的方向运动。因为两个波束同时接收到回波,故单脉冲测角获得目标角误差信息的时间可以很短,理论上只要分析一个回波脉冲就可以确定角误差,所以称为“单脉冲”。这种方法可以获得很高的测角精度,故末制导雷达通常采用它。

由于取出角度误差信号的具体方法不同,单脉冲雷达的种类很多,应用最广的是振幅和差式单脉冲雷达。

## 3.5.1　振幅和差脉冲法测角的基本原理

### 1. 角误差信号

雷达天线在一个角平面内有两个部分重叠的波束,如图 3 – 30(a)所示。

振幅和差式单脉冲雷达取得角误差信号的基本方法是将这两个波束同时收到的信号进行和差处理,分别得到和信号与差信号。与和差信号相应的和差波束如图 3 – 30(b)、(c)所示。

其中差信号即为该角平面内的角误差信号。若目标处在天线轴向方向(等信号轴),误差角为零,则两波束收到的回波信号幅度相同,差信号等于零。目标偏离等信号轴而有一误差角时,差信号输出振幅与误差角成正比,而其符号(相位)则由偏离的方向决定。和信号除用作目标检测和距离跟踪外,还用作角误差信号的相位基准。

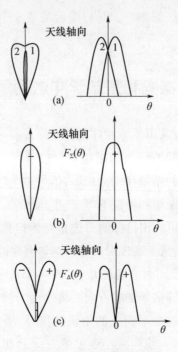

图 3 – 30　和差单脉冲波束

和差波束形成原理如下。

和差比较器是单脉冲雷达的重要部件,由它完成和差处理,形成和差波束。以图 3 – 30 中的双 T 接头为例,它有 4 个端口,即 $\Sigma$(和)端、$\Delta$(差)端、1 端、2端,这 4 个端口是匹配的(图 3 – 31)。

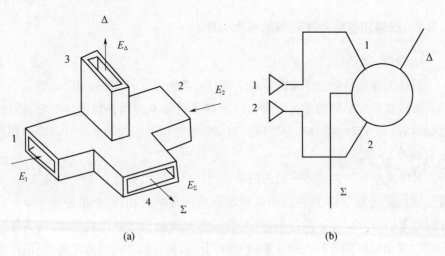

图 3 – 31　和差比较器

发射时,从发射机来的信号加到和差比较器的 $\Sigma$ 端,1、2 端输出等幅同相信号,$\Delta$ 端无输出,两个馈源同相激励,并辐射相同功率,结果两波束在空间各点产生的场强同相相加,形成发射和波束。和方向图用来发射,和方向图和差方向图用来接收,差方向图接收的信号提供角度误差信号的幅度。

接收时,回波脉冲同时被两个波束馈源所接收。两波束接收到的信号振幅有差异,但相位相同,即信号从 1、2 端输入同相信号,则 $\Delta$ 端输出两者的差信号,$\Sigma$ 端输出两者的和信号。

2. 角误差与目标信息计算

在相参积累后的数据阵列中,目标所在的位置会出现相应的尖峰。根据尖峰的位置,可以提取雷达与目标相对距离信息和雷达与目标相对速度信息。

根据尖峰所在的点作为计算参考点,如果对应于该点和路数据为 $\Sigma$、差路数据为 $\Delta$,则角误差 $\delta$ 计算公式为

$$\delta = k \cos\left[\arg\left(\frac{\Delta}{\Sigma}\right)\right]\left|\frac{\Delta}{\Sigma}\right| \qquad (3-70)$$

式中:$\arg(\Delta/\Sigma)$ 的功能是取 $\Delta/\Sigma$ 的相角,理论上应该为 0 或者 $\pi$。但由于天线设计、微波链路等因素的影响,$\arg(\Delta/\Sigma)$ 的值很难精确等于 0 或者 $\pi$,因此,必须对式(3-70)进行修正,修正后的公式为

$$\delta = k \operatorname{sgn}\left[\operatorname{Re}\left(\frac{\Delta}{\Sigma}\right)\right]\left|\frac{\Delta}{\Sigma}\right| \qquad (3-71)$$

式中:$\operatorname{Re}(\Delta/\Sigma)$ 表示 $\Delta/\Sigma$ 的实部;$k$ 为比例因子;$\operatorname{sgn}(x)$ 为符号函数。

$\operatorname{sgn}(x)$ 函数的定义为

$$\operatorname{sgn}(x) = \begin{cases} 1, & x > 0 \\ -1, & x < 0 \end{cases} \qquad (3-72)$$

一旦 $\Delta/\Sigma$ 落在复平面的一、四象限,我们就认定目标误差角为正,否则,$\Delta/\Sigma$ 落在复平面的第二、第三象限,则认为误差角为负。根据 $\delta$ 的正负将雷达天线波束往反方向调整即可实现波束始终对准目标,而调整的角度由 $\delta$ 绝对值决定。

### 3.5.2　双平面振幅和差式单脉冲测角

如果末制导雷达在方位角和俯仰角两个角平面上进行角跟踪,必须获得方位角和俯仰角的误差信号。为此,需要用 4 个馈源照射一个反射体,以形成 4 个对称的相互部分重叠的波束。图 3-32 所示为双平面上天线四个子波束在三维空间中的辐射图。

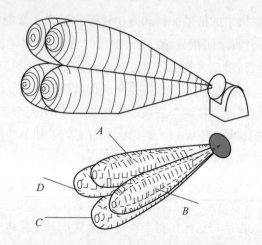

图 3 – 32　雷达天线空间子波束分布图

双平面振幅和差式单脉冲测角的原理框图如图 3 – 33 所示。

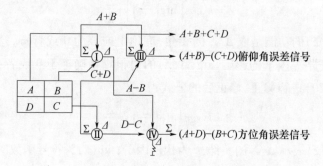

图 3 – 33　双平面振幅和差式单脉冲自动测角的原理框图

其检测的基本原理与单平面的类似,这里就不再赘述。

# 3.6　末制导雷达数据处理技术

雷达数据处理模块具体包括点迹凝聚[20]、航迹起始、航迹关联,航迹质量管理以及航迹的滤波预测等,现代末制导雷达中有部分或全部用到了这些技术。

## 3.6.1　点迹凝聚

1. 点迹凝聚的基本概念

点迹凝聚,有些书籍也称为目标联合,是指把单个运动目标形成的多个点按一定的算法和步骤合并称为一个点迹。末制导雷达探测目标时,假定一个目标出现在某一特定的方向,只有当目标在天线主瓣内时,雷达才接收到特别强的回波,此时,设半功率天线方向波束宽度为 $\theta_{0.5}$,扫描时间为 $T_{SC}$,目标仰角为 $\theta_e$,则 PRF 为 $f_r$ 的雷达接收到的目标回波脉冲数为

$$n_p = \frac{\theta_{0.5}T_{SC}f_r}{2\pi\cos\theta_e} \qquad\qquad (3-73)$$

如果脉冲积累次数不大于 $n_p/2$,则目标在波束驻留期间将可能有 2 个或 2 个以上的点迹,需要对这些点迹进行联合处理,我们称为点迹凝聚。图 3-34 是某型雷达点对民航飞机的迹凝聚前的实测数据。末制导雷达目标检测时也可能会出现类似的情况,需要进行点迹凝聚处理。

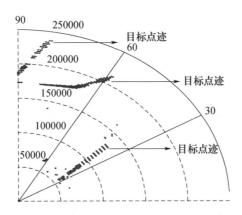

图 3-34　某型雷达对民航飞机的点迹凝聚前的实测数据

由于距离精度比方位精度高,且实时处理中可先获得距离向的数据。因此,凝聚过程是先距离、后方位。点迹凝聚处理的过程示意图如图 3-35 所示。

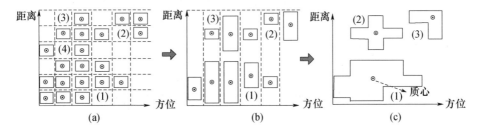

图 3-35　真实点迹方位距离延伸分布和凝聚处理过程示意图

(a)信号处理单元产生目标报告;(b)距离相关形成"组"报告;(c)方位上"组"相关形成点迹。

## 2. 点迹参数估值

点迹参数估值是指被检测目标点迹的坐标位置和时间。"质心算法"的点迹参数估值是一种非常简捷的算法。由图 3-35 可见,经过凝聚处理后,在方

位、距离平面坐标上给出了不同形状的点迹"图形"。如果点迹"图形"内不保留幅度信息,可假设图内"密度"均匀,则可依据各坐标点(分辨单元)预估面积大小,求平均算出"图形"的"形心",即凝聚点迹的坐标参数。如果被凝聚的点迹保留幅度数据,可假设点迹的幅值为密度,为此给出点迹参数的"质心算法"如下。

假设距离凝聚后成为距离组报告,每个组报告的距离估值 $\hat{R}(G)_f$、平均幅值 $\bar{A}(G)_f$ 的估值公式分别为

$$\hat{R}(G)_f = \sum_{i=0}^{M-1} R_{ij} A_{ij} / \sum_{i=0}^{M-1} A_{ij} \qquad (3-74)$$

$$\bar{A}(G)_f = \frac{1}{M} \sum_{i=0}^{M-1} A_{ij} \qquad (3-75)$$

式中:$R_{ij}$ 为检测到的第 $j$ 个发射脉冲(或第 $j$ 个 CPI)中第 $i$ 个距离单元的距离值;$A_{ij}$ 为对应单元的信号值,$i$ 为距离增量,$j$ 为方位增量;$M$ 为第 $j$ 个发射脉冲(或第 $j$ 个 CPI)中被检测到的归属于同一目标(凝聚后)的距离单元数。同理,可给出凝聚点迹的方位估值 $\hat{Q}_c$、距离估值 $\hat{R}_c$ 的估值公式,即

$$\hat{Q}_c = \sum_{i=0}^{J-1} Q_j \bar{A}(G)_j / \sum_{j=0}^{J-1} \bar{A}(G)_j \qquad (3-76)$$

$$\hat{R}_c = \sum_{i=0}^{J-1} \hat{R}(G)_j \bar{A}(G)_j / \sum_{j=0}^{J-1} \bar{A}(G)_j \qquad (3-77)$$

式中:$\bar{A}(G)_j$ 为第 $j$ 个组报告的平均幅值;$Q_j$ 为第 $j$ 个组报告的方位角,$j$ 为同属于一个目标的距离组报告数(被凝聚的组报告数)。

这样,我们最终得到了以($\hat{Q}_c, \hat{R}_c$)表征凝聚报告的方位、距离估值。

### 3.6.2　航迹起始以及航迹管理

航迹起始:利用前几个扫描周期内的观测量,进行"点-点"数据关联,形成暂时航迹,再经过有限步积累确认及滤波后,报告航迹起始,最终形成可靠航迹。

航迹起始方法工程上普遍采用波门相关法来起始航迹,强杂波条件下还可以采用 Hough 变换法等,下面以波门相关法为例介绍航迹起始。

航迹起始方法:对于每一帧中,没有与任何航迹相关的点迹,均起始一条暂时航迹,其航迹质量为1(航迹质量共有0、1、2、3共4个等级,质量为0时航迹终止)。

(1)以暂时航迹的第一点为中心 $P_1$,$V_m T$($T$ 为雷达的扫描周期)为相关门

的半径,如果下一个扫描周期雷达在此区域观测到新的点迹 $P_2$,则形成暂时航迹的第二点,航迹质量升为 2,否则,航迹质量变为 0,删除该暂时航迹,新得到的点迹重新注册一条暂时航迹。

(2)在获得 $P_1$、$P_2$ 两点后,利用两点的数据,形成暂时航迹的状态估计,并对第三点进行预测,以预测点 $P_3$ 为中心。如果有新的点迹落入此关联门,航迹质量升为 3,该暂时航迹得到确认,转化为可靠航迹。

(3)如果没有点迹落入,则外推一个点再做预测,关联逻辑同上;若有观测值满足要求,则该航迹得到确认,转化为可靠航迹,否则删除该航迹。

航迹质量管理:航迹质量共有 0、1、2、3 共 4 个等级,当有观测值关联起时,若航迹质量为 3,则不变,否则加 1;当没有观测值关联起,则航迹质量减 1,当质量降为 0,即删除该航迹。

### 3.6.3　预测滤波

航迹起始后,要对航迹进行预测和滤波[21]。预测滤波,包括建立目标的运动模型,以及工程可实现的跟踪滤波方法,主要方法有 $\alpha - \beta$ 滤波、Kalman 滤波等,对机动目标一般采用 Singer 模型和 IMM 模型滤波等。这里主要介绍末制导雷达中常用的两种滤波方法。

1. $\alpha - \beta$ 滤波

当目标作等速直线运动时,描述目标运动状态 $X$ 是二维向量,即 $X = [x, x']^{\mathrm{T}}$,这里的 $x$ 和 $x'$ 分别是位置和速度的分量。设目标状态方程为

$$X(k) = \varphi X(k-1) + G w(k-1) \qquad (3-78)$$

式中: $\varphi = \begin{bmatrix} 1 & T \\ 0 & 1 \end{bmatrix}$; $G = \begin{bmatrix} T^2/2 \\ T \end{bmatrix}$;状态噪声 $w$ 为均值为 0 的高斯白噪声序列。

测量方程为

$$Z(k) = H(k) X(k) + v(k) \qquad (3-79)$$

式中: $H = [1, 0]$; $v(k)$ 是 0 均值的高斯白噪声。$\alpha - \beta$ 滤波方程为

$$\begin{cases} \hat{X}(k/k) = \hat{X}(k/k-1) + k[Z(k) - H(k)\hat{X}(k/k-1)] \\ \hat{X}(k/k-1) = \varphi \hat{X}(k-1/k-1) \\ k = \begin{bmatrix} \alpha \\ \beta/T \end{bmatrix} \end{cases} \qquad (3-80)$$

2. 卡尔曼滤波

卡尔曼滤波的状态方程、测量方程以及推广方程如下。

状态方程为

$$X(k) = \varphi(k/k-1)X(k-1) + \varGamma(k/k-1)w(k-1) \tag{3-81}$$

测量方程为

$$Z(k) = H(k)X(k) + v(k) \tag{3-82}$$

式中：$X(k)$ 为 $k$ 时刻系统状态；$\varphi(k/k-1)$ 和 $\varGamma(k/k-1)$ 为状态转移矩阵；$w$ $(k)$ 为协方差矩阵为 $Q$ 的状态噪声；$Z(k)$ 为 $k$ 时刻的测量状态；$H(k)$ 为测量转移矩阵；$v(k)$ 为协方差矩阵为 $R$ 的测量噪声。

状态预测方程为

$$\hat{X}(k/k-1) = \varphi(k/k-1)\hat{X}(k-1/k-1) \tag{3-83}$$

式中：$\hat{X}(k/k-1)$ 是上一状态的预测结果；$\hat{X}(k-1/k-1)$ 是上一个状态的最优结果。

预测估计值协方差矩阵为

$$P(k/k-1) = \varphi(k/k-1)P(k-1/k-1)\varphi^{\mathrm{T}}(k/k-1) + \varGamma(k/k-1)$$
$$Q(k-1)\varGamma^{\mathrm{T}}(k/k-1) \tag{3-84}$$

卡尔曼增益矩阵为

$$k(k) = P(k/k-1)H^{\mathrm{T}}(k)[H(k)P(k/k-1)H^{\mathrm{T}}(k) + R(k)]^{-1} \tag{3-85}$$

滤波估计值为

$$\hat{X}(k/k) = \hat{X}(k/k-1) + k(k)[Z(k) - H(k)\hat{X}(k/k-1)] \tag{3-86}$$

滤波估计值协方差矩阵为

$$P(k/k) = P(k/k-1) - k(k)H(k)P(k/k-1) \tag{3-87}$$

### 3.6.4 航迹关联

点迹 - 航迹数据关联：将每个雷达扫描周期的观测量与已经建立的可靠航迹进行数据关联，以确定最佳的点迹 - 航迹配对。工程上普遍采用简单且计算量少的最近邻域相关法，即比较相关门内各个回波的更新向量 $d(k+1)$，使范数 $g(k+1)$ 达到最小者是真实目标的回波。其中

$$d(k+1) = Z(k+1) - H(k+1)\hat{X}(k+1/k)$$
$$g(k+1) = d^{\mathrm{T}}(k+1)[H(k)P(k/k-1)H^{\mathrm{T}}(k) + R(k)]^{-1}d(k+1) \tag{3-88}$$

最近邻域相关法按以下 4 条判别准则进行关联。

（1）若某个航迹门内只有一个观测量，则该航迹与此观测量相关，而不考虑其他。

（2）若某个观测量已落入一个航迹门内，则该观测量与此航迹相关，而不考虑其他。

（3）当某航迹门内含有多个测量时，该航迹与最近的观测量相关。

（4）当某观测量落入多个航迹的门内时，该观测量与最近的航迹相关。

在航迹关联时，当建立滤波器之后，采用椭球形相关门进行相关。

设 $\gamma$ 为椭球跟踪门的门限大小，当回波 $Z(k+1)$ 的范数满足关系式 $g(k+1) \leqslant \gamma$ 时，称 $Z(k+1)$ 为候选回波。

## 本章小结

本章主要介绍主动末制导雷达原理的相关知识，分别从 6 个方面详细介绍主动末制导雷达原理，主要包括末制导雷达概述、常见的末制导雷达波形，以及主动末制导雷达信号处理技术、脉冲法测角体制、信号处理中的弹速补偿技术和末制导雷达数据处理技术，重点介绍了线性调频、脉冲压缩、恒虚警检测、单脉冲测角等技术原理。

## 思 考 题

1. 简述典型末制导雷达工作过程。
2. 简述常见的末制导雷达信号波形。
3. 简述主动雷达导引头信号处理的全过程。
4. 简述在末制导雷达信号处理中使用弹速补偿技术的原因。
5. 简述末制导雷达单脉冲测角方法角度误差信号提取方法。
6. 简述采用波门相关法起始航迹的基本原理。

# 第4章　被动末制导雷达原理

被动导引头是被动无线电测向原理在导弹中的应用,测量弹体坐标系中的目标角位置与角速率信息,是被动导引头的主要功能。为了使导头能够对选定雷达角跟踪,必须首先实时准确地把各种雷达信号分选出来,然后确定目标雷达,因此,信号分选技术也是被动导引头研究的关键所在。

## 4.1　雷达信号分选概念

雷达信号分选是指从随机交错的信号流中分离出各单部雷达信号的处理过程。分选的实质就是对随机信号流进行去交错的过程。

在高密度信号环境下工作的现代雷达侦察设备必须具备信号分选的功能。早期的雷达侦察设备所面临的环境简单:雷达数量不多,工作时间较长,信号形式简单,信号参数不变或只是缓慢变化。因此,侦察设备所要处理的典型信号环境是单部雷达逐次照射而形成的周期性脉冲群(图4-1)。对这样的雷达信号流,由于不是多部雷达交错,而不存在分选问题,并且即使采用人工操作,使用模拟的信号分析设备也可测得雷达信号的参数,如脉冲宽度 $\tau$、脉冲重复周期 $T_r$、天线照射时间 $t_a$、天线扫描周期 $T_a$ 和脉冲波形等。根据这些信号参数,便可对雷达属性和威胁程度进行识别。

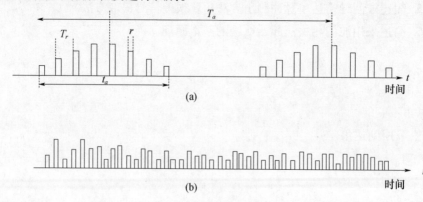

图4-1　雷达信号流

(a)单部雷达天线周期性扫描的信号流;(b)多部雷达随机交错的信号流。

随着雷达和导弹武器的发展和大量使用,导弹在作战中会同时受到很多雷达的照射。其中,有各种警戒引导雷达,也有具有严重威胁的炮火瞄准雷达、制导雷达等。这时,被动末制导雷达所面临的典型信号环境是由许多雷达辐射的信号所随机交错的密集脉冲流(图 4 - 1(b))。密集信号的交错使信号环境发生了质的变化。对于这样的信号流,如果不首先将随机交错在一起的信号去交错,并分离成各雷达单独的脉冲列(图 4 - 1(a)),就无法发现各雷达的照射,识别其属性和威胁程度。因此,被动末制导雷达首先要具备的信号处理功能,就是对随机交错信号能进行自动分选。只有在信号分选的基础上,才能分别测出各雷达参数,进而完成对各雷达的识别。

# 4.2　用于信号分选的主要参数

在随机交错的脉冲流中,同一个雷达信号各个脉冲之间具有相关性,如具有相同的脉冲宽度、相同的重复周期、相同的载频、来自相同的方向等。不同雷达信号的信号参数必然存在着差异。利用同一雷达信号的这种相关性和不同雷达信号的差异性,便可将每部雷达的脉冲列及其参数从随机交错的信号流中分选出来。一旦分选出各雷达信号的参数,就可以对雷达信号进行分析和识别。

信号参数中可用于分选信号的参数称为信号分选参数。信号参数是很多的,但可用作信号分选的参数主要包括脉冲重复周期或重复频率、脉冲宽度 $\tau$、载频 $f$、信号的到达方向 $\theta$ 及信号的幅度($A$)。

(1) 到达角(DOA)。到达角包括方位角和俯仰角。目前,到达角仍然是用于信号处理的一个重要参数,因为辐射源(雷达)有可能逐个地改变其他参数,但要逐个脉冲地改变到达角,则必须使其搭载平台以很高的速度移动才能办到,这至少现在是无法实现的。

也就是说,不论辐射源的参数如何变化,在短时间内(如 1s 内),其到达角是基本不变的。然而,由于辐射源的分布密集和被动导引头的测角精度不高,因此,采用到达角单一参数去交错不一定能把所有交错脉冲分离成各个雷达的脉冲列。

反辐射导弹的导引头大都采用单脉冲体制,为了能够瞬时捕捉到雷达信号,其天线的波束一般做得比较宽,单脉冲体制的反辐射导引头的测角精度一般为 $1° \sim 3°$。

（2）射频（RF）频率。射频频率也是用于信号分选的重要参数,根据雷达在频域上的分布特点,目前固定载频的雷达仍占大多数,因此利用 RF 分选还是非常有效的。提高测频精度是可靠分选的保证。当今瞬时频率测量技术（IFM）已经达到了相当高的水平,如 IFM 接收机的测频精度可达到 2.5MHz,有的接收机的测频精度可达到 1MHz,甚至 0.1MHz。随着技术的进步,越来越多的射频捷变雷达投入使用,使得传统的信号分选方法出现了许多的困难,这有待于进一步提高信号处理的水平。

（3）到达时间（TOA）。到达时间的测量一般是接收机系统以某一脉冲为时间基准,后续脉冲相对于此脉冲中的时间间隔值,从到达时间可以推导出雷达的重频间隔（PRI）,从而可知道雷达的脉冲重复频率般雷达信号的 PRF 的范围为几百赫至几百千赫。

这是一个很重要的分选参数,在 20 世纪五六十年代,由于电磁环境中的信号不太密集,并且常规雷达信号占大多数,因此早期的信号分选法大都采用到达时间这个单一参数进行处理,但是在今天,随着环境中的信号流量的不断增加特殊雷达信号的出现（如重频抖动、滑变和参差等）,光靠 TOA 进行处理已经不能适应作战要求了。

（4）脉冲宽度（PW）。由于多径效应可能使脉冲包络严重失真,而且很多雷达的脉宽相同或相近,致使脉宽这参数被认为是一个不可靠的分选参数。近年来,在脉宽的测量方面,采取了一些新的技术,如在检波后直接比较出脉冲宽度（PW）,就可以避免视放的失真,采用浮动电平测量脉宽,避免了幅度的影响,使脉宽测量的精度得到提高,因此,在分选某些特殊信号时,采用脉宽作为辅助分选参数也有一定的价值。通常,雷达信号的脉宽（PW）取值范围为 0.1 ~ 200μs,测量精度为 50ns。

（5）脉冲幅度（PA）。这里所说的脉冲幅度是指到达信号的功率电平,根据脉冲幅度可以估计辐射源的远近。脉冲幅度在某些侦察接收机中可用做扫描分析,这是因为有些雷达其脉冲重频、载频和脉宽等参数都相同,但它们的扫描方式不一样,要分选这些雷达信号必须做扫描分析。

信号的其他参数,如脉冲宽度的跳变、脉冲幅度的变化规律、脉冲重复频率的跳变量和跳变规律、载频的跳变量和跳变规律等,对于信号识别是非常重要的,但通常不用作分选参数。

在信号分选过程中,参与分选的信号参数越多,则分选功能越强,更能适应密集信号环境,对复杂信号进行分选。但是,实现多参数分选,需要侦察系统具有瞬时测量这些参数的能力,如瞬时测量脉冲到达时间、脉冲宽度、脉冲幅度,瞬时测频和测向等。此外,侦察系统还应具有对所测数据进行实时处理的能力。

脉冲重复频率是最早用于信号分选的单个参数。因为对于低密度的信号环境利用脉冲等间隔地重复出现这一特性,易于从交错信号流中分离出单部雷达的脉冲列。但仅用脉冲重复频率进行单参数分选时,只能适应信号密度不高的环境,而且只能分选重复频率不变的信号。如要对重复频率变化的信号或大量交错的信号进行分选,就需要借助其他信号参数才可完成。

在参数分选中,脉宽和方向是十分有用的分选参数,一般可认为是不变化的。当密集的信号流中有多个重复频率变化和载频捷变的信号时,就需要借助于脉宽 $\tau$ 和方向 $\theta$ 这两个参数才可完成分选任务。用精确的到达方向 $\theta$ 作为密集信号的预分选参数,是解决各类频率捷变、重复频率捷变和脉宽变化的信号分选时的可靠途径。

现代被动末制导雷达一般采用多参数分选。整个分选过程分为两个阶段,即预分选和脉冲重复周期分选。多参数分选的原理如图 4 - 2 所示。以脉冲重复周期、脉冲宽度 $\tau$、到达方向 $\theta$ 三参数分选为例,预分选是在方位 $\theta$ 和脉宽 $\tau$ 二维空间进行的。根据参数测量精度 $\Delta\theta$ 和 $\Delta\tau$,这个空间按纵横分别划分为 $m$ 和 $n$ 个等分,因而,整个空间被分为 $mn$ 个子区间。预分选将随机脉冲流中具有相同方向 $\theta$ 和相同脉冲宽度 $\tau$ 的脉冲数据存储在同一子区间里,然后,逐个地对各子区间根据脉冲到达时间进行脉冲重复周期的分选。

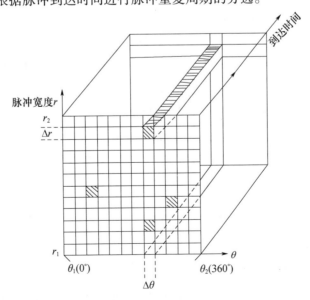

图 4 - 2　多参数分选原理

# 4.3　瞬时测频技术

射频频率是用于被动导引头信号分选的一个重要参数,射频频率通常采用瞬时测频技术来实现[22]。精确的瞬时频率测量是实现对侦收信号分析、识别和解调的基础之一,瞬时测频的方法有很多种,常见的有计数法[23]、采集相位的瞬时测频法[24]等。

## 4.3.1　计数法测频原理

计数法测频是利用信号的幅度信息进行测频的一种方法,它利用采样频率计算被测信号的频率信息。其原理就是在一段与被测信号的若干个周期相对应的时间内,用相对较高频率的时钟信号(一般用采样频率)周期对被测信号进行计数统计,通过统计高频时钟信号周期的个数,计算出被测信号的频率信息,即用小的时间单位去测量大的时间单位。

设被测信号频率为 $f_t$,被测信号周期为 $T_t(T_t=1/f_t)$,时间窗口为 $T_n$,等于 $n$ 个被测信号周期,即

$$T_n = nT_t \tag{4-1}$$

根据式(4-1)和频率与周期关系公式可得

$$f_t = 1/T_t = n/T_n \tag{4-2}$$

设采样频率为 $f_c$,采样周期为 $T_c$,则

$$T_c = 1/f_c \tag{4-3}$$

式中: $T_c$ 为时间测量单位。设 $T_n$ 与 $T_c$ 是整数 $m$ 倍的关系,根据式(4-3),可得

$$T_n = mT_c = m/f_c \tag{4-4}$$

根据式(4-2)和式(4-4),可得计数法测频的基本公式,即

$$f_t = n/T_n = nf_c/m \tag{4-5}$$

式中: $m$ 为统计的高频信号的周期个数; $n$ 为给定的被测信号的周期个数,如 $n=16$,就是16个被测信号的周期个数。

## 4.3.2　相位采集的瞬时测频法

### 1. 相位的采集

相位采集的瞬时测频技术的方法是将脉冲调制的中频信号按一定的采集速率分割成若干采集脉冲,组成一串等间隔脉冲系列,经双回路解调测定中频量值。

相位采集速率的角频率限制在波段信号的最低角频率 $\omega_{\min}$ 和最高角频率 $\omega_{\max}$ 之间,则最低采集速率为

$$\omega_{\min} = \frac{2\omega_{\max}}{m+1} \qquad (4-6)$$

式中:$m$ 为小于 $\omega_{\min}/W$ 的最大函数(此处 $W$ 为信号频率的带宽,且 $W = \omega_{\max} - \omega_{\min}$),即 $m$ 等于 $\frac{\omega_{\min}}{W}$ 的整数倍。

为了避免频谱上产生重叠现象,采集速率应满足

$$\frac{2\omega_{\max}}{m+1} \leqslant \omega_s \leqslant \frac{2\omega_{\min}}{m} \qquad (4-7)$$

若信号频带与相邻频带的频率间隔相等,则其采集频率为

$$f_s = \frac{f_0}{m+1} \qquad (4-8)$$

式中:$f_0$ 为信号的中心频率。

由式(4-8)可知,相位采集的周期为 $T_s = 1/f_s$。在此分析基础上,可进一步理解相位采集测频方法。

侦收到的雷达信号载频通常采用脉冲调制,信号波总的相位可描述为

$$\theta(t) = \omega_0 t + \varphi(t) + \varphi_0 \qquad (4-9)$$

式中:$\omega_0$ 为脉冲雷达或连续波雷达的信号载频角频率;$\varphi(t)$ 为脉内频率/相位调制函数;$\varphi_0$ 为初相位;若分割时间单位为等间隔 $T$ 去采集相位,则可得一系列的相位值 $\varphi(0), \varphi(T), \varphi(2T), \cdots, \varphi(nT), \cdots$。若计算这些系列相邻值的差,就得 $\varphi(T) - \varphi(0), \varphi(2T) - \varphi(T), \cdots, \varphi(nT) - \varphi[(n-1)T], \cdots$。

这时,相等间隔 $T$ 延时采集相位,就可获得各点频率,其计算式为

$$f(nT) = \frac{1}{2\pi T}\{\varphi(nT) - \varphi[(n-1)T]\} \qquad (4-10)$$

得到各点的频率为

$$f(T), f(2T), \cdots, f(nT), \cdots$$

由以上分析可知,对相位随机过程 $\varphi(nT)$ 而言,在任意间隔时刻 $T$,各点测定频率随机变量 $f(nT)$ 的均值,称为测定频率统计平均量。它是频率随机过程的中心值,作为描述信号载频的频率。

2. 双回路解调瞬时测频法

侦收到的雷达信号载频通常采用脉冲调制,频率/相位的调制方式由雷达自身的体制和用途决定。其数学表达式可为

$$S(t) = P(t) \cdot \cos[\omega_0 t + \varphi(t) + \varphi_0] \qquad (4-11)$$

式中：$\omega_0$ 为脉冲雷达或连续波雷达的信号载频角频率；$\varphi(t)$ 为脉内频率/相位调制函数；$\varphi_0$ 为初相位；$P(t)$ 为信号脉冲或采集脉冲信号包络幅度的矩形函数，且

$$P(t) = \mathrm{rect}\left[\frac{t}{\tau_p}\right] = \begin{cases} 1, & |t/\tau_p| \leqslant \dfrac{1}{2} \\ 0, & |t/\tau_p| > \dfrac{1}{2} \end{cases} \qquad (4-12)$$

当采集周期 $T_s = 2\pi/\omega_s$（$\omega_s$ 为采集角频率），若 $\varphi_0 = 0$，展开式（4-11），可得

$$S(n) = P(n) \cdot \cos\varphi(n) \cdot \cos[(\omega_0/\omega_s)n] - P(n) \cdot \sin\varphi(n) \cdot \sin[(\omega_0/\omega_s)n]$$

$$(4-13)$$

令 $I(n) = P(n) \cdot \cos\varphi(n)$，$Q(n) = P(n) \cdot \sin\varphi(n)$，式中，$\omega_s = \omega_0/(2m+1)$，$m$ 为整数。

可见，式（4-13）可用双回路解调，两回路可得到 $I(n)$、$Q(n)$，分别为 $S(n)$ 的同相和正交分量。最终应用自相关函数算法，得

瞬时幅度为

$$P(n) = [I^2(n) + Q^2(n)]^{1/2} \qquad (4-14)$$

瞬时相位为

$$\varphi(n) = \arctan[Q(n)/I(n)] \qquad (4-15)$$

利用采集获取等间隔点 $n = 0, 1, 2$ 的单位时间间隔相位变化，才能测定采集瞬间的频率。图 4-3 所示为双回路解调处理框图。由图 4-3 可知，$P(t)$ 经带通滤波器（Band Pass Filter，BPF）到 A/D 变换器，经采集量化成 $P(n)$。$P(n)$ 经过 $\cos\varphi(n)$ 和 $\sin\varphi(n)$ 相关处理形成 $I'(n)$、$Q'(n)$，低通滤波器（Low Pass Filter，LPF）输出的频谱为 $I''(n)$、$Q''(n)$，用来表达原信号 $S(n)$ 的同相和正交分量，它们之间只差一个延迟。

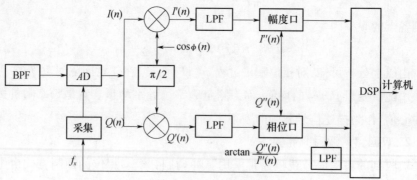

图 4-3　双回路解调处理框图

因此,利用单位时间 $T$ 内的相位变化,可以测定频率。采集瞬间 $nT$ 的频率为

$$f(n) = \frac{\varphi(n) - \varphi(n-1)}{2\pi T} \qquad (4-16)$$

式中: $T$ 为采集延迟时间间隔, 且 $T = t_n - t_{n-1}$, 其相位为 $\varphi(n) = \arctan\left[\frac{Q''(n)}{I''(n)}\right]$。因此,利用单位时间的相位变化率,就可以求得被采集信号的频率。

# 4.4　分选技术

## 4.4.1　信号分选流程

信号分选技术有硬件分选和软件分选两类。硬件分选是利用逻辑电路进行信号分选,具有处理速度快和实时性好等优点,一般用于预分选。软件分选主要是用计算机对到达时间进行相关运算。首先,将脉冲重复周期固定不变的雷达信号取出来;然后,根据其他参数的相关性取出脉冲重复周期跳变或抖动的雷达信号,也可取出载频捷变等复杂雷达信号。

信号的分选过程如图 4-4 所示。在分选以前要求接收机对随机交错信号流中的每个脉冲进行脉宽、载频、到达时间、到达方向、脉幅的测量,经过模拟-数字变换,以二进制数据送到相关处理电路。相关处理后,对每个脉冲形成一组反映其参数的脉冲数据描述字,然后,通过计算机在脉冲数据描述字(Pulse Description Word,PDW)的基础上进行信号分选。

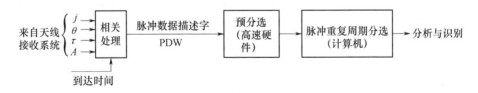

图 4-4　信号分选流程图

## 4.4.2　重频分选

对于常规雷达信号而言,脉冲重复频率(PRF)是信号分选与识别的一个重要参数。因为它是雷达最具特征的信号时参数,即使是相同型号的雷达,其重频也存在细微的差别。所说的最具特征,也就是说,雷达的性能受所使用的脉

冲重复频率的倒数—脉冲重复周期(PRI)的影响很大。对于 PRI 不变的常规雷达来说,PRI 数值决定了雷达的最大无模糊距离和最大无模糊径向速度。

1. 雷达常用的 PRI 类型

随着信号环境的密集及信号形式的多样性,用简易的方法已不能对 PRI 进行分析。因为环境中的各种辐射源的脉冲相互交叠在一起,在接收机输出端构成了在时间轴上交错的随机信号流。辐射源的增多是构成复杂信号环境的一个特点,另一个特点就是出现了许多复杂的信号。就 PRI 这个参数而言,为了分辨距离模糊和速度模糊或者为了对抗侦察干扰的目的,就采用了各种不同形式的 PRI。

常用的 PRI 类型有以下几种。

(1) 固定(或恒定)的 PRI。如果雷达 PRI 的最大变化量不大于其平均值的 1%,就认为它具有恒定的 PRI 值。这种 PRI 类型常用于搜索雷达和跟踪雷达及用于动目标指示的脉冲多普勒系统中。另外,脉冲抖动雷达,其 PRI 的变化一般小于 3%,也可以归入固定 PRI 类型。

(2) 跳变的 PRI。人为地随机跳变或有规律地调制,是雷达的抗干扰措施(ECCM),用于给侦察系统造成分析 PRI 的困难或降低某些干扰类型的效果。这种变化值较大,可高达平均 PRI 的 30%。目前国内的反辐射导弹导引头的信号选择系统只能用时域宽波门对付这种 PRI 跳变,但是过宽的波门将会使许多干扰脉冲进入接收机,有可能造成跟踪抖动或跟踪误差。

(3) 转换并驻留的 PRI。一些雷达中选用多个不同的 PRI 值,并快速地在这些 PRI 值之间转换,其目的主要用以分辨距离或速度上的模糊,或者用来消除雷达的距离盲区或速度盲区。某些采用短 PRI 值的距离跟踪系统可以行之有效地适当调节 PRI 值,使目标回波保持在发射脉冲之后近乎固定不变的位置上。这种雷达通常使用 $100 \sim 125\mu s$ 的 PRI 值,消除雷达盲区或分辨距离模糊。要实现对其跟踪,就必由先验信息,即由电子情报系统提供各个 PRI 的数值以及其转换和驻留的规律。

(4) 参差 PRI。PRI 的参差是一部雷达发射的脉冲序列中选用了两个 PRI 或多个 PRI 值。这种脉冲列的重复周期称为帧周期。帧周期之内的各个小间隔可以称为子周期。参差脉冲列要用参差的重数以及各子周期的数值描述。

(5) 滑变 PRI。滑变 PRI 用于探测高度不变而雷达使用仰角扫描方式跟踪目标的系统。大仰角时探测距离近,使用短 PRI,小仰角时探测距离远,使用长 PRI,这样做可以消除雷达的距离模糊。当雷达在仰角范围内扫描时,

PRI 值也跟随仰角的变化单调的增加或减小。这种变化的最大 PRI 通常是最小 PRI 的5~6倍。

(6) 排定 PRI。排定的 PR 在计算机控制的电子扫描雷达中使用。这种雷达通常是三坐标雷达,即在三维空间交替执行扫描和跟踪功能,PRI 的变化由控制程序确定。排定的 PRI 变化有许多模式,用以适应目标的情况。

(7) 周期变化的 PRI。PRI 的周期调制是一种比滑变 PRI 的变化范围更窄的近似正弦调制的 PRI。它可以用来避免雷达目标盲区或用于分辨距离模糊。

(8) 脉冲群重复间隔(PRGI)。一些雷达发射若干个一个个靠得很近的脉冲组成的脉冲群,脉冲群之间的间隔拉得较长,脉冲群之间的间隔称为脉冲群重复间隔(PRGI)。脉冲群可用于诸如增大雷达作用距离和速度分辨力这样一些雷达功能。对于这种类型的雷达,距离分辨力由群脉冲中的一个脉冲的宽度而定,而多普勒分辨力则由整个脉冲群的宽度而定,在动目标指示雷达系统中,这种脉冲群可以用来消除盲速(两个脉冲组成一个群脉冲)。使用脉冲群的雷达一般利用固定的脉冲群。对于 PRGI 固定的信号,可能将其判定为载频相同的多部雷达信号,然而,只要利用脉冲群信号之间的严格同步这一特点,就可以区分脉冲群信号和多部 PRI 相同信号的交错这两种情况,因为后者是不同步的。

此外,再考虑到载频采用频率捷变技术,信号的形式就更为复杂了。

由于信号环境的复杂性,给信号的分选及识别带来了很大的困难。依靠单个参数进行信号的分选是不可能的,现采用的是以重频分选为主、多参数相结合的信号分选技术。各种重频分选的方法是基于周期性脉冲信号的相关性这一原理实现的。以脉冲重复频率(PRF)作为参数的脉冲分选,是先利用载频($f$)、到达角(DOA)、脉冲宽度(PW)等参数将交错的脉冲列进行分离,并将这些参数相同(在给定容差之内)的脉冲到达时间(TOA)列表。在密集的信号环境中,这一到达时间的 TOA 表仍然有可能有 2 部以上的雷达信号(一般不超过 4 部),此时,再用 PRI 作为分选参数,即利用周期性脉的时域相关性进一步去交错,分类出单一雷达信号的到达时间 TOA 表,并由此而测量其 PRI 值。用于反辐射导弹导引头上的信号选择和实时跟踪系统,通常是在载频($f$)、到达角(DOA)和脉冲宽度(PW)等参数上进行滤波,经过滤波后的脉冲流送到 PRI 选择电路,选择出一部雷达信号,对其实施 PRI 跟踪,以保证对选定的对于脉冲 PRI 的测量和分选方法,采用的是非同步法时域测量,即以测量设备的时钟为基准测量脉冲信号前沿的到达时间,求其时间差得到重复间隔。

2. 常规的重频分选方法

1）重频分选的原理及准则

对交叠脉冲信号的重频分选,是指以脉冲重复周期 PRI 为分选参数,通过软件程序对经过预处理后的交迭脉冲流去交错,分选出各辐射源的脉冲列。被分选的信号是接收机在取样时间(监测时间)内测得的经预分选处理后的按各个脉冲的到达时间 TOA 的先后顺序所组成的时间序列,如图 4-5 所示。

因此,在重频分选中分选的参数只有各个脉冲的到达时间 $TOA_1$、$TOA_2$、$TOA_3$、…,通常在预分选后的辐射源数目不超过 4 个。由图 4-5 可知,如果以 $A_1$ 脉冲为基准脉冲,以 $A_1$、$A_2$ 之间的时间间隔 $(PRI)_A = TOA_2 - TOA_1$ 为假想脉冲列的 PRI 来不断地设置预置窗口,就可成功地选出脉冲列 $A$ 的各个脉冲。将成功的脉冲列自总脉冲流中扣除,则剩下的脉冲流就得到稀释,从而有利于以后各脉冲列的分选。但如果不是以 $A_1$、$A_2$ 的间隔来分选,而是首先以 $A_1$、$B_1$ 的间隔进行分选窗口的预置,这样不断地预置下去,也不会分选出有意义的脉冲列。同样,以 $A_1$、$C_1$ 和 $A_1$、$B_2$ 的间隔进行分选窗口的预置,也都不会分选出正确的脉冲列来。

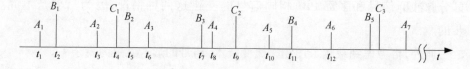

图 4-5　被分选的时间序列

还可看出,如果扣除脉冲列 $A$ 之后的待选脉冲流,以 $B_1$ 为基准脉冲,以 $B_1$、$C_1$ 的间隔进行分选窗口的预置,也不会得出成功的分选,只有以 $B_1$、$B_2$ 的间隔进行窗口预置,才能再次得到成功分选。显然,这种以假想的固定 PRI 而进行的窗口预置事先无法预知该间隔能否分选成功,而且这样不断地预置下去将浪费大量的时间。为了尽快地完成分选,就需要首先确定一些准则和限制条件。

(1) 成功分选所需的脉冲数。理论上,至少需要具有相等间隔的连续的 3 个脉冲,就能确定一个脉冲列。但由于实际信号是交叠的,在任意两脉冲的正中间出现一个其他脉冲的可能性是常有的。因此,以等间隔的连续 3 个脉冲判断为成功脉冲列,就容易产生虚警;反之,以更多个连续等间隔脉冲数作为成功脉冲列的判断准则,虽然虚警率降低了,但由于监测时间(取样时间)是有限的,对于重复周期长的雷达脉冲信号,在取样时间内不能收到足够的脉冲而认为不是一个真正的脉冲列,这又容易造成漏警的错误。所以成功脉冲数过少或过多都不合适,需要有一个最佳的脉冲数的范围。从物理概念和理论上都可证明,成功分选所需脉冲数应取 4 ~ 5 个脉冲,即取 4 ~ 5 个脉冲间隔作为判决的准则。少于此脉冲数,则认为不是一个实际的脉冲列,停止试探下去再以新的间隔进行分选。

(2) 取样时间的确定。确定了成功分选所需的脉冲数,便可根据重频的范围确定取样时间(监测时间)的长短。对雷达参数的统计分析可知,大多数雷达重频的范围为 PRF = 100Hz ~ 10kHz,相应有 PRI = 100μs ~ 10ms。PRI 的上限值用以确定取样时间,即为了保证成功分选所必需的脉冲数,取样时间至少为

$$T_L = (4 \sim 5) \times \mathrm{PRI}_{max} = (40 \sim 50) \, \mathrm{ms} \tag{4-17}$$

PRI 的下限值则用以舍弃脉冲流中相邻脉冲间隔里那些小于该值的间隔,使其不作为假想的 PRI,以减少比较的次数。当然,如果两相邻脉冲的间隔大于 $\mathrm{PRI}_{max}$,就可判定为不存在这样的脉冲列,这时,应以后面这个脉冲作为新的基准脉冲,继续进行上述各分选过程。

2) PRl 分选的程序流程

根据上述原理和准则,可以得出 PRI 分选的程序流程图如图 4 - 6 所示。接收机在取样时间内截获的信号按频域、空域的参数进行预分选,再按其到达时间的先后将其信号参数均存入缓存中以备分选。然后,再按图 4 - 6 的分选流程进行 PRI 分选,以选出每一部雷达的信号并测出其信号参数。进行 PRI 分选时,先从数据缓存器中选择第一个脉冲作为基准脉冲,并继续搜索下一个脉冲。若找到,则从这两个脉冲的 TOA 差值得出假想的 PRI 值,再将该 PRI 值与雷达的 PRI 值的上下限进行比较,确定是真实的雷达 PRI 后再采用它以进行 PRI 分选。

如果得出假想的 PRI 值小于实际雷达的 PRI 下限值,则再搜索下一个脉冲,将其与基准脉冲的 TOA 差值作为新的假想 PRI,再进行判、分选。如果得出假想的 PRI 值大于实际雷达的 PRI 上限值,则以第二个脉冲作为新的基准脉冲,重新进行 PRI 分选。总之,首先要确定一个符合实际雷达脉冲列的 PRI 值,以保证整个分选过程有一个正确的开端。

接下来,考虑脉冲抖动等实际因素,确定合适的 PRI 容差(选择窗口的宽度),并根据假想的 PRI 值,以此 PRI 值及选择窗口宽度向后搜索,若窗口内有脉冲,则继续向后搜索,如此连续选中 4 个脉冲,则认为成功地分选出一脉冲列。然后,将成功分选出的脉冲列从缓存器中扣除,并把该脉冲列及相应的 PRl 值存入存储器中,以备后续的处理使用。若选中的脉冲数少于 4 个,则认为该

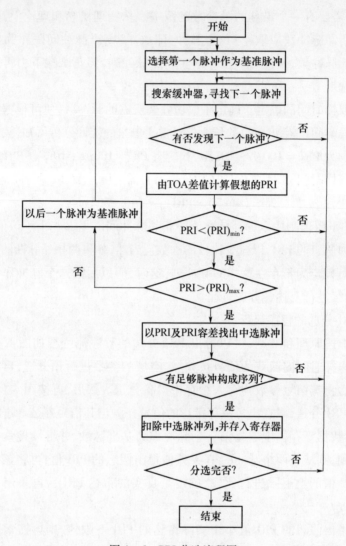

图 4-6  PRI 分选流程图

PRI 值不是实际的雷达 PRI 值分选应从头开始,重新确定新的 PRI 值,开始新一轮的分选过程。

在分选出一部雷达的信号,并将其从缓存器中扣除后,再对缓存器中的剩余脉冲再进行上述分选过程,直至分选出所有脉冲列为止,并将各次分选成功的脉冲列及其 PRI 值存入存储器中相应的部分,以备后续处理。

当缓存器中的脉冲数少于 4 个,或再也不能构成一个脉冲列时,则认为分选过程结束。

# 4.5　辐射源特征识别技术

## 4.5.1　总体思路

由于目前舰艇上都装有搜索雷达、火控雷达、导航雷达等多种有源辐射电子设备,被动导引头能够探测到这些有源辐射的特征参数,并利用这些特征参数可以对目标舰船进行识别。基本原理如下(图 4 - 7)。

(1) 根据被动通道接收到辐射信号的载波频率、脉冲重频、脉冲宽度等信息,判断出发射该信号的辐射源型号。

(2) 在辐射源数据库中找出所有载有该种类雷达的舰载平台,从而形成目标识别的假设集,其中,包括雷达辐射源及型号的信息。

(3) 对辐射源方位角相近的辐射源认为来自同一平台进行关联,将所有相互关联的发射源识别假设集与事先通过情报设立的目标载体库进行比对,确定该平台可能归属的目标类型。

(4) 判断该平台是否与预定打击平台是同一类型,若是,则识别成功;否则,继续判断其他平台。

此外,在上述过程中可以将隶属于同一平台的所有辐射源量测方位角算术平均为一个角度,即为该平台的方位角,与现有航迹进行关联,关联成功的航迹就有了相应辐射属性信息,确定了该目标的类型。这样,一方面,可以根据该目标当前时刻的状态估计得到其位置、速度信息,综合这些信息剔除识别过程中不属于舰船目标的平台;另一方面,识别成功的平台对应关联的航迹即为预定打击目标。

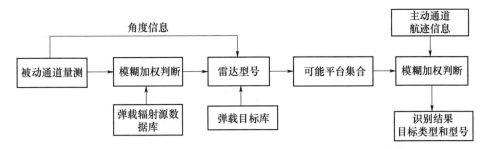

图 4 - 7　被动通道利用辐射源特征信息识别目标的流程图

### 4.5.2 基于辐射特征信息的辐射源型号识别

假设弹载辐射源数据库中共存储 $n$ 个雷达型号,每个雷达型号的特征向量由载波频率、脉冲重频、脉冲宽度等 $J$ 个特征参数构成,第 $i(i=1,2,\cdots,n)$ 类雷达的第 $j(j=1,2,\cdots,J)$ 个特征参数有 $n_{ij}$ 个取值(或取值区间),$\theta_{ij}^m, m=1,2,\cdots,n_{ij}$ 表示第 $i$ 类雷达的第 $j$ 个特征参数的第 $m$ 个取值。辐射源数据库构建如表 4-1 所列。

表 4-1 弹载辐射源库

| | | | | | | | |
|---|---|---|---|---|---|---|---|
| 雷达型号 1 | 参数 1 | $\theta_{11}^1$ | $\cdots$ | $\theta_{11}^m$ | $[\theta_{11}^{m+1,min}, \theta_{11}^{m+1,max}]$ | $\cdots$ | $[\theta_{11}^{n_{11},min}, \theta_{11}^{n_{11},max}]$ |
| | $\cdots$ | $\cdots$ | $\cdots$ | $\cdots$ | $\cdots$ | $\cdots$ | $\cdots$ |
| | 参数 $J$ | $\theta_{1J}^1$ | $\cdots$ | $\theta_{1J}^m$ | $[\theta_{1J}^{m+1,min}, \theta_{1J}^{m+1,max}]$ | $\cdots$ | $[\theta_{1J}^{n_{1J},min}, \theta_{1J}^{n_{1J},max}]$ |
| 雷达型号 2 | 参数 1 | $\theta_{21}^1$ | $\cdots$ | $\theta_{21}^m$ | $[\theta_{21}^{m+1,min}, \theta_{21}^{m+1,max}]$ | $\cdots$ | $[\theta_{21}^{n_{21},min}, \theta_{21}^{n_{21},max}]$ |
| | $\cdots$ | $\cdots$ | $\cdots$ | $\cdots$ | $\cdots$ | $\cdots$ | $\cdots$ |
| | 参数 $J$ | $\theta_{2J}^1$ | $\cdots$ | $\theta_{2J}^m$ | $[\theta_{2J}^{m+1,min}, \theta_{2J}^{m+1,max}]$ | $\cdots$ | $[\theta_{2J}^{n_{2J},min}, \theta_{2J}^{n_{2J},max}]$ |
| 雷达型号 $n$ | 参数 1 | $\theta_{n1}^1$ | $\cdots$ | $\theta_{n1}^m$ | $[\theta_{n1}^{m+1,min}, \theta_{n1}^{m+1,max}]$ | $\cdots$ | $[\theta_{n1}^{n_{n1},min}, \theta_{n1}^{n_{n1},max}]$ |
| | $\cdots$ | $\cdots$ | $\cdots$ | $\cdots$ | $\cdots$ | $\cdots$ | $\cdots$ |
| | 参数 $J$ | $\theta_{nJ}^1$ | $\cdots$ | $\theta_{nJ}^m$ | $[\theta_{nJ}^{m+1,min}, \theta_{nJ}^{m+1,max}]$ | $\cdots$ | $[\theta_{nJ}^{n_{nJ},min}, \theta_{nJ}^{n_{nJ},max}]$ |

在情报掌握不充分的情况下,某些型号雷达的某项参数是未知的,该项可以空置,判决时跳过此项即可;由于敌方雷达可能采取一些抗干扰手段,因此,某些型号雷达的某些参数可能存在多个取值,甚至是一个取值区间,例如,对于频率跳变雷达,其载频参数上会有多个取值;捷变频雷达的工作频率可以在脉内、脉间快速变化,其载频参数是一个频率范围;一些雷达为了降低近距离假目标效能,采取发射脉冲重复频率捷变,其重频参数也是一个范围。

设 $x_j$ 为导弹被动通道获得辐射源第 $j$ 个特征参数的量测值,$\Theta_{ij}^m$ 和 $X_j$ 分别代表以 $\theta_{ij}^m$ 和 $x_j$ 为均值的模糊数,$\Theta_{ij}^m(u)$ 和 $X_j(u)$ 为 $\Theta_{ij}^m$ 和 $X_j$ 的 Cauchy 型分布的隶属度函数。对于量测值 $x_j$,有

$$X_j(u) = \frac{\sigma_j^2}{\sigma_j^2 + (u - x_j)^2} \tag{4-18}$$

式中:$u$ 为 $\Theta_{ij}^m$ 的模糊因素;$\sigma_j$ 为 $X_j(u)$ 的展度。

对于特征参数性质的不同,分以下两类情况讨论。

(1)当辐射源数据库中第 $i$ 类雷达的第 $j$ 个特征参数的第 $m$ 个取值为单值 $\theta_{ij}^m$ 时,有

$$\varTheta_{\widetilde{ij}}^{m}(u) = \frac{\sigma_{ij}^{2}}{\sigma_{ij}^{2} + (u - \theta_{ij}^{m})^{2}} \tag{4-19}$$

此时, $X_{\widetilde{j}}$ 和 $\varTheta_{\widetilde{ij}}^{m}$ 之间的贴近度为

$$d_{ij}^{m} = \frac{(\sigma_{j} + \sigma_{ij})^{2}}{(\sigma_{j} + \sigma_{ij})^{2} + (x_{j} - \theta_{ij}^{m})^{2}} \tag{4-20}$$

（2）当辐射源数据库中第 $i$ 类雷达的第 $j$ 个特征参数的第 $m$ 个取值为区间 $[\theta_{ij}^{m,\min}, \theta_{ij}^{m,\max}]$ 时, 有

$$\varTheta_{\widetilde{ij}}^{m}(u) = \begin{cases} \dfrac{\sigma_{ij}^{2}}{\sigma_{ij}^{2} + (u - \theta_{ij}^{m,\min})^{2}}, & u < \theta_{ij}^{m,\min} \\[3mm] 1, & \theta_{ij}^{m,\min} \leqslant u \leqslant \theta_{ij}^{m,\max} \\[3mm] \dfrac{\sigma_{ij}^{2}}{\sigma_{ij}^{2} + (u - \theta_{ij}^{m,\max})^{2}}, & u > \theta_{ij}^{m,\max} \end{cases} \tag{4-21}$$

此时, $X_{\widetilde{j}}$ 和 $\varTheta_{\widetilde{ij}}^{m}$ 之间的贴近度为

$$d_{ij} = \begin{cases} \dfrac{(\sigma_{j} + \sigma_{ij})^{2}}{(\sigma_{j} + \sigma_{ij})^{2} + (x_{j} - \theta_{ij}^{m,\min})^{2}}, & x_{j} < \theta_{ij}^{m,\min} \\[3mm] 1, & \theta_{ij}^{m,\min} \leqslant x_{j} \leqslant \theta_{ij}^{m,\max} \\[3mm] \dfrac{(\sigma_{j} + \sigma_{ij})^{2}}{(\sigma_{j} + \sigma_{ij})^{2} + (x_{j} - \theta_{ij}^{m,\max})^{2}}, & x_{j} > \theta_{ij}^{m,\max} \end{cases} \tag{4-22}$$

式中: $\sigma_{ij}$ 为 $\varTheta_{\widetilde{ij}}^{m}(u)$ 的展度。

在情况（1）下, 令

$$S_{j} = \{i \mid \forall j, \exists i, m, |x_{j} - \theta_{ij}^{m}| < 3(\sigma_{j} + \sigma_{ij})\} \tag{4-23}$$

$$S = \bigcap_{j=1}^{k} S_{j} \tag{4-24}$$

$$S_{ij} = \{m \mid \forall i, j, \exists m, |x_{j} - \theta_{ij}^{m}| < 3(\sigma_{j} + \sigma_{ij})\} \tag{4-25}$$

则

$$d_{ij} = \bigvee_{m \in S_{ij}} d_{ij}^{m}, \qquad \forall i \in S \tag{4-26}$$

利用模糊综合函数, 得到该辐射源相对于辐射源数据库中第 $i$ 类雷达的综合贴近度为

$$d_{i} = \left\{ \prod_{j=1}^{J} d_{ij} \right\}^{\frac{1}{J}}, \quad \forall i \in S \tag{4-27}$$

一般来说, 被动通道获得的辐射源对应于综合贴近度最大的雷达型号 $I$, 即

$$I = \arg \max_{i \in s} \{d_{i}\} \tag{4-28}$$

### 4.5.3　基于辐射源型号的目标平台类型识别

由于被动通道测量范围广,获得的有源目标多,且每个舰船目标的辐射源通常不止一个,所以,为了判断不同辐射源是否来自于同一目标平台,需要对辐射源的角度量测进行关联、分组。分组后,同一组中任意两个辐射源的角度之差应小于 $\theta_w$,$\theta_w$ 为一个取值较小的角度门限。

根据识别所有辐射源类型的结果,进一步对目标平台类型进行识别。

假设弹载目标库中存有 $N$ 种目标平台,第 $n$ 个平台包含 $W_n$ 种雷达型号。构建弹载数据库如表 4-2 所列。

表 4-2　弹载目标库

| 目标平台 1 | 目标平台 2 | ... | 目标平台 $N$ |
|---|---|---|---|
| 雷达型号 1 | 雷达型号 1 | ... | 雷达型号 1 |
| 雷达型号 2 | 雷达型号 2 | ... | 雷达型号 2 |
| ... | ... | ... | ... |
| 雷达型号 $W_1$ | 雷达型号 $W_2$ | ... | 雷达型号 $W_N$ |

对于某一个辐射源,求得对应第 $i$ 类雷达的综合贴近度 $d_i$。设 $\exists i_1,\ i_2 \in S$,得到对应于最大、次大综合贴近度的雷达型号为

$$i_1 = \arg \max_{i \in s}\{d_i\} \tag{4-29}$$

$$i_2 = \arg \max_{i \in s,\ i \neq i_1}\{d_i\} \tag{4-30}$$

通过查询弹载目标数据库,得到含有雷达型号 $i_1$ 和雷达型号 $i_2$ 的目标平台集合分别为 $C_1$ 和 $C_2$,则该辐射源属于 $C_1$ 和 $C_2$ 的置信度分别为

$$CF_1 = \frac{d_{i_1}}{d_{i_1} + d_{i_2}} \tag{4-31}$$

$$CF_2 = \frac{d_{i_2}}{d_{i_1} + d_{i_2}} \tag{4-32}$$

令

$$C = C_1 \cup C_2 \hat{=} \{c_1, c_2, \cdots, c_Q\} \tag{4-33}$$

则辐射源属于目标平台类型的可能性分布为

$$\Pi_C = \sum_{q=1}^{Q} \frac{f_q}{c_q} \tag{4-34}$$

其中

$$f_i = \begin{cases} CF_1 + CF_2 - CF_1 CF_2, & c_q \in C_1 \cap C_2 \\ CF_1, & c_q \in C_1 - C_2 \\ CF_2, & c_q \in C_2 - C_1 \end{cases} \quad (4-35)$$

设经过关联、分组后,所有量测归纳为 $K$ 个目标,第 $k$ 个目标有 $w_k$ 个辐射源,其中第 $i$ 个辐射源属于目标平台类型 $c_n$ 的置信度为 $f_i^n$。将 $w_k$ 个辐射源属于目标平台类型的可能性分布进行综合后,得到的第 $k$ 个目标对应的目标平台类型可能性分布为 $\Pi$,则有

$$\Pi = \sum_{n=1}^{N} \frac{g_k^n}{c_n} \quad (4-36)$$

其中

$$g_k^n = \frac{1}{w_k} \sum_{i=1}^{w_k} f_i^n \quad (4-37)$$

设 $\exists k$,使得

$$n_0 = \arg \max_{n \in \{1,2,\cdots,N\}} \{g_k^n\} \quad (4-38)$$

则判决第 $k$ 个目标属于目标平台类型 $c_{n_0}$。

# 4.6　相位单脉冲法测向技术

## 4.6.1　基本原理

辐射源到天线阵各子阵天线的波程差,可由相差表征,它与目标的角位置有关。天线阵相干测向系统可以从对应于波程差的相位差中提取目标的角信息。天线阵相干测向系统可实现单脉冲测向,故又称相位单脉冲测向系统。相干测向系统如图 4-8 所示。

远场辐射源的辐射信号到达天线 Ⅰ 与天线 Ⅱ 的波程差为

$$d = D\cos\alpha = D\sin q \quad (4-39)$$

式中:$D$ 为天线 Ⅰ 和天线 Ⅱ 的间距;$\alpha$ 为电到达角,即视线(导弹与目标连线)与天线基线的夹角;$q$ 为天线的视角,即视线与天线法线的夹角。$\alpha$ 与 $q$ 互为余角。

波程差对应的相位差为

$$\varphi = \omega\left(\frac{d}{c}\right) = \frac{2\pi}{\lambda} D\sin q \quad (4-40)$$

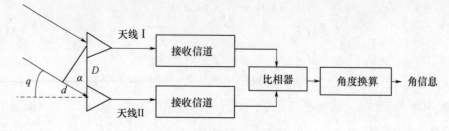

图 4-8  单平面相干测向系统

式中:$\omega$ 与 $\lambda$ 为辐射信号的角频率和波长;$c$ 为光速。

### 4.6.2  测向误差分析

只要两个接收通道的幅相特性具有良好的一致性,比相器可提取两路信号的相位差 $\varphi$,经过换算,可得 $q$ 值。导弹测向系统应具有高精度测角能力,相干测向系统的测角精度可由式(4-41)的全微分表达,即

$$\mathrm{d}\varphi = \frac{\delta\varphi}{\delta q}\mathrm{d}q + \frac{\delta\varphi}{\delta\lambda}\mathrm{d}\lambda + \frac{\delta\varphi}{\delta D}\mathrm{d}D \qquad (4-41)$$

对固定安装的两个天线,可不计间隔 $D$ 的不稳定因素,忽略式(4-41)中的第三项,则有

$$\mathrm{d}\varphi = \frac{2\pi D\cos q}{\lambda}\mathrm{d}q - \frac{2\pi D\sin q}{\lambda^2}\mathrm{d}\lambda \qquad (4-42)$$

整理式(4-42),并用增量表示,可得

$$\Delta q = \frac{\Delta\varphi}{2\pi D\cos q}\lambda + \frac{\Delta\lambda}{\lambda}\tan q \qquad (4-43)$$

可见,测向误差由多种因素决定。

(1) 测向误差与波长相对变化量($\Delta\lambda/\lambda$)有关,由辐射源和测向系统本振源的频率稳定度决定,当频率稳定度很高时,可忽略式(4-43)中的第二项。

(2) 测向误差与天线间距 $D$ 有关,间距越大,测角精度越高。

(3) 测向误差与相位测量误差 $\Delta\varphi$ 有关,由天线罩、天线、馈线、信道等相位平衡度决定。

(4) 测向误差与视线角 $q$ 有关,当 $q$ 趋向 0°时,测角误差最小。

### 4.6.3  测角解模糊

在相干测角系统中,当相位差 $\varphi$ 超过 $2\pi$ 时,将导致测角模糊,不能确定辐射源的真实方向。相干测向系统以天线阵中心处的法线为对称轴,法线方

向的相位差为零,法线两侧的最大相位差分别为 $\pi$ 与 $-\pi$,即

$$q_m = \pm \arcsin\left(\frac{\lambda}{2D}\right) \tag{4-44}$$

　　为了扩大不模糊视场角,必须采用小间隔天线阵。对于图 4-8 所示的测向系统,在小视角方位内,式(4-40)可写成 $\varphi \approx (2\pi D/\lambda)q$,可见,$q$ 的无模糊区间为 $[-\lambda/(2D), +\lambda/(2D)]$。若将天线间距增加 4 倍,即达到 $4D$,则 $q$ 的无模糊区间为 $[-\lambda/(8D), +\lambda/(8D)]$,不模糊区间缩小到 1/4。图 4-9 给出上述两种长短基线测向系统的 $\varphi$ 曲线,实线是长度为 $D$ 的短基线测向系统的 $\varphi$ 曲线,虚线是长度为 $4D$ 的长基线测向系统的 $\varphi$ 曲线。如图 4-9 所示,$\varphi$ 曲线的斜率与基线长度成正比,长基线测向系统有助于提高测角精度。

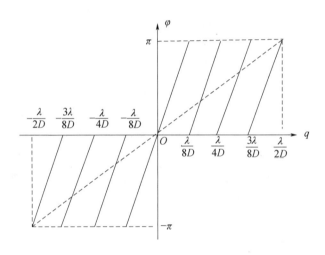

图 4-9　长短基线测向系统的 $\varphi$ 曲线

　　为了解决测角模糊问题,往往需要更多天线组成复杂的天线阵。采用长短基线复合天线阵的相干测向系统可解决大视角与高精度的矛盾短基线天线阵可获得足够大的不模糊视角,而长基线天线阵可获得足够高的测向精度。图 4-10 为单平面双基线天线阵相干测向系统示意图。由天线 I 和天线 II 组成短基线天线阵,为确保无模糊,最大视角的相位差不得超过 $2\pi$,短基线长度 $D_s$ 应小于波长。由天线 I 和天线 III 组成长基线天线阵,为确保系统的测向精度,长基线的长度 $D_L$ 应数倍于短基线的长度。

　　天线 I - II、天线阵 I - II 接收的信号相位差分布为

$$\varphi_{12} = \frac{2\pi}{\lambda} D_s \sin q \tag{4-45}$$

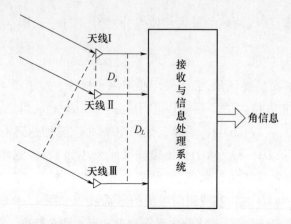

图 4 - 10　单平面双基线天线阵相干测向系统示意图

$$\varphi_{13} = \frac{2\pi}{\lambda}D_L \sin q = N \cdot 2\pi + \psi \qquad (4-46)$$

式中：$N$ 为正整数；$\psi$ 为小于 $2\pi$ 的角度。

$\psi$ 可由比相器测得，解模糊就是要正确地计算出 $N$ 值。由式(4-45)与式(4-46)可得 $D_L/D_s = \varphi_{13}/\varphi_{12}$，即 $\varphi_{13} = (D_L/D_s)\varphi_{12}$，用 $2\pi$ 去除 $(D_L/D_s)\varphi_{12}$ 得到最接近 $(D_L/D_s)\varphi_{12}$ 而又小于它的那个整数，此整数就是对应于不模糊 $\varphi_{13}$ 的 $N$ 值。

应该指出，在二维测向阵列中，五元均匀圆阵干涉仪是均匀阵中阵元最少的一种无模糊测向技术。这种天线阵的 5 个阵元等间隔地分布在一个圆上，其天线阵布局如图 4-11 所示。

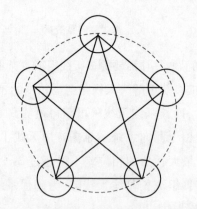

图 4 - 11　五元均匀圆阵干涉仪天线阵布局

五元阵的 5 条对角线作为低频段测向基线，5 条边作为高频段测向基线。这种方法与全频段采用单一基线的测向系统相比，解模糊运算量和测向精度比较均衡。当小口径导引头不能容纳多基线天线阵时，为了解决大视角与高精度的矛盾，往往采用比幅比相测向系统。通过倾斜安装的天线，形成交叉波束，信息处理系统对交叉波束天线的接收信号进行比幅处理，无模糊的获取角误差信息，通过导引头随动系统控制天线跟踪目标，当进入相干测角系统的线性区域时，实施单基线相干处理，实现高精度测角与跟踪。需要指出的是，尽管相干测向系统存在测角模糊，但可以无模糊地提取角速率信息。

## 本章小结

本章主要介绍被动末制导雷达原理的相关知识，首先介绍了雷达信号分选的概念及用于信号分选的主要参数，简述了信号分选流程，重点介绍了重频分选方法，接下来介绍辐射源特征识别的相关知识，其中分别介绍了辐射源特征识别的总体思路以及两种不同的辐射源特征识别算法，最后介绍了相位单脉冲测向的基本原理及其相关知识。

## 思 考 题

1. 被动导引头的信号分选参数有哪些？
2. 简述一种常用的重频分选流程。
3. 辐射源识别的总体思路是什么？
4. 简述相位单脉冲测向的基本原理。
5. 相位单脉冲测向什么时候会出现测角模糊？如何解决？

# 第5章　半主动末制导雷达技术

半主动末制导雷达制导时,需要地面、舰载或机载照射器照射,可认为它是一种半有源雷达,它的源来自于照射器。由于工作时需要照射器的配合,会限制了舰载或机载的机动,因此,常常用在中近程防空导弹中。

## 5.1　半主动雷达导引头系统多普勒效应

对于防空导弹,由于要求导弹飞行速度比空中目标的飞行速度高,因此,其飞行速度通常可达 $2Ma$ 甚至更高,要求弹上设备尽量简单、轻便。因此,防空导弹通常采用半主动制导,即弹上没有发射机,只有接收设备,通过舰载或地面的雷达发现空中目标并跟踪后,用大功率的照射器对准目标照射,弹上设备接收目标反射的电磁波信号,从而实现制导,如图 5-1 所示。

半主动导引头由于照射器功率可以做得很大,而且电磁波传播衰减比主动导引头有优势,其作用距离较远。一个制导站可以同时引导多枚导弹对目标进行攻击目标。

在采用半主动寻的制导的导弹武器系统中,照射雷达、导弹和目标是制导系统的三要素,地面、舰艇或飞行器上的照射雷达向目标发射信号,目标散射照射信号,导弹上的导引头接收目标散射信号,从中提取目标信息。半主动导引头包括连续波半主动导引头、间断连续波半主动导引头、无直波半主动导引头和逆单脉冲半主动导引头等。

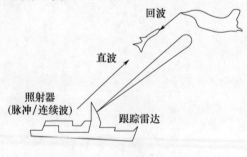

图 5-1　半主动雷达导引头

### 5.1.1　半主动雷达导引头的多普勒频移分析

1. 直波信号及多普勒频移

导引头可接收来自照射雷达的直达波信号,此信号称为直波信号。对导引头而言,这是后向接收信号,通常由导弹尾部的天线(直波天线)接收,如图 5 – 2 所示。若照射器发射的电磁波信号频率为 $f_0$,工作波长为 $\lambda$,直波信号频率为 $f_r(t)$,相对于照射信号的多普勒频移 $f_{dr}(t)$ 为(由于导弹制导站相对位置和速度是变化的, $f_{dr}(t)$ 为随时间变化的量)

$$f_r(t) = f_0 + f_{dr}(t) \tag{5-1}$$

$$f_{dr}(t) = -\frac{v_M}{\lambda}\cos\varphi_{IM} \tag{5-2}$$

式中: $V_m$ 为导弹飞行速度; $\varphi_{IM}$ 为导弹速度方向与导弹 – 照射器连线的夹角。对地空导弹,制导站运动速度为零,导弹 – 制导站相对速度就是导弹的运动速度;对舰空导弹,制导站(即舰船)运动速度相对于导弹运动速度而言很小,仍可以用式(5 – 2)近似。

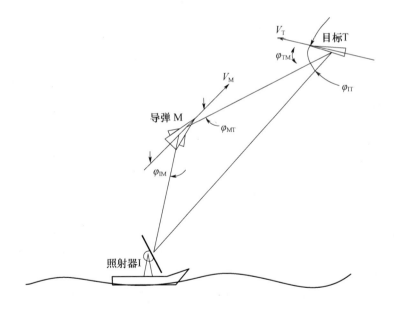

图 5 – 2　半主动雷达导引头相对位置关系

2. 回波信号及多普勒频移

照射器发射的信号,经过目标反射后也到达导弹,此信号称为回波信号。

对导引头而言,这是前向接收信号,通常由导弹头部的天线(回波天线)接收。

由于导弹、目标和制导站三者相对位置和速度的变化,回波信号的频率 $f_f(t)$ 相对于照射器发射信号的多普勒频移 $f_{df}(t)$ 也是一个随时间变化的量,即

$$f_f(t) = f_0 + f_{df}(t) \tag{5-3}$$

$$f_{df}(t) = \frac{1}{\lambda}(v_T \cos\varphi_{IT} + v_T \cos\varphi_{TM}) + \frac{1}{\lambda}v_M \cos\varphi_{MT} \tag{5-4}$$

式中:$v_T$ 为目标运动速度;$v_M$ 为导弹运动速度;$\varphi_{IT}$ 为目标运动速度方向和制导站—目标连线之间的交角;$\varphi_{TM}$ 为目标运动速度方向和导弹—目标之间连线的夹角;$\varphi_{MT}$ 为导弹运动速度方向和导弹—目标之间连线的夹角。

3. 半主动雷达导引头系统多普勒频率

半主动雷达导引头在信号处理时,通常采用直波信号为基准,提取回波信号相对于直波信号的多普勒频差,这个频差称为半主动雷达导引头系统的多普勒频移,用 $f_d$ 表示,即

$$f_d = f_f(t) - f_r(t) = f_{df}(t) - f_{dr}(t)$$

$$= \frac{1}{\lambda}v_T(\cos\varphi_{IT} + \cos\varphi_{TM}) + \frac{1}{\lambda}v_M(\cos\varphi_{MT} + \cos\varphi_{IM}) \tag{5-5}$$

特别地,当目标运动速度 $v_T = 0$ 时,系统多普勒频移为

$$f_d = \frac{1}{\lambda}v_M(\cos\varphi_{MT} + \cos\varphi_{IM}) \tag{5-6}$$

## 5.1.2 半主动雷达导引头的杂波及泄漏

1. 泄漏(馈通)

由于回波接收天线有后瓣,尽管后瓣电平很小,但是由于照射器发射的照射信号功率很强,且是单程传播,因此,回波接收天线仍然可以直接接收到直波信号的能量,称为直波泄漏,也称为馈通,如图 5-3 所示。

如果照射源发射频率非常稳定,直波信号频谱是理想的单根谱线,这样由于回波信号的多普勒频移,泄漏信号和回波信号可以从频率上区分开,不会对回波信号的检测造成影响。

但是,理想的照射源是很难实现的,通常不可避免地存在相位噪声边带,它必定影响回波信号的检测性能。当相位噪声边带完全淹没目标时,将无法检测目标。

由于泄漏信号频率与直波信号频率相同,因此,经过与直波信号差频后,其谱线位置位于零频。

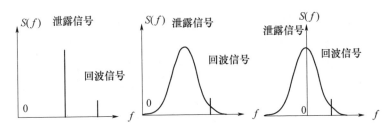

图 5 - 3　泄漏及其相位噪声边带

为了减少泄漏影响,不但要提高照射源的品质,还必须在信号处理时进行抗泄漏设计。

2. 杂波

对半主动雷达导引头在攻击空中目标时,由于目标与导弹相对位置关系的变化,可能出现导弹在上、空中在下、海面(地面)在最下的情况,即导弹下视的情况,因此,在考虑杂波时也必须与全相参主动导引头一样,考虑主瓣杂波和副瓣杂波。

考虑式(5 - 5),实际导弹攻击时,导弹速度方向与导弹—照射器连线一致,即 $\varphi_{IM} \approx 0$。由于下视时,杂波是由于海面(地面)固定杂波单元引起的,故计算杂波多普勒频移时,可以认为 $v_T \approx 0$。所以杂波的多普勒频移为

$$f_d = \frac{1}{\lambda} v_M (\cos\varphi_{MT} + 1) \tag{5 - 7}$$

对于主瓣杂波,可以认为杂波单元位于 $\varphi_{MT} \approx 0$ 附近,因此,主瓣杂波谱线位于 $f_d = \frac{2v_M}{\lambda}$ 处主瓣杂波幅度较强。

对于副瓣杂波,可以认为杂波单元位于 $\varphi_{MT}$,$[-\pi, \pi]$ 内取值,因此,副瓣杂波覆盖的频谱范围为

$$f_d \in \left[0, \frac{2v_M}{\lambda}\right] \tag{5 - 8}$$

因为天线副瓣电平较低,所以副瓣杂波较弱。

综上所述,可以得到半主动雷达导引头的杂波及泄漏频谱分布如图5-4所示。

### 5.1.3　半主动雷达导引头的主要技术指标

1. 作用距离

半主动雷达导引头作用距离如图 5 - 5 所示。照射器与目标之间距离为 $R_{IT}$,导弹与目标之间距离为 $R_{TM}$。

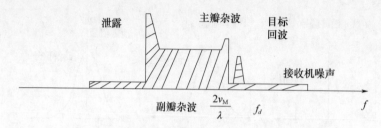

图 5 - 4  半主动雷达导引头杂波、泄漏及回波频谱分布示意图

半主动雷达导引头回波天线的接收功率为

$$P_{R,S} = \frac{P_I G_{A,I}}{4\pi R_{IT}^2} \frac{\sigma}{4\pi R_{MT}^2} \frac{G_{A,M}\lambda^2}{4\pi} \qquad (5-9)$$

式中:$P_I$ 为照射器发射功率;$G_{A,I}$ 为照射器天线增益;$\sigma$ 为目标雷达截面积;$G_{A,M}$ 为导引头回波天线增益;$\lambda$ 为工作波长。式(5 - 9)中,第一个因子$\frac{P_I G_{A,I}}{4\pi R_{IT}^2} = \frac{P_I}{4\pi R_{IT}^2} G_{A,I}$表示照射器目标处照射信号的功率密度;前两个因子之积$\frac{P_I G_{A,I}}{4\pi R_{IT}^2} \frac{\sigma}{4\pi R_{MT}^2} = \left(\frac{P_I G_{A,I}}{4\pi R_{IT}^2}\sigma\right)\frac{1}{4\pi R_{MT}^2}$表示照射器到达目标处的功率密度$\frac{\sigma}{4\pi R_{IT}^2}$为被散射截面积为 $\sigma$ 的目标所散射,散射功率在导弹回波天线处的功率密度;第三个因子为导弹回波天线的有效面积。3 个因子的积表示目标回波天线收到的回波信号功率。

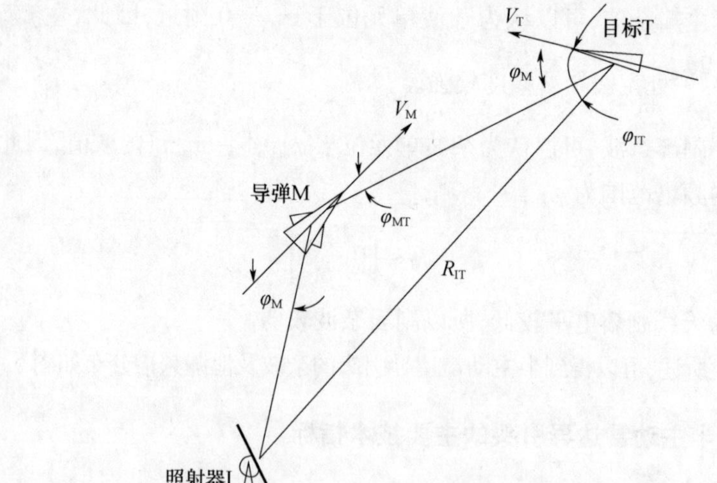

图 5 - 5  半主动雷达导引头作用距离示意图

若导引头接收机灵敏度为 $P_{m,s}$,当 $P_{R,s}=P_{m,s}$ 时,导引头所能达到的照射器目标距离和导弹目标距离之积最大,因此,用 $R_{IT}R_{MT}$ 表示半主动导引头的探测能力,即

$$(R_{IT}R_{MT})_{max} = \left[\frac{P_I G_{A,I} G_{A,M} \lambda^2 \sigma}{(4\pi)^3 P_{m,s}}\right]^{1/2} \qquad (5-10)$$

考虑到电磁波传输损耗 $L$,$P_{m,s}=P_{R,s}/L$ 时,有

$$(R_{IT}R_{MT})_{max} = \left[\frac{P_i G_{a,i} G_{A,M} \lambda^2 \sigma}{(4\pi)^3 P_{m,s} L}\right]^{1/2} \qquad (5-11)$$

应该指出,距离积不同于距离,在检测阶段,导弹与照射器距离较近,即 $R_{IM} \approx R_{MT}$,于是,有

$$(R_{MT})_{max} \approx \left[\frac{P_I G_{A,I} G_{A,M} \lambda^2 \sigma}{(4\pi)^3 P_{m,s} L}\right]^{1/4} \qquad (5-12)$$

可用式(5-12)估算半主动系统的作用距离。

2. 识别系数

无杂波(泄漏)时,接收机接收到的信号只有回波信号,其功率为 $P_s$;接收机噪声只有内部热噪声,其功率为 $P_n$;信噪比为 $\dfrac{P_s}{P_n}$。

当接收信号内杂波(泄漏)时,接收机噪声除了功率为 $P_n$ 的内部热噪声,还有杂波(泄漏),即接收机噪声功率为增加,信号检测环境恶化。如果这种恶化是由杂波(泄漏)引起的,增加的噪声功率记为 $P_{nc}$;如果这种恶化是由泄漏引起的,增加的噪声功率记为 $P_{n,FT}$,如图 5-6 所示。

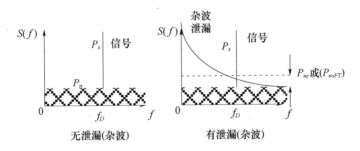

图 5-6　泄漏时的信噪比恶化示意图

杂波(泄漏)环境下的恶化系统定义为有杂波(泄漏)时增加的噪声功率与接收机内部热噪声功率之比,即

$$\delta = \frac{P_{nc}}{P_n} \left(或 \delta = \frac{P_{n,FT}}{P_n}\right) \qquad (5-13)$$

接收机的总噪声功率为

$$P_n + P_{nc} = (1 + \delta) P_n \qquad (5-14)$$

$$P_n + P_{n,FT} = (1 + \delta) P_n \qquad (5-15)$$

为了保证在有杂波(泄漏)时,系统检测性能(发现概论和虚警率,仅与信噪比有关)与无杂波(泄漏)时一致,需要更大的回波信号功率。此时,需要的回波功率值 $P'_s$ 与无杂波(泄漏)时回波功率值 $P_s$ 的比值称为识别系数,记为 $D_{oc}$,即

$$D_{oc} = \frac{P'_s}{P_s} \qquad (5-16)$$

为了确保信噪比不变(检测性能不变),有

$$\frac{P'_s}{(1 + \delta) P_n} = \frac{P_s}{P_n} \qquad (5-17)$$

所以识别系数与恶化系数的关系为

$$D_{oc} = 1 + \delta \qquad (5-18)$$

3. 泄漏下可见度(SFV)

有泄漏时,导引头在不饱和的情况下(接收机保持线性放大),最大可承受泄漏功率与最小可检测目标回波功率的比值,称为泄漏下可见度,用 SFV 表示,即

$$SFV = \frac{P_{FT,\max}}{P_{s,\max}} = \frac{P_{FT,\max}}{P_{\min} \cdot D_{oc}} \qquad (5-19)$$

式中:$P_{FT,\max}$ 为最大可承受泄漏功率;$P_{s,\max}$ 为在最大可承受泄漏功率存在的条件下最小可检测回波功率,$P_{s,\max} = P_{\min} \cdot D_{oc}$,$P_{\min}$ 为无泄漏条件下接受机灵敏度;$D_{oc}$ 为识别系数。

4. 杂波下可见度(SCV)

有杂波时,导引头在不饱和的情况下(接收机保持线形放大),最大可承受杂波功率与最小可检测目标回波功率的比较,称为杂波下可见度,用 SCV 表示,如图 5 -7 所示,即

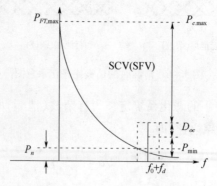

图 5 -7　SCV 与 SFV 示意图

$$\text{SCV} = \frac{P_{c,\max}}{P_{s,\min}} = \frac{P_{c,\max}}{P_{\min} \cdot D_{oc}} \tag{5-20}$$

式中：$P_{c,\max}$ 为最大可承受杂波功率；$P_{s,\max}$ 为在最大可承受杂波功率存在的条件下最小可检测回波功率；$P_{s,\min} = P_{\min} \cdot D_{oc}$，$P_{\min}$ 为无杂波条件下接收机灵敏度；$D_{oc}$ 为识别系数。

通常 SFV 和 SCV 用分贝表示，即

$$\text{SFV}_{\text{dB}} = P_{FT,\max,\text{dBW}} - P_{\min,\text{dBW}} - D_{oc,\text{dB}} \tag{5-21}$$

$$\text{SFV}_{\text{dB}} = P_{c,\max,\text{dBW}} - P_{\min,\text{dBW}} - D_{oc,\text{dB}} \tag{5-22}$$

SCV 与 SFV 表示导引头在杂波或泄漏环境中的工作性能。SCV 或 SFV 越大，表明可检测目标回波越小，系统在泄漏或杂波环境下的工作性能越好。

5. 10dB 准则

显然，在泄漏或杂波环境下，不恶化检测性能是以提高回波信号功率为条件的。通常要求速度门内泄漏边带功率（杂波功率）比热噪声低 10dB，即恶化系数 $\delta \leqslant 0.1$，这样识别系数 $D_{oc} \leqslant 1.1(0.4\text{dB})$，从而泄漏或杂波引起的灵敏度损失小于 0.5dB。

## 5.2　半主动雷达导引头技术

照射信号为连续波的半主动导引头称为连续波主动导引头。采用连续波体制的半主动导引头，可以同时引导多枚导弹对同一目标进行攻击。但是在攻击时，必须要求多枚导弹同时位于照射波束内，对多个目标攻击时其使用受到限制。另外，连续波照射器和脉冲体制的跟踪雷达必须分开，各自采用独立的设备实现，系统结构复杂。

### 5.2.1　连续波半主动导引头技术

倒置接收机是这样一种接收机，它的通带在中频放大器就做得很窄，其中频带宽相当于连续波雷达导引头速度门的带宽，通常只有 1 ~ 2kHz。一般的接收机总是中频较宽，视频更窄，速度的通带最窄。一般的接收机的带宽像一个逐渐变窄的"漏斗"，而倒置接收机颠倒了一般接收机的带宽"漏斗"，因此得名为倒置接收机。倒置型跟踪体制是连续波半主动导引头常用的基本体制[25,26]。

连续波半主动导引头常使用倒置型接收机，其速度跟踪系统的工作模式

（基本体制）也常使用倒置型，如图 5-8 所示。

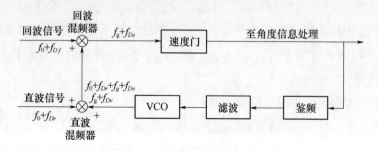

图 5-8　倒置型速度跟踪系统

在直波混频器中，直波信号与速度跟踪系统 VCO 输出直接混频，取和频，从而直波混频器的输出为

$$f_0 + f_{Dr} + f_g + f_{Dv} \qquad (5-23)$$

回波信号直接与直波混频器输出，取差频，得到

$$
\begin{aligned}
&f_0 + f_{Dr} + f_g + f_{Dv} - (f_0 + f_{Df}) \\
&= f_g + f_{Dv} - f_D \\
&= f_g + f_{De} \\
&= f_g + f_{Dv} - (f_{Df} - f_{Dr}) \qquad (5-24)
\end{aligned}
$$

由于直接在微波频率上实现频率跟踪，称为倒置型速度跟踪系统。在倒置型速度跟踪系统中，由于 $f_g + f_{Dv}$ 很小，直波 $f_0 + f_{Dr}$ ，和直波混频器输出 $f_0 + f_{Dr} + f_g + f_{Dv}$ 频谱差别很小，两根谱线十分靠近，难于用滤波器分开取出，因此用混频器较难实现，通常采用微波锁相移频环等效实现混频器功能，如图 5-9 所示。

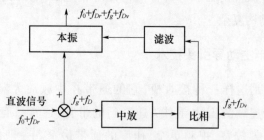

图 5-9　微波锁相移频环

## 5.2.2　无直波半主动导引头技术

在连续波和间断连续波系统中，直波通道的存在主要是为回波通道提供一

个基准频率。如果照射信号的频率稳定度和导引头本振信号的频率稳定度足
够高时,可以用弹载基准频率源产生的信号取代直波信号,形成无直波半主动
系统。无直波半主动导引头可以简化系统结构,提高导引头技术性能和可
靠性。

在无直波半主动寻的系统中,照射信号和导引头本振源是两个相互独立的
微波源,两者相位之间不可能同步,因此不存在相参性。当照射源和本振源都
具有足够高的频率稳定度时,才有可能在频域通过两者的频率差提取运动目标
的多普勒信号,此时,导引头是以本振源为基准进行信号处理的,如图 5 – 10
所示。

当照射雷达频率与导引头本振源不具备足够的稳定度时,无直波系统虽然
也能探测目标,但探测性能将降低,主要表现在多普勒谱线展宽,信噪比下降。

1. 无直波半主动导引头的基本原理

设照射信号载波频率为 $f_{0,L}$,导引头本振信号频为 $f_{0,M}$,回波信号与导引头
本振频率比较后可得差频为

$$f_{I-M} = f_{0,L} - f_{0,M} \qquad (5-25)$$

式(5 – 25)所示的频差包含了照射信号与本振信号的频差 $f_{I-M}$,也包含了
多普勒频移。照射信号与本振信号频差为

$$f_e(t) = [f_{0,I} - f_{Df}(t)] - f_{0,M}$$

$$= f_{0,I} - f_{0,M} + \frac{v_T}{\lambda}[\cos\varphi_{TM} + \cos\varphi_{IT}] + \frac{v_M}{\lambda}\cos\varphi_{MT} \qquad (5-26)$$

当照射信号与本振信号频率稳定度足够高时,$f_{I-M}$ 是一个固定频率成分,这
个频率值可以作为导引头接收信号的中频频率,并通过射前校准加以确认。

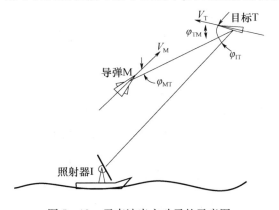

图 5 – 10 无直波半主动寻的示意图

2. 无直波半主动导引头工作过程

（1）射前校准。通过射前校准，可以确认或设定照射信号与本振信号频差 $f_{I-M}$。在进行射前校准之前，为了避免微波源开机的暂态频漂，照射雷达微波源和导引头微波源均应提前开机。

射前校正时，导引头接收照射雷达的泄漏信号，并通过导引头的频率自动控制系统，调节导引头微波源频率，使差频 $f_{I-M}$ 等于额定值，作为回波接收通道的额定中频。

（2）宽频域搜索。无直波半主动导引头的最大频率搜索范围为

$$B_{f,s} = f_{D,\max} + \Delta f_D + \Delta f_{0,I} + \Delta f_{0,M} \qquad (5-27)$$

式中：$f_{D,\max}$ 为最大多普勒频移；$\Delta f_D$ 为多普勒频移的预定偏差；$\Delta f_{0,I}$ 为照射雷达载波额定频率的最大偏差；$\Delta f_{0,M}$ 为导引头微波源额定频率的最大偏差。

因此，无直波半主动导引头的微波源应具备更大的控范围、更快的搜捕速率。

（3）宽带跟踪。多普勒跟踪环路不仅要修正微波源长期频率漂移所引起的频偏，还要修正微波源瞬间频率不稳定的影响，因此，要求多普勒跟踪环路具有较宽的带宽。

限制无直波系统应用的主要是高稳定微波源的性能，一旦解决了其工程实现问题，无直波系统将大大简化半主动制导系统，其优越性非常明显。

## 5.2.3 逆单脉冲半主动导引头技术

在采用合成孔径雷达（SAR）技术的空地导弹中，由于研制前视 SAR 导引头的难度很大，出现了将 SAR 置于载机[27]，由机载前侧视 SAR 寻找攻击点，并由载机的单脉冲照射器精确照射攻击点，弹上装置接收攻击点对单脉冲照射信的散射信号，引导导弹攻击目标，其工作原理与半主动系统极其相似。

1. 逆单脉冲制导基本原理

逆单脉冲原理如图 5-11 所示，$T$ 点有一照射器，同时向外发射两个波束 $E_1$ 和 $E_2$，功率相同，相位相差 $180°$，方向图如图 5-11 所示。

在 $B$ 点，两波束入射能量相同，相位相差 $180°$，因此 $B$ 点入射能量为 0。

在 $A$ 点，$E_1$ 波束能量强，$E_2$ 波束能量弱，$A$ 点入射能量为 $E_1 - E_2 > 0$。

在 $A$ 点，$E_1$ 波束能量弱，$E_2$ 波束能量强，$A$ 点入射能量为 $E_1 - E_2 < 0$。

$A$、$B$、$C$ 三点如果有目标或背景存在，则会产生电磁散射，由 $R$ 点接收机接收。在 $RB$ 方向上，接收机接收到能量强度为零；$RA$ 和 $RC$ 方向上，接收机接收到的能量强度不为零，且 $A$ 和 $C$ 点越偏离 $B$ 点，接收到信号能量幅度越大（入射

两波束方向图引起的入射能量差越大），可以利用上述特点对导弹进行制导。由于该过程与单脉冲测角原理正好相反，因此称为逆单脉冲制导。

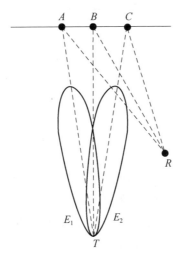

图 5 – 11　逆单脉冲原理

### 2. 系统组成及工作过程

（1）系统组成。逆单脉冲制导适用于空地或空舰导弹制导系统，它由机载合成孔径雷达、机载单脉冲照射装置和弹载非相参导引头构成，如图 5 – 12 所示。

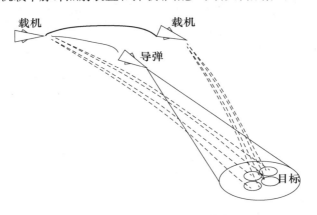

图 5 – 12　逆单脉冲制导体制

（2）工作过程。载机上的合成孔径雷达产生目标区域的合成孔径雷达单脉冲地图，可获取地面三维数据，即可获取每个像素的视线距离及相对于天线电轴的俯仰和方位角误差。确知目标信息后，将单脉冲照射器的方位、俯仰零点准确瞄准目标中心。

载机发射导弹后,为了减少载机移位造成的瞄准误差,合成孔径雷达不断更新地图,对特定目标进行跟踪照射,消除引导误差。

单脉冲照射装置向既定目标进行单脉冲照射在空间形成和波束信号、方位波束信号与俯仰波束信号。

载机将导弹发射至特定的空间区域,使导引头天线主波束覆盖目标区域,导引头接收由单脉冲照射器发射并经目标及其邻域反射的和信号,经识别后锁定该信号。

截获和信号后,锁定相位与时间基准,作为解读方位差信号和俯仰差信号的参考相位与同步基准。

逆单脉冲半主动导引头判读目标对应的零值置,给出弹体坐标系中目标位置的方位角与俯仰角,作为控制导弹飞行的制导信息。

很显然,导引头是利用机载雷达给出的目标单脉冲信息获取目标信息,这与常规的单脉冲导引头的工作原理正好相反,故称为逆单脉冲系统,利用和模型照射,导引头可以获得对目标的粗略定位。利用方位俯仰差模型的零值,导引头可以获取精确的制导信息。

3. 空间和差方向图合成

机载单脉冲照射装置发射的和模型与俯仰方位差模型是由 4 个同步模形合成的,它们由雷达天线的 4 个象限同步辐射,如图 5 - 13 所示。天线的 4 个象限,上下、左右成对布局,只要确保相邻象限具有 90°的相对相移,就可以生成相应的方位零点和俯仰零点,俯仰误差模型由一、三象限的发射波形合成,方位误差模型由二、四象限的发射波形合成。对于每个待攻击目标都应产生相应的三维模型。

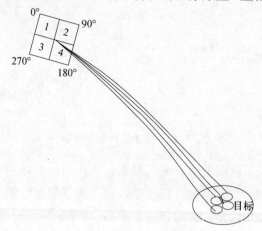

图 5 - 13　和差方向图产生原理

工程上,往往采用时分波瓣法产生空间和差信号,4 个单元同时辐射同相信号,在空间形成和信号;俯仰于方位时分辐射,天线 1、4 辐射反相信号,在空间形成俯仰差信号;天线 2、3 辐射反相信号,在空间形感方位差信号,时序如图 5 - 14 所示。

| 和 | 方位 | 俯仰 | 和 | 方位 | 俯仰 |

图 5 - 14　时分波瓣法辐射时序

在导引头接收机中,分别提取俯仰误差和方位误差,控制导引头天线对推目标,并给出制导信息,控制导弹飞向目标。

由于防空导弹飞行速度比空中目标的飞行速度高,要求弹上设备尽量简单、轻便,因此防空导弹通常采用半主动制导,即弹上没有发射机,只有接收设备,通过舰载或地面的雷达发现空中目标并跟踪后,用大功率的照射器对准目标照射,弹上设备接收目标反射的电磁波信号从而实现制导。

采用半主动寻的制导的导弹武器系统中,照射雷达,导弹和目标是制导系统的三要素。地面、舰艇或飞行器上的照射雷达向目标发射照射信号,目标散射照射信号,导弹上的导引头接收目标散射信号,从中提取目标信息半主导引头通常可分为连续波半主动导引头、间断连续波半主动导引头、无直波半主动导引头和逆单脉冲半主动导引头。

## 本章小结

本章以半主动雷达导引头为主要研究对象,首先分别介绍了半主动雷达导引头系统的多普勒效应、杂波及其泄漏原理和主要的技术指标,然后详细介绍了 3 种半主动导引头的基本原理和工作过程,具体为连续波半主动导引头、无直波半主动导引头以及逆单脉冲半主动导引头的基本原理和工作过程。

## 思 考 题

1. 简述半主动导引头直波信号与回波信号之间的多普勒频移关系。
2. 简述半主动导引头识别系数、泄漏下可见度、杂波下可见度等概念的含义。
3. 简述连续波半主动导引头的工作原理。
4. 简述无直波半主动导引头的工作原理。
5. 简述逆单脉冲半主动导引头的工作原理。

# 第6章 末制导雷达系统总体结构及分系统技术

本章在前5章的基础上介绍末制导雷达系统,首先介绍主动、被动和半主动末制导雷达系统结构,然后重点介绍主动末制导雷达的分系统技术。

## 6.1 末制导雷达系统总体结构

### 6.1.1 主动雷达导引头系统

主动式雷达寻的系统的导弹上装有雷达发射机和雷达接收机。弹上雷达向目标发射无线电波,寻的系统根据目标反射回来的电波,确定目标的方位、距离及导弹到目标的视线角速度等要素,根据制导方法产生导引控制信号,送给控制系统,操纵导弹沿理论弹道飞向目标。主动寻的制导雷达也称主动雷达导引头,适用于低空作战并能在强杂波环境中检测出小目标;其主要优点是导弹在飞行过程中完全不需要弹外设备提供任何能量或控制信息,做到"发射后不管"。

主动雷达导引头通常由天线、发射机、接收机、信息处理机和伺服系统组成。图6-1是其简化的组成框图[28]。

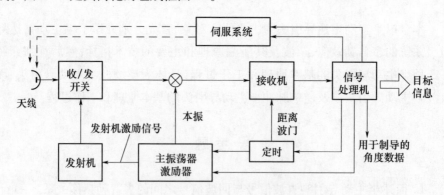

图6-1 主动雷达导引头的简化框图

发射机产生探测信号照射目标,接收机接收目标反射的回波信号,信息处理机提取目标信息,伺服系统控制天线实现角预定、角稳定和角跟踪。主动雷达导引头收发兼备,是一部完整的弹载雷达。

## 6.1.2　被动雷达导引头系统

被动式雷达寻的制导系统,是利用目标辐射的无线电波进行工作的。导弹上装有雷达接收机,该设备不发射无线电信号,也不需要别的照射能源把能量照射到目标上,只用来接收目标辐射的如雷达、通信、导航、干扰信号等无线电波辐射,实现对目标跟踪。

在导引过程中,寻的制导系统根据目标辐射的无线电波,确定目标的水平方位角和俯仰角等相关要素,并按一定制导规律形成导引控制信号,送给控制系统,操纵导弹沿理论弹道飞向目标。

被动式雷达导引头,通常由天线阵、接收机、信息处理机和伺服系统组成。图 6 - 2 是其简化框图[28]。

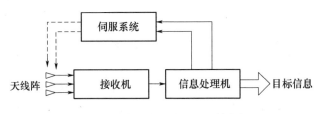

图 6 - 2　被动式雷达导引头的简化框图

与其他有源寻的雷达相比,它开始工作时无法获取到目标发射的准确无线电频率信息,因此,这种雷达的接收频带应足够宽。

被动式导引头除了实现检测目标这一基本功能外,主要目的是测角,以形成制导指令。从测角方式看,常用的被动雷达导引头有比相式、比幅 - 比相式和旋转天线测向式等。被动式雷达导引头主要用于反辐射导弹被动寻的。

## 6.1.3　半主动雷达导引头系统

半主动寻的制导系统中,探测的能量信息源自制导站的照射器,导引头接收机接收处理的信号为目标对照射信号的散射波。

从工作机理分析,半主动导引头首先要有目标回波接收天线及其伺服系统以及回波处理接收机。由于对回波信号处理时需要参考基准,该基准可以自行产生,也可以由制导站照射器发送,这就需要导引头配置另外一个天线以及对应的接收处理器,接收处理由制导站来的直达波。由此看出,一个典型的半主动导引头通常由回波天线、回波接收机、直波天线、直波接收机、相参处理器、信息处理机和伺服系统组成。图 6 - 3 是其简化框图[28]。

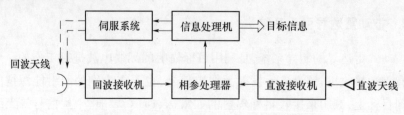

图 6-3 半主动式雷达导引头的简化框图

直波天线和直波接收机接收并处理来自照射器的直波信号,从中提取相参基准。回波天线和回波接收机接收并处理目标散射的回波信号。相参处理器对基准信号和回波信号做相参处理,获取多普勒信息。信息处理机在进行频域跟踪的基础上,通过伺服系统对目标实施角跟踪,提取目标的角信息。导引头中不包含信号发射设备。

## 6.2 雷达导引头分系统技术

由于主动雷达导引头系统比被动导引头和半主动导引头复杂,应用也比较广泛,下面主要以主动雷达导引头分系统为主进行介绍。

### 6.2.1 导引头天线罩

1. 基本概念

天线罩是由天然或人造电介质材料制成的覆盖物,或是由桁架支撑的电介质合体构成的特殊形状的电磁窗口,是保护天线系统免受外部环境影响的结构物,它在电气性能上具有良好的电磁波透波性能,在力学性能上能经受外部恶劣环境的作用[29]。导引头天线罩位于导弹的头部,多为锥形或者尖拱形,不使用球形,具有导流、防热、透波、承载等多种功能,对改善导引头天线及天线伺服系统的使用环境,延长使用寿命,提高工作可靠性具有积极的作用。

天线罩,按照罩壁横断面的形状可分为均匀单壁结构、夹层结构和空间骨架结构。

天线罩的罩壁厚度与工作波长有关。在电气上,为了使得透波性能最好,反射最小,必须按照工作波长设计壁厚或者夹层厚度。但是,所设计的壁厚必须能够承受预计的最大空气动力负荷和其他负荷而不至于变形。壁厚的选择与设计,应根据工作波长、天线罩尺寸与形状、环境条件、所用材料、加工工艺等在电气和结构性能上互相兼顾。天线罩的壁厚用下式表示,即

$$\delta = k \frac{\lambda}{2\sqrt{\varepsilon - \sin^2\theta}} \qquad (6-1)$$

式中：$\lambda$ 为波长；$\varepsilon$ 为天线罩材料的相对介电常数；$\theta$ 为入射电磁波波前法线和天线罩表面法线之间的夹角；$k$ 为系数，半波天线罩为1，全波天线罩为2。

2. 材料选择

天线罩材料已有50多年的历史，其发展历程经过了纤维增强塑料、氧化铝陶瓷、微晶玻璃、石英陶瓷，到如今的先进复合材料。但是，没有一种材料完全具备上述优良性能。瓷材料具有耐高温、损耗小及强度高的优点，但其质脆、韧性差、耐热冲性差，并且成型工艺复杂。树脂基复合材料有较高的比强度，材料的介电性能、机械性能和热性能均有可设计性，但使用温度受树脂耐热性的限制，目前，最高使用温度不超过360℃。当 $Ma<3$ 时，可以用玻璃纤维增强的环氧树脂、聚酰亚胺等复合材料，但不宜用于 $Ma>4$ 的高超声速导弹雷达天线罩。

天线罩最直接的特性就是会引起额外的插入损耗。不过，实现天线罩的低损耗设计通常相对容易，即使采用插入损耗最大的加强纤维材料制造天线罩也能把插入损耗控制在零点几分贝。相比之下，天线罩的折射效应导致视线方向畸变则要严重得多。

3. 主要指标

（1）瞄准误差。瞄准误差，是由于电磁波经天线罩折射后电磁波传播方向偏离视线方向。瞄准误差描述了天线罩瞄准误差随入射角变化情况，可以将瞄准误差表示成入射角的函数，即

$$\varepsilon = f(q - \vartheta) \qquad (6-2)$$

式中：$q$ 为目标视线方向；$\vartheta$ 为弹轴在惯性空间的指向。天线罩设计中的角度关系如图6-4所示。

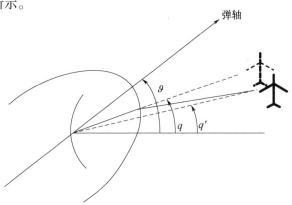

图6-4　天线罩设计中的角度关系图

由于天线罩材料介电常数都是大于 1,电磁波穿过头罩以后存在折射效应图 6 - 4 中目标的视在方向为 $q$,由于折射效应的存在,真实视线方向为 $q'$。

(2)瞄准误差斜率。瞄准误差斜率是指瞄准误差随天线波束指向变化率。可以用下面的表达式表示,即

$$A = \left| \frac{\mathrm{d}f(\vartheta)}{\mathrm{d}(\vartheta)} \right| \qquad (6 - 3)$$

式中:$f$ 为瞄准误差和天线相对弹轴夹角有关的函数。

为了减小天线罩瞄准误差的影响,通常采用硬件补偿法和软件补偿法。硬件补偿法包括对天线罩物理尺寸的修磨与调整,在天线罩内壁嵌入介质插入物等方法。软件补偿法中,一是利用弹载计算机,按不同的工作频率存储天线罩的误差斜率曲线,在导弹飞行过程中进行误差补偿;二是使用函数发生器模拟天线罩误差斜率,从而给出其补偿信号。

(3)天线罩对电磁波前面畸变影响。实际中,直接衡量天线罩对电磁波前面影响很困难,因此,一般采用间接衡量的方法。一种可能的途径是对比加上天线罩以后第一副瓣电平改变不能超过 1.5dB。

(4)传输损耗。一般要求传输损耗不小于 70%。

## 6.2.2 常用雷达导引头天线

导引头天线的主要作用,是汇聚电磁波,对目标进行定向照射,完成目标探测处理。雷达导引头领域常用的天线形式主要包括抛物面天线、平板缝阵天线、相控阵天线等几种。

雷达导引头天线的主要参数是天线方向图宽度或天线视场的天线波束张角。一般情况下,它应该满足两个基本要求:一方面,为了减小角度搜索和目标截获时间,希望视场增大,当导弹飞近目标和急剧增大转动角速度时,视场增大有益于扩大视线的跟踪范围;另一方面,目标角跟踪误差正比于视场宽度,从这一点出发,波束张角必须窄一些。显然,这两个要求是相互矛盾的,需要综合折中考虑。

导引头视场(方向图)宽度与波长及天线直径有关,其关系式为

$$\varphi = 57.3 \frac{\lambda}{D_a} \qquad (6 - 4)$$

式中:$\varphi$ 为天线半功率方向图宽度,单位(°);$\lambda$ 为波长,单位 cm;$D_a$ 为天线直径,单位 cm。

### 1. 抛物面天线

抛物面天线(单反射面天线)。这种天线采用一个较大尺寸的抛物面作为

主面,主面前方中心位置一个喇叭作为馈源(正馈),喇叭也可偏离中心位置,称为偏馈。其工作原理与光学里的抛物面镜颇为类似。工作原理是:当天线工作在辐射模式时,由喇叭辐射出去的球面波打在抛物面上,抛物面把喇叭入射的球面波变换为平面波,使之辐射到自由空间中去。当工作与接收模式时,主反射面将自由空间中传来的平面波汇聚称为球面波,并使之"打回"馈源喇叭处。抛物面天线基本构成及工作示意图如图 6 - 5 所示。该形式的天线在 X 波段及以下加工并不困难,结构简单,成本也不高。但是缺点也很明显,由于通常抛物面天线在焦径比(喇叭到反射面的距离与主反射面尺寸之比)较高时,易实现高性能,因而,天线的整体剖面较高,体积较大。特别是当天线整体旋转扫描时,会大大占用弹头空间,因此其扫描角度也较为受限。为了解决这些困难,一种名为"卡塞格伦"(Cassegrain)形式的双反射面,应运而生。

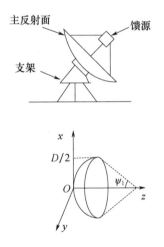

图 6 - 5　抛物面天线基本构成及工作示意图

## 2. 卡塞格伦天线

卡塞格伦天线是一种在单反射面天线形式上改进而来的天线。卡塞格伦天线基本构成及工作原理如图 6 - 6 所示。相比单反射面天线,增加的副反射面可以初步优化喇叭发射出来的电磁波,并使之呈一个更为理想的分布,反射回主反射面,主反射面再将该整形后的球面波变成平面波,并使之辐射到自由空间中去。这样的优点,是能提高天线口径效率,提高增益,大大降低了焦径比,降低天线整体的剖面,减小体积。接收机和馈线也变为主面之后,更利于系统的走线布置并降低系统噪声。但副反射面的引入也会带来对主面遮挡增加的问题,这会反过来降低天线整体的增益和抬高副瓣电平。

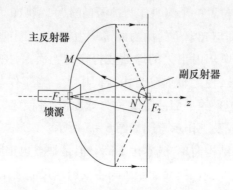

图6-6　卡塞格伦天线基本构成及工作原理

3. 倒置卡塞格伦的天线

为了解决副反射面遮挡的问题,一种称为倒置卡塞格伦的天线被提出来并广泛应用在末制导雷达中。倒置卡塞格伦天线,也称为变形卡塞格伦天线。它在卡塞格伦天线的基础上,将副反射面位置变为极化栅格抛物面,主面位置变为极化扭转板(实际上,在倒置卡塞格伦天线中,主、副面位置已经与普通卡塞格伦有明显不同)。倒卡天线工作原理如图6-7所示。工作原理与卡塞格伦天线有较大区别:位于极化扭转版处的喇叭馈源,发出的水平线极化电磁波被前方的极化栅格几乎全反射回来,并将该球面波变为平面波,打在后面的极化扭转板上,将水平极化波"扭转"为垂直线极化电磁波,从前方的极化栅格中透射出去,辐射到自由空间中。简而言之,倒卡馈源发出的波束虽然也经过两次反射,但是不同于普通卡塞格伦天线,它中间有个极化扭转的过程。位于天线前方的极化栅格只对水平极化电磁波有遮挡,对垂直线极化波几乎无影响。这里顺便提一下,为了对抗地杂波或海杂波,弹载雷达天线多为垂直线极化天线。它通过适当旋转极化扭转板来实现波束扫描。因此,倒卡天线解决了副反射面遮挡的问题,而且还能把馈源和极化栅格稍微偏置,进一步降低了整体天线的剖面。因其特有的优势,倒卡天线在二代导引头中很受欢迎。

4. 平面阵列天线

上述天线的基本工作原理都是基于反射面形式,无非是单反射面还是双反射面,有无极化扭转等细节上的区别。通过控制喇叭离主面的距离,调整照射锥削等,易于实现高增益和较低的副瓣。在早期也能够取得较为满意的性能。尽管如此,利用反射面形式来工作的天线,虽然加工上要求并不算高(X波段处还算好,到了更高的频段则难度陡增),成本也能接受。但随着弹

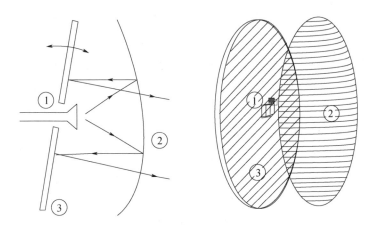

(注：前部横杠处为极化栅格，后面倾斜45°布置的为极化扭转板)

图 6 - 7 倒置卡塞格伦天线工作原理

载雷达性能的提升，对天线部分也提出了新的要求，例如，更大的扫描角度，更低的副瓣以及实现赋形波束。倒卡天线中存在的固有缺陷包括始终会有能量溢漏（这会造成口径效率的降低，损失增益），扫描时波束的畸变也较为严重（主瓣增益下降，主波束变宽，副瓣抬升），并且始终存在天线重量较大的问题。为了满足弹载雷达高增益窄波束低副瓣的要求，抛物面天线因其结构简单而被较早使用。

还有一种形式上稍微复杂，但性能更为优秀的天线，那就是平面阵列天线。平面阵列天线是一种典型的阵列天线。由数十到数百，甚至成千上万个小单元天线按照一定规则，间距等，均匀布置在阵列面上。单个单元天线也许波束很宽，增益很低，但是依靠天线阵面上众多的单元天线，协同工作，就能实现一个很高的增益，窄波束，甚至取得超低副瓣（后期甚至可以升级成为平面相控阵）。常见的平面阵列天线包括波导（平板）缝隙阵、开口波导阵、微带贴片天线阵等。

波导缝隙阵，就是在常见的微波传输结构，波导表面开缝（槽），让小缝隙成为一个天线，将电磁波辐射出去。具有利于和馈电结构匹配的优点，且功率容量较大。弹载波导缝隙看起来就像开在平板上的一样，所以有时也称为平板缝隙阵，也称为平面缝隙阵列天线。

（1）缝隙天线。缝隙天线是在金属板、波导管、同轴线或谐振腔上开个缝隙，电磁波通过向外空间辐射从而构成的一种口径天线。缝隙天线最大的特点是低剖面，具有良好平装结构，易于与安装物体共形，因而称为"薄纸"天线。缝隙阵列天线对线口径面内的幅度分布容易控制，线口径面利用率高，体积小，重量小,可以有低或极低的副瓣。同时,缝隙天线还具有结构牢固、简单紧凑、易于加工、造价低、馈电方便及可隐蔽性等优势。

在导弹上,缝隙天线通常采用阵列天线的形式。常用的缝隙阵列天线有两种类型:一种是平面缝隙阵列天线,它是一种缝隙开在金属平板上的阵列天线;另一种是波导缝隙阵列天线,它是一种缝隙开在波导壁上的阵列天线。

(2) 平面缝隙天线阵的工作原理。平面缝隙天线阵是在金属平板表面开缝,缝隙按照一定方式排列,构成面阵。对于每个缝隙,它截断了金属平板表面电流,流过表面的电流一部分绕过缝隙,另一部分以位移电流的形式沿原方向流过缝隙,位移电流的电力线向外空间辐射,构成辐射波。缝隙天线可以看成是由许多缝隙元组成的。缝隙的辐射原理可以通过一个理想开缝天线模型加以说明,最简单的分析办法是将缝隙等效为一个磁振子天线,认为它是具有磁流源的天线,利用对偶性原理,磁振子的辐射可以通过电振子的辐射来类比。

假设在无限大且非常薄的理想导电体表面上开个缝,那么每个缝隙可以近似看作一个理想缝隙天线。缝隙的宽度 $w$ 远小于波长,而其长度 $2l$ 通常为 $2\lambda$,理想的缝隙天线结构如图 6-8 所示。其电力线和磁力线的矢量分布如图 6-9 所示。

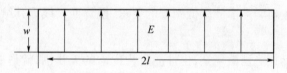

图 6-8　理想的缝隙天线结构

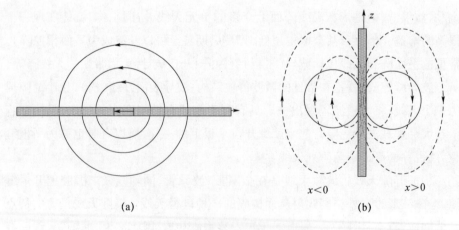

(a)　　　　　　　　　　　　(b)

图 6-9　缝隙的场矢量线分布图

(a)电力线;(b)磁力线。

理想缝隙天线的电磁场如图 6 – 10 所示,其天线方向图函数为

$$f(\theta) = \frac{\cos(kl\cos\theta) - \cos kl}{\sin\theta} \qquad (6-5)$$

式中:$k = 2\pi/\lambda$ 为自由空间相移常数。

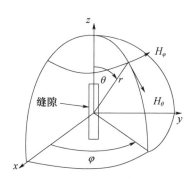

图 6 – 10　理想缝隙天线的电磁场

　　缝隙阵列天线是由多个按一定规律排布的离散或连续辐射单元所组成的辐射系统,其中的每个辐射器称为阵元。阵元的形式则以布阵的实际情况和需要而选取,可以是单元辐射器还可以是简单天线等。由于阵元受到同一频率的馈源所激励,因此,它们在空间的辐射波将形成干涉场,使某些方向的辐射场相互叠加而增强,又使某些方向的辐射场彼此抵消而减弱。于是,便可产生某种相应的特定的方向图,从而提高增益,改善方向性。阵列天线的这种辐射特性,一般取决于阵元性质、数量、排列方式及其电流幅度与相位分布等因素。

　　严格地说,阵列天线中的各个单元因在阵中的位置不同,其波瓣的形状是彼此不同的。在一般分析中,假设阵列无限大,这样,由于阵列中各单元所处环境一样,各单元的波瓣是相同的,而对于有限阵列,离阵列边缘较远的单元,通常,也可以认为它们具有相同的波瓣。

　　如果在一个天线阵列中共有 $N$ 个单元,第 $n$ 个单元在阵中的波瓣为

$$F(\theta,\varphi) = f_n(\theta,\varphi)S \qquad (6-6)$$

式中:$S$ 为阵列的阵因子或空间因子,它与组阵形式、阵的形状以及单元的个数、间距、位置、激励振幅和相位等有关;$f_n(\theta,\varphi)$ 为第 $n$ 个单元在阵列环境中的波瓣,称为单元因子。

　　在阵列环境中,单元的波瓣形状和在自由空间中的并不一样,在自由空间中,天线单元的波瓣完全取决于天线单元的形状和结构,但在阵列环境中,天线单元要受到阵列中其他单元的互耦的影响,从而使其原来在自由空间的波瓣发

生了变化。式(6-6)表示波瓣相乘原理,即阵列波瓣等于单元阵波瓣与阵因子的乘积。

(3)平面缝隙天线阵的结构。平面缝隙天线阵的主体为平板结构,由上下两层金属平板构成,上层金属板开缝构成辐射面,下层金属板为反射板。两层金属平板之间填充介电常数不同的两层介质:上层介质的介电常数稍大一些,为 2.5~3 左右;下层介质可选空气或介电常数较小的填充材料。在两层介质之间中排布馈电微带线,通过微带线对缝隙进行馈电。缝隙等间距排列,缝隙沿纵横方向的间距均为 $\lambda/2$。

除了天线阵主体部分外,就是它的馈电网络,其主要任务是保证各阵元所要求的激励振幅和相位,以便形成所要求的方向图,或者使线性能的某项指标最佳。对馈电网络的要求是阻抗匹配、损耗小、频带宽和结构简单等。图 6-11 给出了一种典型的波导平板天线的结构。

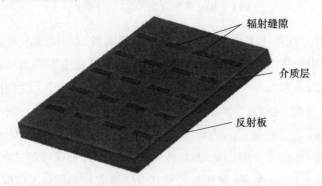

辐射缝隙

介质层

反射板

图 6-11　一种典型的波导平板天线的结构

5. 相控阵天线

1)特点

导引头天线从 20 世纪 50 年代到 80 年代经历了 3 次变革,从圆锥扫体制到单脉冲抛物面天线,进而发展到平面波导型阵列天线。这些天线的效率与跟踪精度虽有极大提高,但扫描方式却始终是基于精密万向伺服跟踪系统来完成。相对来讲,机械扫描雷达天线视角小,且旋转太慢而不能跟踪间隔范围大的目标、搜索雷达、干扰源和隐身目标。

同时,传统的锥扫天线和单脉冲天线角跟踪体体积都非常庞大,占据大量的头部空间,不利于其他探测器和辅助设备的安置,并且在抗干扰、隐身等方面不具优势。

近些年来,在面对抗击低空、高速、大机动、多目标和各种手段的电子战上,电子扫描的相控阵天线比机械伺服跟踪系统扫描的阵列天线具有更突出的优势。在导引头上使用相控阵其跟踪精度和速度将产生质的飞跃,既可以解决多目标跟踪的难题,又可以省去复杂的精密万向伺服跟踪系统,这是新一代导引头天线发展的标志。

电扫描天线的典型形式是相控阵天线,与传统的机械扫描天线相比,相控阵由波束控制器控制天线波束扫描,给波束扫描带来了极大的灵活性,具有高增益、大功率、多波束和多功能、高数据率、高可靠性和易实现计算机自动控制等诸多优点,近年来,相控阵天线在雷达导引头也开始逐步采用。

相控阵天线是从阵列天线发展起来的。阵列天线通常由多个偶极子天线单元组成。偶极子天线是一种简单的天线。它具有近似的无方向性天线方向图,因而天线增益很低,在自由空间内增益往往只有 6dB 左右。为了获得较高的天线增益,可将多个偶极子天线单元按一定的规则排列在一起,形成一个大的阵列天线。最初,在通信等领域,为了改变大的阵列天线方向图的波束指向,通过改变阵列中各天线单元的信号相位关系,实现了最初的相控阵列天线这一原理逐渐被广泛地应用于雷达和雷达导引头之中,直至今天形成了相控阵雷达蓬勃发展的局面。

2）组成

相控阵天线的一般组成如图 6 – 12 所示,主要部分为阵列单元,移相器及其控制电路,馈电网络和波束控制等。

以发射天线为例,其发射机的射频能量经馈电网络进行功率分配,按预定比例馈送到阵列中各个单元的移相器,经适当移相后再馈给阵列各单元进行辐射。波束控制指令信号输入计算机,运算后通过移相器控制电路进入各单元移相器,分别控制各自的相移量,从而获得各相邻单元间所要求的相位差,使天线波束指向预期方向。

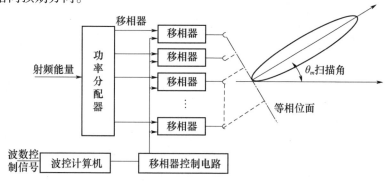

图 6 – 12　相控阵天线的组成

3）分类

相控阵天线按照构造形式可以分为线阵、平面阵、圆阵、圆柱形阵列、球形阵和共形阵等，线阵的特性比较容易解释清楚，也可以很方便地推广到平面阵，因此，为便于分析起见，一般先讨论线阵的原理。在此基础上，就不难理解其他形式的相控阵天线。

相控阵天线波束的指向始终与相位波阵面相垂直，因此，只要改变相位波阵面的位置，就能够实现天线波束的扫描。根据改变相位波阵面方法的不同，波束扫描可大致分为相位扫描天线阵、时延扫描天线阵和频率扫描天线阵3类。

在相位扫描天线阵中，阵列中每一单元都安装一个移相器，相移量能在 0 ~ π 之间调整控制每个移相器以达到快速扫描的目的，这就是相控阵天线。设阵列中每个单元之间的距离为 $d$，波束扫描角为 $\theta$（以阵面法线为参考）时，相邻单元的相移量 $\varphi = \dfrac{2\pi}{\lambda}d\sin\theta$。由此可见，相位扫描具有频率敏感性，即如果相位不随频率变化，则扫描角 $\theta$ 必与频率有关，改变频率也会改变波束扫描角。

如果将相位扫描天线中的每一个移相器都换成可变时间延迟线，就构成了时延扫描相控阵天线。它相邻单元之间的相移量变换为时间延迟量 $t = \dfrac{d}{c}\sin\theta$，式中 $c$ 为电磁波在真空中的传播速度，是一个与频率无关的常数。因此，波束扫描角与频率无关。

对于频率扫描天线阵来讲，如前所述，改变频也会改变波束扫描角。频率扫描天线的波束指向就是随发射机振荡频率的改变而变化的，也就是说，波束指向是频率的函数。一般的频扫描天线总是与相位扫描天线结合构成所谓三坐标雷达，即方位面采用相位扫描，俯仰面采用频率扫描。

4）波束扫描原理

如果将 $N$ 个完全相同的天线所组成的 $N$ 元均匀线阵中的每个单元天线都带上一个可控移相器，则该天线阵就成为一个一维相控阵天线，如图 6 - 13 所示。

设相邻单元电流间的相移为 $\delta$，则 $N$ 元均匀线阵的归一化方向性函数为

$$F_n(\theta) = \frac{\sin\dfrac{N}{2}b}{N\sin\dfrac{1}{2}b} = \frac{\sin\dfrac{N}{2}(kd\cos\varphi + \delta)}{N\sin\dfrac{1}{2}(kd\cos\varphi + \delta)} \tag{6-7}$$

在相控阵天线中，用电控移相器可以改变相位差的值。

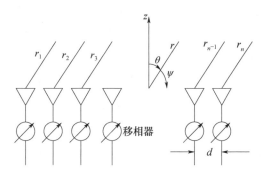

图 6 – 13　一维相控阵天线

5）辐射单元、排列栅格和阵形

辐射单元的形式取决于工作频率、馈线类型、单元形状和重量等因素。在几千兆赫以下馈线通常采用同轴线或微带线,这时辐射单元常用振子单元及其变形,如加大振子直径或改变表面形状而成的梨形振子等。在几千兆赫以上馈线采用波导,这时常用开口波导或开槽波导作为辐射单元。

当辐射单元选定后,紧接着的问题就是辐射单元的排列。一般有两种排列:一种是矩形栅格排列;另一种是三角形栅格排列。对于同样的栅瓣抑制,矩形栅格排列比三角形栅格排列多大约 16% 的单元数。辐射单元的减少,意味着成本的降低。另外,栅格间距的增加,有利于辐射单元的安装。因此,多采用三角形栅格排列。

相控阵天线的阵形是指天线阵的外观形状。其中矩形和正方形的阵形最为常见,另外还有圆形阵、六角形阵、球面阵与共形阵等。矩形阵和正方形阵的计算比较简单,尺寸大小由主瓣宽度决定,阵中栅格采用三角形排列或矩形排列均可。对于均匀幅度的矩形阵,其第一旁瓣电平可高达 13.2dB,抗干扰性能不好,这是最大的缺点。把矩形阵改为圆形阵,在均匀幅度时其第一旁瓣电平可降至 –17.6dB,圆形阵多采用正方形栅格。

当扫描角大于 60°时,平面阵会受到栅瓣的影响而难以实现。利用球面的自然对称性能在较宽的角度范围内保持天线方向性图和增益的均匀性,同时可克服宽角度下阻抗失配的影响。因此,将阵列单元排列在一个球面上构成球形阵,可改善角扫描性能。

## 6.2.3　雷达发射机

雷达是利用物体反射电磁波的特性来发现目标并确定的距离、方位、高度和速度等参数。因此,雷达工作时要求发射一种特定的大功率信号。发射机为雷达提供一个载波受到调制的大功率射频信号,经馈线和收发开关由天线辐射出去。

雷达发射机是雷达产生探测信号的分机,雷达向空间辐射的不同形式、不同频率和不同功率的探测信号都是由它产生的。雷达发射机有单级震荡式和主振放大式两类。根据雷达体制的不同,可能选用各种各样的信号形式和调制类型,如矩形振幅调制、线性调频、脉冲编码等。雷达导引头的发射机有两种基本形式:一种是振荡调制型;另一种是主振功放型。振荡调制型发射机通常以磁控管为功率振荡器,比较简单、可靠,但频率稳定度较低,适用于非相参导引头,难以适应现代雷达导引头对载频自适应变换的要求。主振功放型发射机,频率稳定度高,能程控复杂波形,而且发射信号与本振信号出自同一振荡源,具有良好的相参性。

1. 发射机的基本组成

单级振荡式发射机比较简单,如图 6 – 14(a)所示[9],它所提供的大功率射频信号是直接由一级大功率射频振荡器产生的,并受脉冲调制器的控制,因此振荡器的输出是受到调制的大功率射频信号。早期的末制导雷达一般采用单级振荡式发射机,通常由磁控管产生大功率的高频信号,经过脉冲调制器调制后的包络为矩形脉冲调制信号,送至天线向空间辐射。

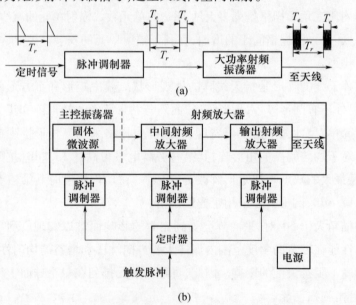

图 6 – 14　发射机的组成

(a)单极振荡式发射机;(b)主振放大式发射机。

　　主振放大式发射机的组成如图 6 – 14(b)所示,它的特点是由多级组成[9]。从各级功能来看,一是主控振荡器用来产生低功率、高稳定的射频信号;二是放大射频信号,即提高信号的功率电平达到发射所需要的功率,称为射频放大链。主振放大式发射机的名称就是由此而来的。现代末制导雷达普遍采用的固态发射机就是主振放大式发射机。

　　振荡器是连续工作的。主振放大器的脉冲实际上是从连续波上"切"下来的,如图 6 – 15 所示[9]。对于脉冲信号而言,所谓相干性(也称为相参性),是指从一个脉冲到下一个脉冲的相位具有一致性或连续性。若脉冲与脉冲之间的初始相位是随机的,则发射信号是不相干的。

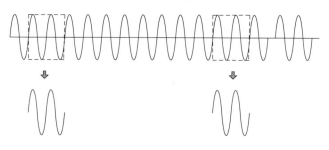

图 6 – 15　脉冲相参性的示意图

　　射频放大链如图 6 – 16 所示[9],通常采用多级放大器组成。末级的高功率放大器经常采用多个放大器并联工作,再通过大功率合成器达到要求的发射功率。

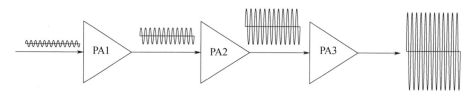

图 6 – 16　射频放大链

　　主振放大式发射机的组成相对复杂,其主要特点有以下几种。

　　(1) 具有很高的频率稳定度。

　　(2) 发射相参信号,可实现脉冲多普勒测速。在要求发射相参信号的雷达系统(如脉冲多普勒雷达等)中,必须采用主振放大式发射机。相参性是指两个信号(两个脉冲重复周期之间雷达发射的信号)的相位之间存在着确定的关系。只要主振荡器有良好的频率稳定度,射频放大器有足够的相位稳定度,发射信号就可以具有良好的相参性,而具有这些特性的发射机就称为相参发射机。发射信号、本振信号和定时器的触发脉冲等均由同一时钟基准信号提供,所有这些信号之间保持相位相参性,这样的发射系统称为全相参系统。

(3) 适用于雷达工作频率捷变的情形。

(4) 能产生复杂波形,例如线性非线性调频信号、相位编码信号等。

发射机功率放大器的主要器件有磁控管、正交场放大器、速调管、行波管、固态晶体管放大器等。其中,磁控管(Magnetron)是一个由调制器启动的振荡器,但是开始振荡时,初始相位是随机的,因此不易实现脉冲之间的"相干性",难以利用多普勒(Doppler)频率来区分目标和杂波,宽带噪声分量也会辐射出去。早期的雷达均采用磁控管发射机,其他 4 种器件常用于主控振荡器的功率放大链中,而现代末制导雷达普遍采用固态晶体放大器。

2. 发射机的主要性能指标

下面对末制导雷达发射机的主要性能指标作简单介绍。

(1) 工作频率或波段。末制导雷达频率一般为 X 波段、Ku 波段、Ka 波段,对应的标称波长分别为 2cm、3cm、8mm。

(2) 输出功率。通常规定发射机送至天线输入端的功率为发射机的输出功率,脉冲雷达发射机的输出功率又可分为峰值功率 $P_t$ 和平均功率 $P_{av}$。$P_t$ 是指发射脉冲期间射频放大的平均输出功率(注意不要与射频正弦振荡的最大瞬时功率相混淆),$P_{av}$ 是指在脉冲重复周期内输出功率的平均值。如果发射波形是简单的矩形脉冲调制,发射脉冲宽度为 $T_e$,脉冲重复周期为 $T_r$,则有

$$P_{av} = P_t \frac{T_e}{T_r} = P_t T_e f_r \qquad (6-8)$$

式中:$f_r = 1/T_r$ 为脉冲重复频率;$T_e T_r = T_e/f_r = D$,称为雷达的工作比。常规的脉冲雷达工作比只有百分之几,最高达百分之几十;连续波雷达的 $D=1$。

现代末制导雷达中,由于采用脉冲压缩技术,发射信号时宽较宽,因此它们的峰值功率比传统末制导雷达发射窄脉冲要低得多。

(3) 总效率。发射机的总效率是指发射机的输出功率与它的输入总功率之比。

(4) 信号形式(调制形式)。对于常规雷达的简单脉冲波形而言,调制器主要应满足脉冲宽度、脉冲重复频率和脉冲波形(脉冲的上升沿、下降沿和顶部的不稳定)的要求,一般困难不大。但是对于复杂调制(如线性调频、脉冲编码等),射频放大器和调制器往往要采用一些特殊的措施才能满足要求。

(5) 信号的稳定性和频谱纯度。信号的稳定性是指信号的各项参数,如振

幅、频率(或相位)、脉冲宽度及脉冲重复频率等是否随时间作不应有的变化。
信号参数的不稳定可分为有规律的和随机的两类:有规律的不稳定往往是由电
源滤波不良而造成的;随机性的不稳定则是由发射管的噪声和调制脉冲的随机
起伏所引起的。

3. 固态发射机

固态发射机是应用先进的集成电路工艺和微波网络技术将多个大功率晶
体管的输出功率并行组合(高功率和高效率),制成固态高功率放大器模块。如
图 6 - 17 所示[9],固态发射机主要有两种典型的组合方式。

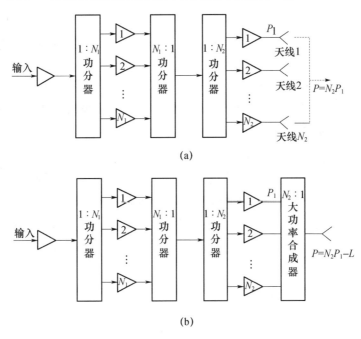

图 6 - 17　固态发射机的组合方式

(a)空间组合的输出结构;(b)集中合成的输出结构。

(1) 空间合成式。若有 $N_2$ 路发射天线,每路的发射功率是 $P_1$,则在空间合
成的功率为 $P = N_2 P_1$。这种发射机多用于相控阵雷达。由于没有微波功率合
成网络的插入损耗,因此输出功率的效率较高。

(2) 集中合成式。将 $N_2$ 路功率均为 $P_1$ 的功放输出信号经过大功率合成器
后送给大功率天线。合成器输出功率为 $P = N_2 P_1 - L$,$L$ 为合成器的损耗。这种
发射机可以单独作为中、小功率的雷达发射机辐射源,也可以用于相控阵雷达。
由于有微波功率合成网络的插入损耗,它的效率比空间合成输出要低一些。

固态发射机的主要优点有如下几个。

（1）不需要阴极加热，寿命长。

（2）具有很高的可靠性，模块的平均无故障间隔时间（MTBF）已超过100000h。

（3）体积小、重量小，工作电压一般低于40V。

（4）工作频带宽、效率高，能达到50%或者更宽的带宽，而且可不用调制器。

（5）系统设计和运用灵活，设计良好的固态发射模块可以满足多种雷达使用。

（6）维护方便，成本较低。

现代末制导雷达要求射频信号的频率很稳定，常用固体微波源代表主控振荡器的作用，因为用一级振荡器很难完成，所以起到主控振荡器作用的固体微波源往往是一个比较复杂的系统。例如，它先在较低的频率上利用石英晶体振荡器产生频率很稳定的连续波振荡，然后，再经过若干级倍频器升高到微波波段。如果发射的信号要求某种形式的调制（如线性调频），那么，还可以对它和波形发生器来的已经调制好的中频信号进行上变频合成。

射频放大链一般由2~3级射频功率放大器级联组成，对于脉冲雷达而言，各级功率放大器都要受到各自的脉冲调制器的控制，并且还要有定时器协调它们的工作。

正因为全固态发射机在稳定性、可靠性、模块化等方面有诸多优点，现代雷达中大多采用全固态发射机。

4. 发射机抗干扰技术

1）概述

雷达发射机是雷达产生探测信号的分机，雷达向空间辐射的不同形式、不同频率和不同功率的探测信号都是由它生的。因此，雷达发射机抗干扰是雷达抗干扰的重要组成部分。

雷达发射机抗干扰技术归纳起来有3个主要方面[30]。

（1）频域上的抗干扰（即变频抗干扰），主要是占领更多的频段，开辟新频段；在雷达和干扰都已占领的频域就是提高变频的速度。目前，机械变频的速度是秒级，电子变频的速度是毫秒级甚至微秒级。

（2）时域上的抗干扰（波形选择抗干扰），主要是选择最佳抗干扰的信号形式。其发展方向：一是不易被侦察和模；二是有大的时宽频宽乘积，不易被干扰覆盖；三是具有高的分辨率；四是易于对目标识别。

（3）功率上的抗干扰（增大发射能量），主要是将雷达的能量在空间和时间上进行集中，最有效地使用能量，并迫使干扰机分散能量；以集中对分散，在某些空域和时域上形成相对优势而战胜干扰。

雷达探测信号的改变往往会引起雷达天线、接收机等分机作相应改变。此处仅对与雷达发射机紧密相关的内容作介绍。

2）频率捷变发射技术

频率捷变雷达也是一种辐射脉冲能量的雷达，但其发射的相邻脉冲的载频频率是在一定范围内快速变化的，如图 6 – 18 所示。

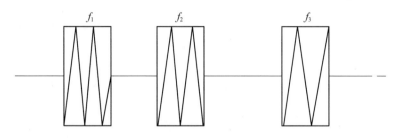

图 6 – 18　载频频率在相邻脉冲间的捷变

频率捷变的方式分为两种：一是按一定规律变化（即按程序变化）；二是随机跃变。

相邻脉冲间载频频率的变化并不全是频率捷变雷达，仅当相邻脉间频差增大到一定值后，才具备频率跃变的特性，即脉间回波的去相关。使脉冲回波去相关所需的最小脉间频率称为临界频差。从抗干扰的角度出发，只有当相邻脉间频差达到雷达整个工作频带的 5% 以上的带宽，才称其为频率捷变雷达。

频率捷变雷达除具有增加雷达探测距离，提高跟踪精度，提高雷达的目标分辨能力，消除相同频段邻近雷达之间的干扰，消除二次（或多次）环绕回波和由于地面反射而引起的波束分裂的影响外，其突出的优点是具有很强的抑制海浪杂波及其他分布式杂波的干扰和抗有源干扰的能力。它是频域上抗干扰最有效的方法。

3）频率分集发射技术

众所周知，若雷达系统占据很宽频带，就可以有效地抗瞄准式干扰或迫使敌方的阻塞式干扰的频带加宽，从而降低其干扰功率密度，减少进入雷达接收机的干扰功率，因而提高雷达的抗干扰能力。另外，与频率捷变雷达相类似，不同频率的信号照射同一目标，产生的回波信号振幅的随机起伏是不相关的。将这些不同频率的回波脉冲检波后成为视频脉冲加以组合时，将有效地减弱总信号的幅度起伏,从而减少起伏损失,提高雷达的发现概率。

频率分集雷达,顾名思义就是由多个单独的、不同频率的雷达组合成一个总体,共同完成对目标的检测。当然,这些独立雷达必须共用一个终端设备,频率分集雷达的简化方框图如图 6 – 19 所示。

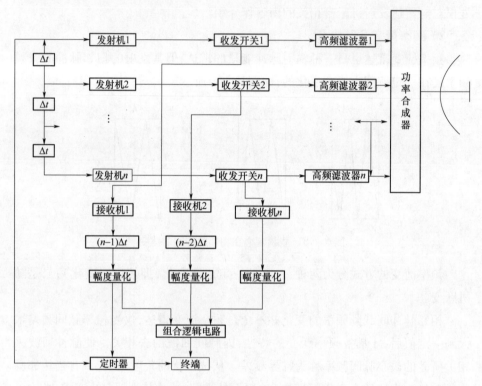

图 6 – 19  频率分集雷达的简化方框图

从图 6 – 19 可以看出,各独立雷达支路共用一个定时脉冲触发,以便同步工作。$n$ 个不同频率($f_1, f_2, \cdots, f_n$)的发射机以一定的时间间隔 $\Delta t$(一般为微秒级),依次产生等宽、等幅的高频大功率脉冲,经过各自的带通滤波器后进入高功率合成器,经合成后送入天线,以一定波束向目标探测。

天线波束的形状可以依任务自行组合,有的是天线形成几个形状相同、指向一致的波束重合向目标探测;有的是将不同频率形成的波束彼此不重合,而是自上而下依次排列起来,并且彼此有部分覆盖,几个波束共同形成一定仰角的照射范围。

由于不同频率雷达波探测特点以及出于抗干扰的考虑,现代雷达导引头常常使用毫米波和厘米波复合,这就是一种频率分级的应用。

### 6.2.4　雷达接收机

雷达接收机是雷达系统的重要组成部分,主要功能是对雷达天线接收到的微弱信号进行预选、放大、变频、滤波、解调和数字化处理,同时抑制外部的干扰杂波以及机内噪声,使回波信号尽可能多的保持目标信息,以便进一步信号处理和数据处理。

**1. 接收机的功能**

雷达接收机的基本功能框图如图6-20所示,主要功能有以下几种。

（1）放大功能。

（2）通道选择及滤波功能。

（3）匹配滤波功能:最大化信噪比。

（4）解调功能:去掉载频,恢复信号的信息。

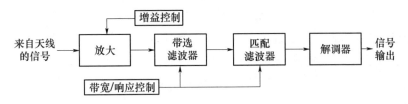

图6-20　接收机的基本功能框图

**2. 超外差接收机组成**

雷达接收机绝大多数都采用超外差式接收机,雷达超外差接收机原理框图如图6-21所示。

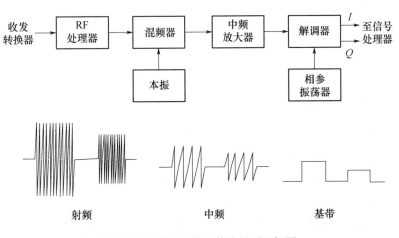

图6-21　雷达超外差接收机原理框图

（1）射频处理器。在回波频率上处理信号和干扰。滤除不想要的信号,削弱非常强的信号,放大信号和干扰。低噪声特性。

（2）混频器。与本振连接将信号和干扰变到中频。在中频,可使滤波器和放大器匹配得更精确,以满足需要。

（3）中频放大器。放大和滤波（2 个层面）,有增益控制。

（4）解调器。将中频变换到基带频率。雷达包括 3 个类型,即包络检波、同步检波、I/Q 检波。

3. 数字化接收机正交解调方法

随着数字电路技术的发展,数字信号处理技术在高性能雷达等系统中得到广泛的应用。在这些应用中,对接收通道的要求越来越高,数字正交相干检波技术成为了提高末制导雷达性能的重要技术之一。

传统的模拟正交接收机由于模拟器件的不一致性,且受到环境温度、电源电压等影响较大,其 I/Q 通道存在较大的幅度和相位正交误差,并因此严重影响雷达的整机性能。基于直接中频采样的数字正交相干检波技术具有镜频抑制比高、体积小、一致性好等优点。它基于带通信号采样理论,在欠采样情况下保证信号的有用频谱不发生混叠,从而恢复得到正确的 I/Q 信号,因此得到了广泛的应用。

1）正交解调理论分析

一个载频为 $\omega_c$ 的实调制信号可以表示为

$$x(t) = a(t)\cos[\omega_c t + \theta(t)] \tag{6-9}$$

则其复信号解析式为

$$z(t) = a(t)\cos[\omega_c t + \theta(t)] + ja(t)\sin[\omega_c t + \theta(t)] \tag{6-10}$$

式中: $a(t)$ 表示 $z(t)$ 的瞬时包络; $\phi(t) = \omega_c t + \theta(t)$ 表示信号的瞬时相位,而

$$\omega(t) = \frac{d\phi(t)}{dt} = \omega_c + \theta'(t) \tag{6-11}$$

表示信号的瞬时角频率。

经正交解调后得到的零中频信号（基带信号）为

$$Z_B(t) = a(t)\cos\theta(t) + ja(t)\sin\theta(t) = Z_{BI}(t) + Z_{BQ}(t) \tag{6-12}$$

式中: $Z_{BI}(t)$ 和 $Z_{BQ}(t)$ 分别为基带信号的同相支路（Inphase Channel）——I 支路和正交支路（Quadrature Channel）——Q 支路。

正交双通道处理就是中频回波信号经过两个相似的支路分别处理,其差别仅是其基准的相参电压相位差 90°。中频信号经正交解调后,其信号调制信息

都包含在 $I$、$Q$ 两路分量信号中,依据信号的调制方式对 I、Q 两路信号作相应的运算处理就可以完成具体调制信号的恢复。

2)正交解调模型

现如今,正交解调有许多方法,如直接乘 $\sin x/\cos x$ 法、希尔伯特变换法等。

(1)直接乘 $\sin x/\cos x$ 法。其结构框图如图 6 - 22 所示。

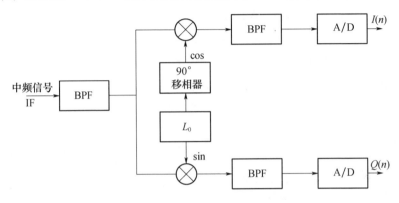

图 6 - 22　直接乘 $\sin x/\cos x$ 法解调模型

这是一种在模拟域对中频信号进行正交解调的方法。中频信号通过带通滤波器后分成两路信号分别进行处理。本振信号也分成两路,对其中一路进行 90°相移,得到与另一路正交的信号。这两路本振信号分别与两路中频信号进行运算,得到两路正交的信号,即 I 路和 Q 路信号,紧接着对这两路正交信号进行 A/D 转换,得到数字域的 I/Q 信号,再根据具体的调制信息进行相应的解调,得到所需的基带信号。

(2)希尔伯特变换法。希尔伯特法是在中频采样后对其中一路信号进行希尔伯特变换及滤波,另一路进行延时,I/Q 信号的相位正交性与幅度一致性则完全取决于滤波器的精度。其结构框图如图 6 - 23 所示。

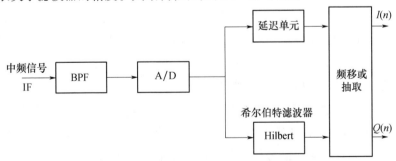

图 6 - 23　基于希尔伯特变换的正交解调模型

与直接乘 $\sin x/\cos x$ 法不同的是,首先,中频信号完成带通滤波后,先进行模/数(A/D)转换,在数字域才进行正交解调。得到的数字信号同样分为两路:一路信号送至希尔伯特滤波器;另一路仅进行相应的延时而不作任何变换,对这两路数字信号进行移频或抽取就可以得到数字的 I/Q 信号。然后,再根据具体的调制信息进行相应的解调,得到所需的数字基带信号。

4. 雷达接收机的主要质量指标

(1)灵敏度和噪声系数。灵敏度表示接收机接收微弱信号的能力,接收机的灵敏度越高,能接收到的信号就越微弱,因而雷达作用的距离就越远。

接收机的灵敏度通常用最小可检测信号功率: $S_{imin}$。

噪声系数 $F$ 的定义是:接收机输入端的信号噪声比($S_i/N_i$)与输出端信号噪声功率比($S_o/N_o$)的比值,其表达式为 $F = \dfrac{S_i/N_i}{S_o/N_o}$。

噪声系数是表示接收机内部噪声的一个重要指标。实际的 $F$ 总是大于 1 的,如果 $F = 1$,则说明接收机内部没有噪声,这就是"理想接收机"。

接收机灵敏度 $S_{imin}$ 与噪声系数的关系如下,即

$$S_{imin} = kT_0 B_n FM \qquad (6-13)$$

式中:$k$ 表示玻耳兹曼常数,$k = 1.38 \times 10^{-23} \text{J/K}$;$T_0$ 为室温(17℃)下的热力学温度 $T_0 = 290\text{K}$;$B_n$ 为系统噪声带宽;$M$ 为识别系数,$M$ 的取值应根据不同体制的雷达要求而定,当取 $M = 1$ 时,接收机的灵敏度称为"临界灵敏度"。

(2)接收机的工作频带宽度。接收机的瞬时工作频率范围,即滤波特性。

(3)动态范围。接收机工作时所允许的输入信号强度变化的范围。

(4)增益。对回波信号的放大能力。

5. 接收机抗干扰技术

接收机抗干扰是制导雷达抗干扰的主体。接收机抗干扰的理论与技术涉及面较广。早期的雷达抗干扰主要采用模拟电路实现,主要电路包括抗过载电路、脉宽鉴别电路、抗欺骗干扰电路、恒虚警率电路和"宽-限-窄"抗干扰电路等。

(1)抗过载电路。在雷达接收机的输入端,除了有由目标反射的回波信号外,还经常有由海浪、地物、雨雪等自然物反射产生的杂波和敌方有意施放的有源及无源干扰。这些干扰通常都是很强的,都容易引起接收机的过载,尤其是当海浪、地物等距离雷达很近时,反射面积又大,最容易引起接收机的过载,从而直接妨碍对有用回波信号的检测。这里主要研究接收机过载的危害和预防过载的技术措施。

雷达接收机的抗过载电路类型很多,归纳起来主要有以下几种。

① 自动增益控制(AGC)电路。

② 自动功率调整电路。

③ 瞬时自动增益控制电路。

④ 距离灵敏度时间控制(STC)电路。

⑤ 对数中频放大器。

下面主要介绍第①种和第④种。

在跟踪雷达中,尤其是导弹末制导雷达中为了保证对目标的自动方向跟踪,要求接收机输出的角误差信号的强度只与目标偏离天线轴线的夹角 $\theta$(称为误差角)有关,而与目标的远近、反射面积的大小等因素无关(误差信号实现归一化)。实现这一要求,应靠自动增益控制电路。接收机输出的角误差信号的强度与目标的远近、大小无关,接收机的增益就必须是可以调整的:当输入信号弱时,接收机增益应该高;当输入信号强时,接收机增益应该低,这样才能保证接收机输出信号强度的不变。在末制导雷达和自动跟踪雷达中,接收机增益的控制是靠自动增益控制电路自动实现的。自动增益控制电路是末制导雷达和其他自动跟踪雷达不可缺少的组成部分,是实现自动方向跟踪的保证。

振幅和差式单脉冲雷达是利用 3 个波束进行方向跟踪的。在方向跟踪时,"和"波束提供基准相位,利用它鉴别出目标的偏离方向,如上、下、左、右等;俯仰差、方位差波束则用来确定目标相对天线轴线的偏离量。单脉冲雷达一般用 3 条支路,即和支路、俯仰差支路、方位差支路。当天线轴线对准目标方向时,只有和支有输出 $U_\Sigma$,两条差支路输出为 $0(U_\alpha=0,U_\beta=0)$;当目标偏离天线轴线方时,将有俯仰角和方位角误差信号的输出。当目标在俯仰角和方位角上有偏差而距离不同时,输出的和信号、俯仰差信号和方位差信号也不同。误差角 $\theta$ 不变,由于目标距离的不同,接收机输出的角误差信号也不同:目标近,角误差信号大;目标远,角误差信号小。单脉冲雷达的 AGC 电路是同时控制和、差三支路的增益,使其输出信号相应地减少同样的倍数,这时角误差电压只与误差角 $\theta$ 有关,而与目标的远近无关。

(2)灵敏度时间控制(STC)电路。灵敏度时间控制电路又称为近程增益控制电路、距离灵敏度控制电路等,是用来门防止近程杂波干扰造成中频放大器过载的电路。

雷达在实际工作中,不可避免地会遇到近区分布物体反射的杂波干扰。例如,舰船上的雷达会遇到近区海浪杂波的干扰;掠海飞行的反舰导弹末制导雷达,将受到强烈的海浪杂波的影响。目前,反舰导弹可在海面上几米高度上飞行,有时近区海浪的反射强度比目标的反射波还强,若不采取 STC 电路,将使导弹末制导雷达捕捉海浪,造成错误捕捉。

分布物体反射的干扰功率通常在方位上是相对不变的,而在距离上是相对平滑地减小。根据试验证明,海浪杂波的干扰功率 $P_{in}$ 与距离 $R$ 的关系为

$$P_{in} = KR^{-4\alpha} \tag{6-14}$$

式中:$K$ 为比例常数,与雷达的发射功率有关;$\alpha$ 为常系数,一般取 2.7 ~ 4.7,与天线方向图形状有关。

雷达的灵敏度时间控制是利用 STC 电路产生一个随时间(相当距离)变化的控制电压,加到受控中频放大器上,使雷达接收机的中频放大器增益随着距离的变化而变化。开始增益很低,然后随着距离的增大(即延迟时间 $t$ 的增大)而增高,到一定距离后趋于正常。图 6-24 是 STC 电路的"匹配"电压波形的示意图。

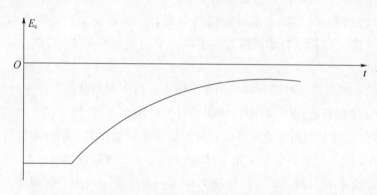

图 6-24　STC 电路的"匹配"电压波形

(3) 脉宽鉴别电路。脉宽鉴别电路是利用雷达回波信号的脉冲宽度与有源噪声干扰、无源干扰的脉冲宽度的差异,进行的选择抗干扰电路。这种电路主要用来抗噪声调制干扰,对于宽度与回波脉冲宽度不同的脉冲干扰(同步或异步的)也有抑制作用。

脉宽鉴别电路的特点是简单、有一定抗干扰效果,它与对数中放配合接入雷达接收机后,可反掉宽度小于 0.77 的窄脉冲干扰,也可反掉宽度大于 1.57 的宽脉冲干扰。因为要求在一定信干比下才能正常工作,所以脉宽鉴别电路只能与其他抗干扰措施配合使用。

## 6.2.5　伺服系统

雷达导引头伺服系统的主要作用是隔离弹体扰动,使雷达导引头天线能够按照设计的扫描规律完成目标搜索和跟踪。

伺服系统有两个基本功能:置位和跟踪。

置位回路是为了实现天线波束的快速移动,用于截获模式迅速把天线波束指向预定区域。预定回路把天线当前指向位置与设定位置进行比较,如果设定值和天线当前指向之间存在差异,稳定平台系统驱动天线转动使二者之间的误差减小,直至误差为零。在预置回路天线可以实现高速转动(大于100°/s),同时保持较高的预置精度,易于实现目标截获。

跟踪阶段,雷达导引头利用接收机报出的角误差信息完成位置环路的闭环跟踪,速度环路采用速率陀螺形成空间测速负反馈。伺服系统的工作原理如图6-25所示。

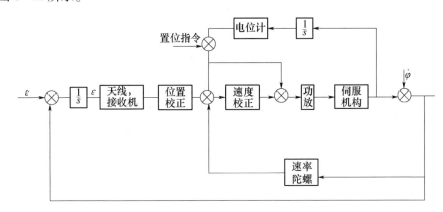

图6-25　伺服系统工作原理

伺服系统由速度环和位置环两个环路组成,速度环用于隔离扰动,位置环用于根据输入的位置偏差(角误差)形成位置闭跟踪。一般来说,速度环带宽远大于位置环带宽,因此,伺服系统可以隔离扰动带宽也远远大于跟踪带宽。伺服系统结构实现上主要包括电动机直拖和齿轮减速两类。前者的优点是输出信号品质高,缺点是负载有限,易受干扰力矩影响;后者的优点是带负载能力强,缺点是对齿轮加工要求较高,且性能指标不易保障。

近年来,半捷联导引头开始出现,这种导引的视线角速度输出是由数据处理系统完成的,伺服机构仅用于实现天线扫描、跟踪运动。

伺服系统的主要技术指标如下。

（1）负荷。主要包括负载质量和转动惯量。伺服系统的负荷越大,对于控制系统的要求也越高,导引头设计时需要尽量降低负荷。

（2）天线搜索范围。天线搜索范围包括方位、俯仰搜索范围。对于反舰导弹、空地导弹雷达导引头一般要求天线波束在方位域进行扫描,俯仰上保持恒定。搜索范围与目标指示精度、目标机动性、导弹惯导误差等因素有关,搜索范围大的好处是可以确保目标落入搜索范围,但是,搜索范围过大往往会导致搜索区域以内干扰影响增大,导致导引头误捕获到背景干扰,对反舰导弹可能的干扰包括岛岸背景、灯塔等;对于空地导弹,背景干扰就更加复杂了,包括高压线塔、房子、树木、地形突变等;搜索范围小,则可能导致由于目标机动落入搜索范围以外区域。

（3）搜索速度。天线波束扫描,一般利用置位方式实现,由于在置位模式下不要求伺服系统具有稳定功能,搜索速度可以比较高。设计导引头搜索速度时需要考虑波束驻留时间对目标检测的影响。搜索速度越高,波束在目标上的驻留时间也就越短,由于目标检测一般采用相参积累技术以提高检测灵敏度,在对地、对海探测应用中相参处理周期一般约为几个毫秒,扫描速度过高会导致波束照射到目标上的驻留时间太短,难以满足检测需要。因此,搜索速度指标应根据目标机动性、搜索范围等条件综合考虑,不宜太快,也不宜太慢。

（4）框架角输出误差。框架角指的是天线机械相对弹轴的角度,由于通常机械轴和电轴之间误差很小,可以近似认为机械轴与电轴重合,如图 6-26 中的 $\theta$ 所示。

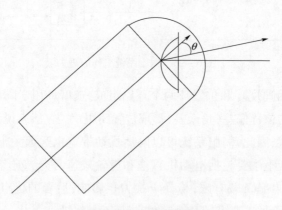

图 6-26　框架角输出

框架角一般通过电位计输出,输出精度由器件参数决定。输出精度可以达到 0.2°以内。框架角精度对于追踪法导引系统来说,直接影响着导弹的命中精度;对于比例导引制导系统,虽然框架角信号不用于制导,但框架角信息往往用于信号处理器的补偿算法,精度也不宜太低。

(5)最大角跟踪速度。这个指标决定着导引头对近距离、切向高速运动目标的跟踪特性。

(6)最小角跟踪速度。由于地面、海面目标机动性十分有限,对应的角跟踪速度很低,为此,需要考察导引头的低速跟踪特性。

(7)角度最大跟踪范围。与目标机动性以及制导律有关,一般和搜索范围。

(8)伺服系统跟踪带宽。有一种很流行的理论认为,为了保证导弹飞行稳定性,一般要求伺服系统跟踪带宽要达到弹体控制带宽的 3 倍以上,如果弹体控制带宽为 1Hz 左右,就要求伺服系统的跟踪带宽也达到 3Hz 以上。

## 6.2.6　导引头信息处理系统

1. 信号处理系统

导引头体积、功耗都受到严格限制,信号处理和数据处理通常是在一个硬件平台上实现。雷达技术领域对信号处理和数据处理并没有严格的区分,信号处理可以理解为对回波信号的一次处理,而数据处理则是对信号处理的结果进行二次处理,此外,数据处理还承担了导引头与导弹任务计算机之间的指令传输与数据通信任务。

那么,什么是对信号的一次处理呢?目前还没有一个公认的标准,不过多数人倾向从 A/D 一直到恒虚警处理可以认为是一次处理范畴,具体处理内容和雷达导引头技术体制相关,大体上包括脉冲压缩、MTD 处理、恒虚警处理等环节。对于相参体制雷达来说,一次处理的特征是以相参处理间隔(CPI)为时间节拍。对于雷达来说,二次处理是针对一次处理结果进一步进行航迹起始、预测滤波、航迹关联等处理,具体到导引头,数据处理根据导弹任务计算机指令完成搜索、截获和跟踪等工作模式切换以及相关功能的实现,主要包括搜索阶段形成目标数据包、目标截获处理,跟踪阶段输出目标视线角或角速度信号等。

导引头信号处理器一般需要实现以下几个功能。

(1)完成上电自检。利用内部存储器数据完成从脉冲压缩、MTD 处理到恒虚警处理过程的验证,根据目标报告结果判断信号处理器是否正常。

(2)完成回波信号的中频采样,以及数字下变频。

（3）完成雷达回波信号处理。对数字下变频后的 I/Q 信号分别进行脉冲压缩、速度补偿、MTD 相参积累处理、恒虚警处理。

（4）提供其他系统所需的时序控制信号,如调制脉冲信号、波形、电源调制（收发模块）信号、保护脉冲信号。

（5）收发模块通道切换控制、AGC 等。

（6）与其他分系统（如伺服）或导弹控制机的数据通信。

信号处理的一般流程如图 6 – 27 所示。

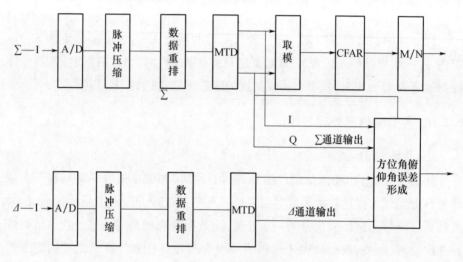

图 6 – 27　信号处理流程

**2. 制导信息提取**

对反舰导弹,由于目标速度慢,普遍采用直接法或常值目标方位角法。制导信息可以认为主要是与天线电轴、导弹弹轴之间的夹角成比例的电压信号,通常也称为航向控制电压。

对防空导弹,普遍采用修正的比例导引法进行制导。制导信息主要有导弹 – 目标视线转动角速度、导弹 – 目标相对速度和距离,这些信息包含在雷达导引头接收的回波信号之中。显然,制导信息由导弹 – 目标相对位置与相对运动状态决定,它们都是时变参数。制导信息的提取就是测量回波信号中与导弹 – 目标相对位置和相对运动有关的参数。导弹 – 目标视线转动角速度由雷达导引头角跟踪系统提取。当天线跟踪目标时,天线的转动角速度就是导弹 – 目标视线的转动角速度[31]。

**3. 制导指令形成**

制导指令可以由雷达导引头根据获取的制导信息形成,也可以由弹上制导计算机根据制导信息形成。

1）反舰导弹制导指令

对于采用直接法的反舰导弹，要求指令形成电路按下式规律产生指令电压。其中的 $u_k$ 是控制导弹侧向加速度的主信号，称为制导指令，即

$$u_k = k\Phi \tag{6-15}$$

式中：$k$ 为比例系数；$\Phi$ 为天线电轴与导弹弹轴之间的夹角。

2）防空导弹制导指令

对于采用比例导引法的防空导弹，要求指令形成电路按下式规律产生指令电压。其中的 $u_k$ 是控制导弹侧向加速度的主信号，称为制导指令，即

$$u_k = k|\dot{R}|q \tag{6-16}$$

式中：$k$ 为由寻的系统等效导航比要求而确定的传递系数，是导弹－目标距离变化率；$q$ 为导弹－目标视线转动角速度。在工程实现上，除了 $u_k$ 外，还应根据实际需要对指令电压做必要的修正和补偿，如传递系数的距离自适应修正、初始弹道修正、加速度修正、重力补偿、指令形成电路滤波时常数的自适应选取和输出指限幅控制等。经过修正后的导引规律，称为修正比例法。

在防空导弹上，在弹道的初始段和中段，弹道比较平直，$k$ 值取值较小，便于减小导弹的机动，节省能源；在制导末段，为了减小制导误差，使得导弹充分受控，$k$ 值取得较大。因此，需要在一定距离上自动转换。

初始弹道修正是导弹在初始发射阶段或者由中制导转到寻的制导阶段，由于导弹纵轴与前置发射点偏离，使其理想前置角和实际前置角 $\varphi$ 发生偏离，需要对其偏差进行修正的指令。导弹转入寻的制导后，一般在角跟踪接通后的零点几秒时间内，当角误差可能超过一定阈值，此时，需要断开角跟踪回路，不送出指令，导弹不制导指令控制，在初始弹道修正作用下，角误差会重新回到角误差的阈值范围内，恢复角跟踪接通。初始弹道修正指令由下式表达，即

$$u_a = k_b(\phi_0 - \phi) \tag{6-17}$$

式中：$k_b$ 为比例系数。

当导弹存在纵向加速度 $a$，导弹纵轴与视线之间存在一定夹角 $\varphi$ 时，会导致视线附加角速度，其值与 $a$ 和 $\varphi$ 成正比关系。加速度修正指令为

$$u_a = k_b a\phi \tag{6-18}$$

式中：$k$ 为比例系数。

导弹重力会给制导回路俯仰通道造成扰动，应在该通道进行重力补偿。重力加速度 $g$ 的横向分量为 $g\cos\theta$，其中 $\theta$ 为弹道倾角，因此重力补偿电压为

$$u_g = k_g g\cos\theta \tag{6-19}$$

式中：$k_g$ 为比例系数。当弹道倾角变化较小时，重力补偿电压为一常数。

在导弹受到干扰时，有可能测不出导弹—目标距离变化率 $|\dot{R}|$，但仍然能够给出导弹 - 目标视线转动角速度 $q$，那么，这时的制导律为

$$u_g = k'q \qquad (6-20)$$

式中：$k'$ 为比例系数，它与式（6-15）中的 $k$ 不同。考虑到上述几种情况后，制导指令为

$$u = u_k + u_b + u_a + u_g \qquad (6-21)$$

导弹受控指令有一定的范围限制，过大的指令电压会导致受控系统出现不稳定等不良后果。因此，输出指令往往经过限幅后加到控制系统，即所谓的指令限幅控制。在制导控制系统的设计中，采取指令限幅的目的大致有 3 种。第一种是为了使弹的飞行特性（制导过程）满足某种特定的要求，而采取的指令限幅，简称为特性限幅。控制指令，在物理意义上一般是与制导过程导弹飞行所需的法向加速度相对应。此时，对控制指令幅值的限制，也就等价于限制了导弹的法向加速度，从而也就改变了导弹的飞行特性。第二种是为了改善制导控制系统的性能，而设置的指令限幅。指令限幅的设置，实质上是在制导控制回路中引入了非线性环节。第三种是为了限制导弹飞行过程中的最大法向加速度，使之在允许的范围之内，通常，该限幅值将主要取决于弹体的结构强度，故称其为强度限幅。

## 本章小结

本章主要介绍末制导雷达系统的相关知识，首先介绍主动式、被动式和半主动式 3 种雷达导引头系统的相关知识，然后分别从导引头天线罩、常用雷达导引头天线、雷达发射机、雷达接收机、伺服系统以及导引头信息处理系统 6 个方面，具体地介绍雷达导引头分系统的结构、组成以及功能等。

## 思 考 题

1. 简述主动、被动、半主动末制导雷达的总体结构。

2. 简述雷达导引头分系统由哪些模块构成以及基本工作原理。

3. 简述数字接收机正交解调方法。

4. 简述发射机抗干扰技术。

5. 简述反舰导弹和防空导弹制导指令的形成。

# 第7章 末制导雷达成像技术

现代复杂作战环境下,末制导雷达对目标的高分辨率识别显得越来越重要。合成孔径体制是常用的雷达成像方式,已普遍应用于星载和机载雷达对地成像中。由于合成孔径雷达成像时需要雷达相对目标有横向运动,因此,末制导雷达成像的应用背景是在一定距离上对目标的斜视成像,依据成像结果选择和识别目标,最后再转入常规模式。本章主要介绍在这种应用背景下末制导雷达在一定距离上的斜视成像方法。

## 7.1 合成孔径雷达概述

雷达距离分辨率的提高可以通过脉冲压缩解决,而方位分辨率的提高则相对困难。当使用真实雷达天线对目标区域进行测量时,方位的高分辨率是通过天线产生窄波束得到的。为了提高方位分辨率,使天线单元沿着平台运动的轨迹等速移动并辐射相干信号,对其进行信号处理,就能获得一个相当于长天线的方位向分辨率。这种雷达技术称为合成孔径雷达(Synthetic Aperture Radar,SAR)。

图7-1展示了合成孔径雷达的工作原理,在距离向上采用发射大时宽带宽信号的方式提高分辨率。在方位向上,由阵元天线同时发射相参信号,然后同时接收信号在信号处理系统中叠加成窄波束,这样就提高了方位向的分辨率。SAR 可以依靠飞行平台的匀速直线飞行,等效地在空间形成很长的线阵列,从而获得较高的方位分辨率[32-33]。

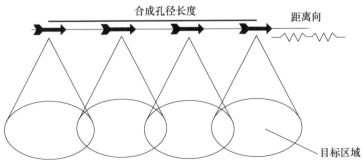

图7-1 合成孔径雷达工作原理示意图

### 7.1.1　弹载 SAR 成像中基本概念

弹载合成孔径雷达按平台的轨迹进行测距和成像处理[34]，其二维坐标信息分别为距离向信息和方位向信息。方位分辨率与波束宽度成正比，与天线尺寸成反比。SAR 与常规雷达最大的区别在于其成像是二维高分辨率的像。

1. 距离向分辨率

距离分辨率是指同一方向上相同的两个点目标之间可以区分的最小距离。早期的分辨率主要取决于回波的脉冲宽度 $\tau$。

图 7 - 2 所示的两个点目标回波的矩形脉冲之间的间隔为 $\tau + d/v_n$。其中 $v_n$ 为扫描速度，这是距离可分的临界情况，此时，定义距离分辨率为

$$\Delta r_c = \frac{c}{2}\left(\tau + \frac{d}{v_n}\right) \tag{7-1}$$

式中：$d$ 为光点直径；$v_n$ 为雷达显示器的扫描速度。

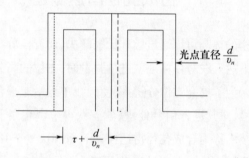

图 7 - 2　距离分辨率

进行自动测距时，距离分辨率由脉冲宽度 $\tau$ 决定。脉冲宽度越窄，距离分辨率越好。对于复杂的压缩信号，决定分辨率的是雷达的带宽 $B$。带宽越宽，距离分辨率越好。距离分辨率为

$$\Delta r_c = \frac{c}{2B} \tag{7-2}$$

由于 SAR 成像适合采用线性调频信号，我们以线性调频信号为例对脉冲压缩原理进行分析[35]。线性调频信号的数学形式为

$$s(t) = \text{rect}\left(\frac{t}{\tau_p}\right)\exp(\mathrm{j}2\pi f_c t + \mathrm{j}\pi\gamma t^2) \tag{7-3}$$

式中：$\tau_p$ 为脉冲宽度；$\text{rect}\left(\dfrac{t}{\tau_p}\right)$ 是宽度为 $\tau_p$ 的矩形窗函数，即

$$\text{rect}\left(\frac{t}{\tau_p}\right)\begin{cases}0, & |t| \leqslant \dfrac{\tau_p}{2} \\[2mm] 1, & |t| > \dfrac{\tau_p}{2}\end{cases} \tag{7-4}$$

信号的带宽 $B_r = \gamma \tau_p$，$S(t)$ 的复自相关函数为

$$C(\tau) = \int_{-\infty}^{\infty} S(t+\tau) S^*(t) \mathrm{d}t \approx \tau_p \frac{\sin(\pi\gamma\tau_p)}{\pi\gamma\tau_p} \tag{7-5}$$

$C(\tau)$ 具有辛克函数的性质。宽度为 $\tau_p$ 的信号被压缩成更小的窄脉冲，其主瓣宽度 $\tau_0 = \dfrac{1}{B_r}$。那么，$C(\tau)$ 信号的距离向分辨率可以表达为

$$\Delta R = \frac{c\tau_0}{2} = \frac{c}{2B_r} \tag{7-6}$$

运用自相关理论在原理上和原始信号的逆时复共轭卷积操作相同，将滤波函数设定为

$$h(t) = S^*(-t) \tag{7-7}$$

通过滤波后的 $g(t)$ 信号表达式如下，即

$$g(t) = S(t) * h(t) = \int_{-\infty}^{\infty} S(\tau) h(t-\tau) \mathrm{d}\tau = \int_{-\infty}^{\infty} S(\tau) S^*(t+\tau) \mathrm{d}\tau = C(t) \tag{7-8}$$

线性调频信号进行冲击响应之后，进行匹配滤波处理，可以实现脉冲压缩效果，帮助提高距离分辨率。

2. 方位向分辨率

设 SAR 的天线孔径长度是 $D$，波长是 $\lambda$，波束宽度 $\theta_{\mathrm{BW}}$ 的表达式为

$$\theta_{\mathrm{BW}} \approx \frac{\lambda}{D} \tag{7-9}$$

假定目标与合成孔径雷达的最短距离是 $R$，在实际应用中，使用雷达信号波束宽度 $\theta_{\mathrm{BW}}$ 和 $R$ 的乘积表示雷达在方位向的分辨率 $\rho_a$，即

$$\rho_a = R \cdot \theta_{\mathrm{BW}} = \frac{\lambda R}{D} \tag{7-10}$$

对式 (7-10) 来说，合成孔径越长，方位向分辨率就越高。如果信号波束宽度 $\theta_{\mathrm{BW}}$ 照射到目标的中心距离是 $R_0$，那么，合成孔径的长度为

$$L_a = R_0 \cdot \theta_{\mathrm{BW}} = \frac{\lambda R}{D} \tag{7-11}$$

由于合成孔径雷达的天线采用收发共用天线波束宽度只有实际阵列的

1/2,因此,可以近似表示为

$$\theta = \frac{\lambda}{2L_a} \qquad\qquad (7-12)$$

联立式(7-9)~式(7-12)可得,SAR 的方位向分辨率为

$$\rho_a = \frac{D}{2} \qquad\qquad (7-13)$$

从式(7-13)可以分析出,合成孔径雷达的方位向分辨率只与雷达的孔径长度有关,与目标之间的距离无关。

3. 距离徙动

"雷达的成像过程离不开运动,成像的问题也由运动而来"。距离徙动(Range Cell Migration,RCMC)是决定 SAR 成像质量的关键。SAR 成像是对目标区域的不同反射信号进行分析,平台必须要运动。距离徙动就是平台在运动过程中与目标场景某一点之间的距离变化。一般来说,在运动方向上随着时间的推移产生的偏移量称为距离走动,随时间二次变化的距离偏移量称为距离弯曲。距离徙动是这两个量的矢量叠加。雷达通过运动测量目标信息,但是在运动过程中产生的距离徙动会造成目标回波的相互叠加,产生距离和方向上的耦合现象,造成成像误差[36]。距离徙动示意图如图 7-3 所示。

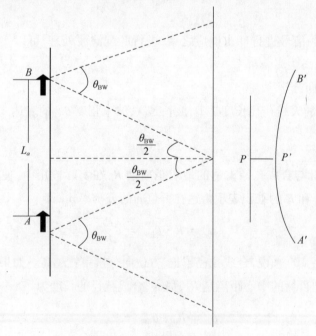

图 7-3　距离徙动示意图

图 7 - 3 中,雷达信号的波束宽度为 $\theta_{BW}$,点 $A$、$B$ 的距离是合成孔径长度 $L_a$,点目标 $P$ 与 $A$、$B$ 之间的夹角是相干积累角,大小为 $\theta_{BW}$。点目标与导弹飞行轨迹的短距是 $R_B$,与合成孔径之间的斜距为 $R_e$。我们用 $R_e$ 与 $R_B$ 之间的差值表示距离徙动,即

$$R_q = R_e - R_B = R_B \sec \frac{\theta_{BW}}{2} - R_B \qquad (7-14)$$

在 SAR 成像系统中,$\theta_{BW}$ 要求比较小,$\sec\dfrac{\theta_{BW}}{2}$ 可以近似为 $1 + \dfrac{1}{8}\theta_{BW}^2$。同时,

相干积累角 $\theta_{BW}$ 和距离分辨率 $\rho_r$ 满足 $\rho_r = \dfrac{\lambda}{2\theta_{BW}}$,可以将式(7 - 14)化简为

$$R_q \approx \frac{1}{8} R_B \theta_{BW}^2 = \frac{\lambda^2 R_B}{32\rho_r^2} \qquad (7-15)$$

假设成像区域的宽度为 $W$,$R_S$ 是合成孔径雷达平台飞行方向在地面投影到波束覆盖区域中心线的垂直距离,波束覆盖区前沿和后沿与飞行方向线投影的最短距离分别为 $R_S + \dfrac{W}{2}$ 和 $R_S - \dfrac{W}{2}$,则波束前后覆盖沿的距离徙动差为

$$\Delta R_q = \frac{\lambda^2 W}{32\rho_r^2} \qquad (7-16)$$

距离徙动和距离徙动差 $\Delta R_q$ 的影响主要体现在成像系统的距离分辨率上。

## 7.1.2　SAR 回波模型的建立

假设线性调频信号的频率为 $f_0$,调频率为 $\gamma$,则线性调频信号的频率为

$$f_0 = \gamma t \qquad (7-17)$$

其相位为

$$\phi = 2\pi \int_{-\infty}^{\infty} f \mathrm{d}t = \pi\gamma t^2 + 2\pi f_0 t \qquad (7-18)$$

因此,线性调频信号可以表示为

$$s(t) = w(t)\cos(2\pi f_c t + \pi\gamma^2) \qquad (7-19)$$

式中:$w(t)$ 为包络窗函数;$f_c$ 为信号的载频频率。

经过一定的时延,目标回波信号的表达式为

$$s(t) = w(t)\cos\left(2\pi f_c\left(t - \frac{2R}{c}\right) + \pi\gamma\left(t - \frac{2R}{c}\right)^2\right) \qquad (7-20)$$

式中:$R$ 为点目标到达雷达的距离。一个回波脉冲之中可能会包含若干个点目标的回波,回波的包络会因此发生改变。回波信号进入接收机之后与本振频率进行混频,去掉载波频率,信号的波形表达式为[37]

$$s(t) = w(t)\cos\left(-\frac{4\pi f_c}{c}R\right)\cos\left(\pi\gamma\left(t-\frac{2R}{c}\right)^2\right) \qquad (7-21)$$

在此之前,雷达发射的都是实信号。为了简化信号处理流程,在接收机内使信号经过 I/Q 分路变成复信号,表达式为

$$s(t) = w(t)\exp\left(-\mathrm{j}\frac{4\pi f_c}{c}R\right)\exp\left(\mathrm{j}\pi\gamma\left(t-\frac{2R}{c}\right)^2\right) \qquad (7-22)$$

SAR 沿着方位向以速度 $v$ 飞行,电磁波沿着距离向以光速 $c$ 进行传播,对目标进行探测。由于 SAR 运动速度远小于光速 $c$,可以近似认为雷达发射信号后没有移动,在接收到目标回波后再移动到下一个飞行位置进行信号的收发工作,这种近似称为“一步一停”模型,如图 7-4(a)所示。与此对应,将接收信号的每个脉冲重复周期内的回波沿着方位向排列,就可以得到 SAR 成像系统的数据录取平面,如图 7-4(b)所示。

从图 7-4(a)中观察到“一步一停”模型的建立过程,在雷达探测目标的过程中,回波信号可以每隔一段时间就接收到目标斜距信息。在图 7-4(b)中,一个脉冲重复周期内的回波可以看作是一个距离线,相同的距离单元、不同脉冲重复周期的点组成一个距离单元。SAR 成像算法就是对图 7-4(b)所示的矩阵进行补偿和校正[38]。

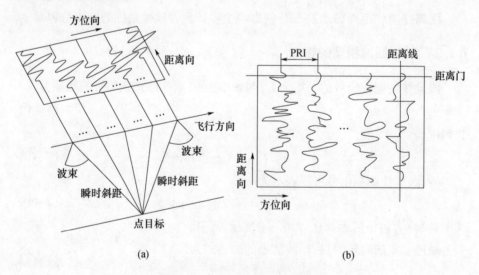

图 7-4　SAR 回波录取示意图

(a)“一步一停”模型;(b)数据录取平面。

SAR 信号的处理就是使用不同的方法从回波中提取出目标运动信息。接收到的回波信号通常储存为矩阵形式,回波信号在数据域平面上的分布如

图 7 - 5(a)所示的黑色曲面;经过匹配滤波后,信号变为图 7 - 5(b)所示的距离徙动曲线;在经过校正之后,距离徙动曲线变为直线,点目标分布在相同的距离单元内,如图 7 - 5(c)所示;最后在方位向对目标进行匹配滤波就可以得到点目标的像,如图 7 - 5(d)所示。

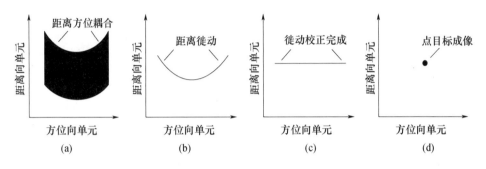

图 7 - 5　成像算法共性示意图

(a)目标回波;(b)距离压缩;(c)徙动校正;(d)方位压缩。

### 7.1.3　成像模式与应用场景

1. 成像模式

弹载合成孔径雷达主要是用于获得目标场景高分辨率的二维图像。弹载 SAR 的成像有很多种不同的成像模式,因此,先对弹载合成孔径雷达常用的工作模式进行介绍。

常用的成像模式可以分成三大类:侧视成像、前视成像、斜视成像。其中,图 7 - 6(a)中侧视成像天线的指向始终保持正侧视,随着载体的移动,雷达波束近似匀速扫过地面,得到连续的图像;图 7 - 6(c)中前视成像指载体的航向与距离向在一条线上,与方位向垂直,与正侧视正好相反,其方向分辨率差,存在左右模糊问题;图 7 - 6(b)中斜视成像模式以不同的斜视角度在飞行过程中始终对目标区域进行成像,可以发现斜视模式比较适合弹载 SAR 成像。

当采用斜视成像模式时,成像会产生距离徙动。雷达的斜视角和距离徙动成正比,距离弯曲现象会随着斜视角的变化而变化,但是两者不是线性关系。如果出现距离徙动现象而不及时校正,成像会出现偏移,造成图像聚焦模糊。当斜视角达到一定角度时,高次项距离偏移相位的影响不能再忽略不计,此时,需要进行误差补偿。

2. 弹载 SAR 在导弹中的应用场景

反舰导弹的俯视飞行弹道如图 7 - 7 所示,可分为以下 4 个阶段。

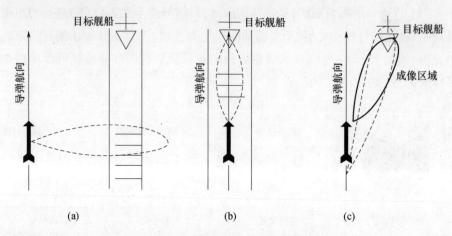

图 7 – 6  常用的 3 种成像模式

(a)侧视成像模式;(b)前视成像模式;(c)斜视成像模式。

在 Ⅰ 段,导弹发射后,导弹在惯性导航系统的作用下完成方案飞行过程,截获并选择出目标编队后转入被动寻的阶段。

在 Ⅱ 段,导弹进入被寻的阶段,对目标编队进行持续跟踪。

在 Ⅲ 段,SAR 成像导引头对探测区域进行斜视成像,从编队中分选出打击目标后转入常规导引头跟踪模式。

在 Ⅳ 段,利用主动导引头单脉冲测角控制导弹的飞行,结合主/被动导引头提供的数据对抗来自舰艇的自卫干扰,最后达到打击目标的效果。

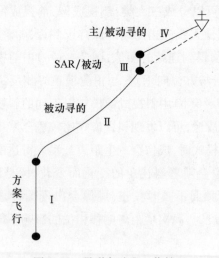

图 7 – 7  导弹各阶段工作情况

## 7.2　斜视模式下的成像算法

斜视角是指天线的指向与垂直于飞行方向的法线之间的夹角。对于斜视模式来说,一般把斜视角小于 45°的情况称为小斜视 SAR,正侧视 SAR 的斜视角为 0°,把斜视角大于 45°的情况称为大斜视 SAR。斜视成像模式具有很好的实用性能,可以很方便地改变波束的斜视角来达到成像目的。使用斜视 SAR 可以对导弹飞行前方的目标进行预先成像、对导弹后方的目标进行再成像,使用灵活。

### 7.2.1　弹载 SAR 斜视成像模型

1. 斜视成像模型的几何关系

假设弹载 SAR 斜视模式工作时导弹与点目标之间的几何关系模型如图 7 – 8 所示。在图中,$P$ 点是点目标,导弹与目标点 $P$ 之间的垂直距离为 $R_B$,天线的波束宽度是 $\theta_{BW}$,波束中心与点目标之间的斜视角为 $\theta_0$,故而 $R_0 = R_B \sec\theta_0$。以导弹飞行时间 $t_m$ 为坐标横轴,导弹以速度 $v$ 飞行。若导弹在 $t_m = 0$ 时刻位于 $A$ 点,此刻的斜视角为 $\theta_0$,波束中心的指向点在 $B$,波束前侧边沿正好接触到点 $P$。经过时间 $t_m$ 以后,导弹运动到 $A'$ 点,则 $A'$ 的横坐标为 $X = Vt_m$,此时,波束中心的指向在 $B'$ 点。当导弹飞行到点时,波束后侧边沿正好离开 $P$ 点。$A$ 到之间的长度即为合成孔径长度 $L$。点目标 $P$ 对 $A$、$A_1$ 的转角称为相干积累角,等于波束宽度 $\theta_{BW}$。设 $B$、$P$ 两点之间的距离为 $X_n$,根据图 7 – 8 中几何关系,结合余弦定理可以得到导弹与目标点 $P$ 之间的距离为

$$R(t_m; R_0) = \sqrt{(vt_m - x_n)^2 + R_0^2 - 2R_0(vt_m - x_n)\sin\theta_0} \qquad (7-23)$$

2. 信号模型及分析

雷达信号搜集模型如图 7 – 9 所示。其中 $\theta$ 为斜视角,$R_\beta$ 为目标到飞行航线的垂直距离,$t_m$ 为方位时间,$R(t_m, R_0)$ 为雷达与目标之间的斜距,$O$ 点为 SAR 的孔径中心,它在 $X$ 轴的位置距点目标 $O$ 的距离是 $R_0 = R_\beta \sec\theta$,进而将式 (7 – 23) 在 $t_0$ 时刻进行泰勒展开,得到省略 3 次以上高次项的公式,即

$$R(t_m, R_0) \approx R_0 - \frac{\lambda f_{oc}(t_m - t_0)}{2} - \frac{\lambda f_R(t_m - t_0)^2}{4} \qquad (7-24)$$

式中:$f_{oc} = \dfrac{2v\sin\theta}{\lambda}$ 表示多普勒中心频率;$f_R = \dfrac{-2v^2\cos^2\theta}{\lambda R_0}$ 表示调制频率;$\lambda = c/f_c$ 为中心频率对应的波长长度;在不同方位向上的距离移动为

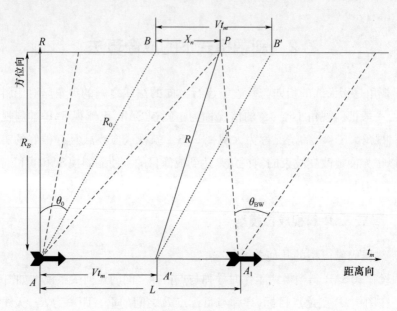

图 7 – 8　斜视成像模型

$$\Delta R = -\frac{\lambda f_{oc}(t_m - t_0)}{2} - \frac{\lambda f_R (t_m - t_0)^2}{4} \qquad (7-25)$$

其中,距离移动包括两部分:式(7-25)第一项是距离走动项,当合成孔径雷达不工作在正侧视时会产生该现象;第二项是距离弯曲,主要是由合成孔径雷达上的目标斜距差造成的。当处在正侧视时,多普勒中心频率为零。如果斜视角较大,波束指向偏离正侧视一定角度,这时距离走动较大。

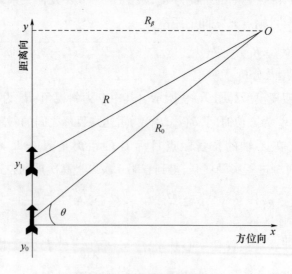

图 7 – 9　雷达信号收集模型

### 7.2.2　斜视模式下的距离 – 多普勒算法

距离 – 多普勒(RD)算法是在脉冲压缩的基础上将目标回波首先在距离向上进行压缩。因为在相同距离上的回波在距离向上被压缩成一条曲线,所以徙动量是一定的,因此,可以对其进行校正处理,进而达到成像的目的。基本流程是发射线性调频信号之后,目标回波可以看作是距离向线性调频信号和方位向线性调频信号的合成。可以分别在这两个方向上进行压缩处理,得到 SAR 成像。

1. 距离向压缩

假设发射线性调频信号的复包络的表达式为

$$s(t) = a(t)\exp(\mathrm{j}\pi k t^2) \tag{7-26}$$

式中:$k$ 为调频率。目标回波的基频信号在距离—时间域($t - t_m$ 域)的表达式为

$$s(t,t_m,R_0) = \sigma\omega(s)\exp\left[\mathrm{j}k\pi\left(t - \frac{2R(t_m,R_0)}{c}\right) - \mathrm{j}\frac{4\pi}{\lambda}R(t_m,R_0)\right] \tag{7-27}$$

式中:$\sigma$ 为后向散射系数;$\omega(s)$ 为方位向天线加权函数。经过距离向匹配滤波后的信号表达式为

$$g(t,t_m,R_0) = B\exp\left[-\frac{\mathrm{j}4\pi R(t_m,R_0)}{\lambda}\right]\mathrm{sinc}\left[(\pi B)\left(t - \frac{2R(t_m,R_0)}{c}\right)\right]$$

$$\tag{7-28}$$

式中:$B$ 为距离向信号的带宽长度。经过压缩后信号的轨迹不再沿 $X$ 轴的平行方向,发生了曲线偏移现象。由于单位时间内,目标与 SAR 的距离变换通常大于一个距离分辨单元,从而使得同一目标的回波数据不能完全处于完好的保存状态,增加了方位向处理的复杂性,故而,在进行方位向压缩处理之前必须进行距离徙动校正处理。

2. 距离徙动校正

假设目标以速度 $v$ 运动,目标的运动轨迹可以表示为

$$R^2(t) \approx R_0^2 - 2\left[x_0(v_0 - v_x) - y_0 v_y\right]t + \left[(v_0 - v_x)^2 + v_y^2\right]t^2 \tag{7-29}$$

式中:$R(t)$ 为总位移;$R_0$ 为初始状态位移;$x_0$ 为初始状态水平位移;$v_0$ 为初始状态速度;$y_0$ 为初始状态竖直位移;$v_x$ 为水平状态速度;$v_y$ 为竖直状态速度;$t$ 为目标运动时间。

合成孔径时间内最大的距离运动量为

$$\Delta R \approx \frac{1}{2R_0}\left\{\left[-2x_0(v_0 - v_x) + 2y_0 v_y\right]T_s + \left[(v_0 - v_x)^2 + v_y^2\right]T_s^2\right\} \tag{7-30}$$

假设 0 时刻,目标处于波束中心。即 $x_0 = 0$,对于慢目标而言,距离徙动量近似为

$$\Delta R \approx \frac{v_0^2 T_s^2}{2R_0} + \frac{2y_0 v_y T_s}{2R_0} \tag{7-31}$$

第一项是由平台运动引起的距离徙动量,不管目标状态如何都是存在的。第二项是目标相对平台在距离向运动引起的距离移动量。假设距离分辨率为 $\rho_r$,距离运动单元数为

$$n_r = \frac{v_0^2 T_s^2}{2R_0 \rho_r} + \frac{2y_0 v_y T_s}{2R_0 \rho_r} \tag{7-32}$$

经分析可得,距离移动不影响距离向分辨率。距离移动还与合成孔径时间有关,合成孔径的时间越长,距离移动越大;合成孔径时间越短,距离移动时间就越短。当距离移动满足 $\Delta R \leqslant \rho_r/2$ 时,距离移动可以忽略。

因此,距离徙动对回波相位的影响造成信号包络的时延不能忽略,所以,式(7-27)可以进一步表示为

$$s(\hat{t}, t_m) = A \mathrm{sinc}\left[ B_r \left( \hat{t} - \frac{2R_B}{c} \right) \right] w_a(t_m) \exp\left[ -\mathrm{j}\frac{4\pi}{\lambda}\left( R_B + \frac{(vt_m)^2}{2R_B} \right) \right]$$

$$\tag{7-33}$$

### 3. 方位向压缩

经过距离徙动校正之后的信号在二维平面内不存在耦合关系,这时,方位向匹配滤波函数可以写为

$$s_a(t_m) = w_a(t_m) \exp\left( \mathrm{j}\frac{4\pi (vt_m)^2}{\lambda * 2R_B} \right) = w_a(t_m) \exp\left( -\mathrm{j}\pi\gamma_m R_B t_m^2 \right) \tag{7-34}$$

式中:$\gamma_m(R_B) = \dfrac{-2v^2}{\lambda R_B}$;$w_a(t_m)$ 为由时间决定的窗函数。

方位向压缩同样也是在多普勒域进行的。脉冲压缩表达式为

$$s(\hat{t}, t_m) = \mathrm{IFFT}\{ \mathrm{FFT}[s(\hat{t}, t_m)] * \mathrm{FFT}[s_a(t_m)] \} \tag{7-35}$$

由上述内容可见,斜视模式下的 RD 算法是在进行距离压缩后,在进行距离徙动校正的基础之上对方位向进行压缩,进而得到二维成像[39]。

### 4. 算法流程

RD 算法的流程如图 7-10 所示,斜视模式下的 RD 算法先对雷达回波与距离向匹配滤波函数相乘进行脉冲压缩运算,然后进行距离走动和弯曲校正,实现距离徙动校正的补偿。接着经过方位向与匹配滤波函数相乘,进行方位向上的压缩处理,完成信号在方位向上的脉冲压缩得到 SAR 成像图。

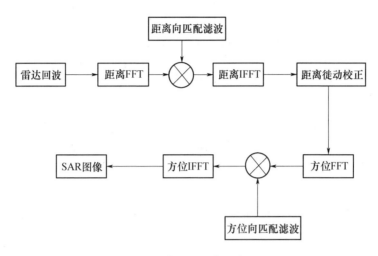

图 7 - 10　斜视 RD 算法流程图

### 7.2.3　斜视模式下的 CS 算法

在分析斜视模式下的距离 - 多普勒算法时,当合成孔径雷达工作在斜视模式下时会产生距离徙动现象。如果斜视角较大,波束指向相对于侧视模式会偏离一定角度,这就造成距离徙动增大。CS(Chirp Scaling)算法基本思想是对线性调频 LFM 信号进行频率调制,可实现对其的尺度变换或者平移,通过相位相乘取代 RD 算法中时域插值完成随距离变化的徙动校正,进而避免 RD 算法中的 SINC 插值操作[40],使得距离弯曲的校正更加准确。

1. 算法原理分析

斜视 CS 算法仍然采用上文的斜视成像模型。对式(7 - 23)进行泰勒展开。因为在图 7 - 10 斜视成像的几何模型中,由于 $B'$、$P$ 之间的距离 $|vt_m - X_n|$ 远远小于 $A$、$B$ 之间的距离 $R_0$,将式(7 - 23)作 $X = X_n$ 处的泰勒展开,保留 3 次项,忽略 3 次以上的高次项,可以得到[41]

$$R(t_m; R_0) \approx R_0 - (vt_m - X_n)\sin\theta_0 + \frac{\cos^2\theta_0}{2R_0}(v_m - X_n)^2 + \frac{\sin\theta_0 \cos^2\theta_0}{2R_0}(vt_m - X_n)^3$$

$$(7 - 36)$$

为了方便分析,将式(7 - 36)改写为

$$R(t_m, R_0) \approx \sqrt{R_0^2 + v^2 \cos^2\theta_0 (t_m - X_n/v)^2} - (t_m - X_n/v)v\sin\theta_0 +$$
$$\frac{v^3 \sin\theta_0 \cos^2\theta_0}{2R_0^2}(t_m - X_n/v)^3 \qquad (7 - 37)$$

式中：$v$ 为导弹的飞行速度；$t_m$ 为飞行时刻；$\theta_0$ 为斜视角。

通过式(7-37)进而可以得到目标回波的表达式为

$$s_0(\hat{t}, t_m; R_0) = a_r\left(\hat{t} - \frac{2R(t_m; R_0)}{c}\right) a_a(t_m) \exp\left[j\pi\gamma\left(\hat{t} - \frac{2R(t_m; R_0)}{c}\right)^2\right] \exp\left[-j\frac{4\pi}{\lambda}R(t_m; R_0)\right]$$

$$(7-38)$$

式中：$a_r(\cdot)$ 和 $a_a(\cdot)$ 分别为距离窗函数和方位窗函数；$\lambda = c/f_c$ 为发射脉冲的波长；$c$ 为光速；$\hat{t}$ 为距离向时间；$\gamma$ 为发射线性调频信号的调频率。

对式(7-38)进行距离向傅里叶变换可得

$$S_1(f_r, t_m; R_0) = a_r(f_r) a_a(t_m) \exp\left[-j\pi\frac{f_r^2}{\gamma}\right] \exp\left[-j\frac{4\pi}{c}R(t_m; R_0)(f_r + f_c)\right]$$

$$(7-39)$$

由式(7-39)可知，线性距离走动项为

$$\exp\left[-j\frac{4\pi}{c}R(t_m; R_0)(f_r + f_c)\right] \qquad (7-40)$$

我们采用回波信号的傅里叶变换与相反的线性距离走动项 $H_1(f_r, t_m; R_0)$ 相乘，补偿过后，速度变为 $v\cos\theta_0$，多普勒的中心补偿是 0。将两者相乘的结果进行 IFFT，就完成了距离走动的处理。

采用 CS 变标处理距离弯曲，先将 $\hat{t} - f_a$ 域中的不同距离 $R_0$ 的曲线弯曲度调整成一样，然后在距离频域-方位频域($f_r - f_a$ 域)，对不同斜距下的 $R_0$ 回波进行统一的延时和脉冲压缩处理。

2. CS 算法流程

算法先对原始目标回波进行方位向的傅里叶变换，得到距离-多普勒域的信号，其次再与 CS 函数相乘，使每个单元内距离徙动程度与某一参考点一致。对信号进行距离向的快速傅里叶变换，再与相位补偿函数相乘进行距离向压缩处理和距离徙动校正处理。接下来进行快速傅里叶逆变换使信号重新处在距离-多普勒域。在最后同样进行方位向的快速傅里叶逆变换，使信号重新回到时域，我们就完成了 SAR 的成像处理。图 7-11 显示了 CS 算法的成像处理流程。

图 7-11　CS 成像算法流程图

## 本章小结

本章主要介绍了末制导雷达成像原理的相关知识,首先介绍了合成孔径雷达的相关概念,并通过分析斜视模式下的成像算法比较适合弹载 SAR 成像,然后重点分析斜视模式下的载弹 SAR 斜视成像算法、斜视模式下的距离 – 多普勒算法和 CS 算法流程和工作原理。

## 思 考 题

1. 简述弹载 SAR 成像距离分辨率与哪些参数有关。
2. 简述弹载 SAR 成像方位向分辨率与哪些因素有关。
3. 简述弹载 SAR 成像距离徙动的含义。
4. 简述 RD 算法的原理。

# 第8章　海战场特性与目标识别技术

面对复杂的海战场目标和环境特性,现代末制导系统应该具备环境的智能感知和目标智能识别的能力。本章首先介绍海战场目标和环境特性,重点是海杂波、箔条干扰等特性以及末制导雷达海清自主分级方法;然后介绍目标特征识别方法,主要包括传统的特征匹配和基于支持向量机机器学习方法;最后介绍编队选择方法。

## 8.1　海战场目标与环境特性

舰船目标是反舰导弹的主要作战对象,研究舰船目标及其在海面环境中的特性,对提高雷达导引头目标捕捉、识别和抗干扰能力具有重要意义。

### 8.1.1　海战场目标特性

1. 目标雷达截面积概念

雷达截面积(RCS)一般记为 $\sigma$,它描述了目标在一定入射功率条件下,向雷达接收天线方向散射功率的能力。如果将雷达截面积等效为 $\sigma$ 的物体放在与电磁波传播方向相垂直的平面上,它将无损耗地将入射功率全部、均匀地向各个方向传播出去,并且在雷达处由雷达所接收到的散射功率密度与实际目标的二次辐射所产生的功率密度相等。图 8 - 1 是目标的散射特性示意图。

RCS 又可定义为

$$\sigma = 4\pi \cdot \frac{返回雷达处每单位立体角内回波功率}{入射功率密度} \qquad (8-1)$$

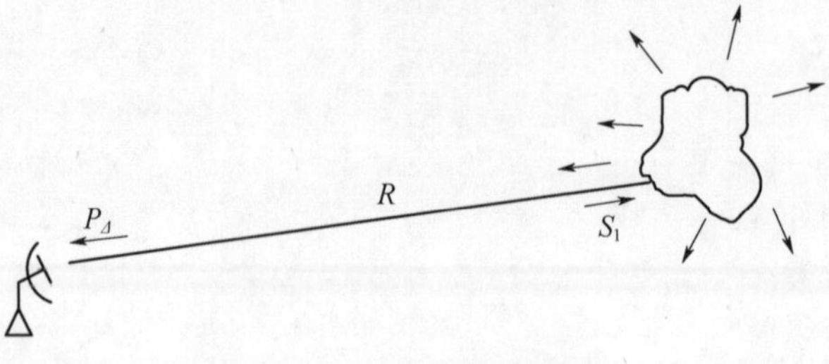

图 8 - 1　目标的散射特性

2. 舰船目标散射特性

1）舰船目标的 RCS

舰船目标的 RCS 计算可依据经验公式[42]，根据舰船的外观，取其舰首、舰尾、左舷和右舷方向的平均截面积估计，得到在低入射角下的关于舰船截面积中值 50% 概率为

$$\sigma = 52\sqrt{fD^3} \qquad\qquad (8-2)$$

式中：$\sigma$ 代表舰船的雷达截面积，为雷达发射信频率（单位为 GHz），$D$ 为舰船的排水量（单位为 kt），$D$ 的取值范围是 2 ~ 17kt。上述经验公式适用于 X、S 和 L 波段，是在雷达导引头低入射角掠海飞行时得出的，当俯角值较大时，舰船的雷达截面积会显著减小。

2）舰船与海面复合散射特性

海面舰船作为反舰导弹的攻击目标，其电磁散射特性突出表现在为目标与海面环境一体化的复合散射，也就是说，雷达对海面舰船探测的回波特性不仅取决于舰船目标本身电磁散射，也取决于舰船目标与海面之间的互耦电磁散射以及面的电磁散射，实际上，应将舰船目标与海面看成一个一体化的复合散射体[43]。

舰船目标与海面之间的电磁散射主要包括以下 3 种情况，如图 8-2 所示。

（1）舰船目标在雷达导引头照射下，部分散射的电磁波指向海面，通过与海面发生相互作用而改变了传播方向，从而被导引头天线接收。

（2）雷达导引头入射波经过海面散射后照射舰船，经再次散射后导引头天线接收。

（3）雷达导引头入射波经过海面散射后作用于舰船，舰船散射的电磁波又通过与海面发生作用后被导引头接收。

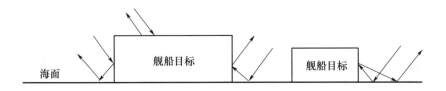

图 8-2　舰船目标和海面之间电磁散射的相互作用

3）目标幅度起伏

由于海面舰船目标反射回波的方向特性、舰船目标运动，以及雷达导引头在飞行中与目标间的相对入射角的变化，将导致导引头的回波幅度发射起伏。

**191**

$\chi^2$ 统计模型是一种通用的目标 RCS 起伏模型,它适用范围较斯威林模型更广,其概率密度函数可表示为

$$P(\sigma) = \frac{k_d}{(k_d - 1)!} \frac{1}{\overline{\sigma}} \left( \frac{k_d \sigma}{\overline{\sigma}} \right)^{k-1} \exp\left( -\frac{k_d \sigma}{\overline{\sigma}} \right) \qquad (8-3)$$

式中:$\sigma$ 为雷达散射截面积的随机变量;$\overline{\sigma}$ 为 RCS 平均值;$k_d$ 为双自由度数值,而 $2k_d$ 称为 $\chi^2$ 分布的自由度。

4)目标角闪烁效应

对于舰船目标而言,当雷达导引头对其进行电磁波照射时,舰船多个散射中心的相位干涉导致雷达导引头接收天线口面处相位波前倾斜和随机摆动。

对于雷达导引头而言,随着它与目标距离不断接近时,角闪烁噪声引起的角跟踪误差变大,这是雷达导引头近距测角时的主要误差源,也是导弹末端脱靶的主要原因之一。

5)舰船目标雷达隐身技术

针对雷达主动导引头的探测,对于目标来说,其隐身技术的核心就是降低目标的 RCS,主要包括以下几种手段。

(1)改变外形设计,舰艇外观设计变更如图 8-3 所示。

(2)赋形技术,优化改进武器装备的外形设计,尽量缩小目标相对雷达的迎面面积。

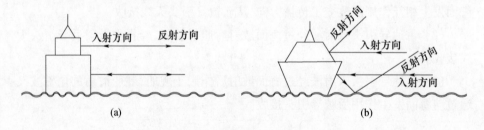

图 8-3  舰艇外观设计变更

(3)使用复合材料(如碳素纤维等)。

(4)涂覆吸波材料,即在雷达波散射较强的部位涂上可吸收电磁波的涂料。

(5)加载技术,通过无源或有源的措施实现隐身。

加载技术可通过无源或有源的措施实现隐身,无源加载是在目标表面开槽或接谐振腔改变目标表面电流分布,可缩减后向散射功率,但无源对消存在的缺点是带宽较窄,目前还难以在工程中得到实际应用。有源加载又称有源隐身

技术,其工作原理是当雷达信号照射到目标时,目标主动产生与入射信号频率、幅度都相同但相位相反的电磁波,从而与目标后向散射信号相互对消,实现目标隐身。

(6)等离子体隐身技术。等离子体隐身技术的工作原理是利用等离子发生器在目标表面形成一层等离子气体包膜,对入射的电磁波进行吸收或折射,从而大大减少被散射回雷达接收天线的电磁能量。

## 8.1.2 海战场环境特性

末制导雷达性能除了与雷达本身的各项技术指标有关外,还受外界因素影响,如地球曲率、各种杂波、干扰等[44]。

1. 地球曲率影响

对于一个眼高 $h(\mathrm{m})$ 的观测者来说,若不考虑大气折射,观测者能看到的地平范围即几何地平范围为

$$D_C = 1.93\sqrt{h} \quad (\mathrm{n\ mile}) \tag{8-4}$$

其中 1 n mile $= 1852\mathrm{m}$。

由于地球表层大气的密度及温度、湿度是随高度变化的,因此,光线通过大气时要产生折射。在标准大气折射条件下,观测者能见到的地平范围即光学地平范围 $D_V$ 比无折射时有所增加,即

$$D_V = 2.07\sqrt{h} \quad (\mathrm{n\ mile}) \tag{8-5}$$

同样,雷达波通过大气时要产生折射,在标准大气折射条件下能辐射到的地平范围比上述二者都要大,即雷达地平范围为

$$D_R = 2.23\sqrt{h}(\mathrm{n\ mile}) \tag{8-6}$$

如果考虑到目标高度,在标准大气条件下,末制导雷达的最大探测距离 $R_{\max}$ 应为

$$R_{\max} = 2.23\left(\sqrt{H_1} + \sqrt{H_2}\right) \quad (\mathrm{n\ mile}) \tag{8-7}$$

式中:$H_1$ 为雷达天线高出水面的高度;$H_2$ 为目标高出水面的高度。

式(8-7)计算出来的距离是理论值,实际上能否在雷达上看到目标,还和雷达技术参数、目标反射能力及传播条件等多种因素有关。

2. 地杂波

1)地杂波的起伏特性

地杂波的起伏特性一般符合高斯分布。高斯概率密度函数为

$$f(x) = \frac{1}{\sqrt{2\pi}\sigma}\exp\left[\frac{(x-\mu)^2}{2\sigma^2}\right] \qquad (8-8)$$

式中：$\mu$ 为 $x$ 的均值；$\sigma^2$ 为 $x$ 的方差。

当雷达信号用复信号表示时，可以认为地杂波的实部和虚部信号分别为独立同分布的高斯随机过程，而地杂波的幅度（即复信号的模值）符合瑞利分布。瑞利分布的概率密度函数为

$$f(x) = \frac{x}{b^2}\exp\left(-\frac{x^2}{2b^2}\right) \quad (x \geqslant 0, b > 0) \qquad (8-9)$$

式中：$b$ 为瑞利系数。

如果在雷达天线波束照射区内，不但有大量的小散射单元，还存在强的点反射单元（如水塔等）时，地杂波的分布不再符合高斯分布，其幅度分布也不符合瑞利分布，而更趋近于莱斯（Rice）分布，其概率密度函数可表示为

$$f(x) = \frac{x}{\sigma^2}\exp\left[\frac{x^2+\mu^2}{2\sigma^2}\right]I_0\left[\frac{\mu}{\sigma^2}x\right] \quad (x \geqslant 0, b > 0) \qquad (8-10)$$

式中：$\sigma^2$ 为方差；$\mu$ 为均值；$I_0[\cdot]$ 为零阶贝塞尔函数。对于高分辨雷达和小入射角的情况，地杂波的幅度分布也可能符合其他非高斯分布。

2）地杂波的功率谱分布

通常，地杂波的功率谱可采用高斯型、全极型、指数型表示。

（1）高斯型。若地杂波的功率谱采用高斯模型表示，称为高斯谱，表达式为

$$S(f) = S_0\exp\left[-\frac{(f-f_d)^2}{2\sigma_f^2}\right] \qquad (8-11)$$

式中：$S_0$ 为杂波平均功率；$f_d$ 为地杂波的多普勒频率；$\sigma_f$ 为地杂波功率谱的标准离差，即

$$\sigma_f = \frac{2\sigma_v}{\lambda} \qquad (8-12)$$

式中：$\sigma_v$ 为杂波的标准离差。

（2）全极型。全极型谱可表示为

$$s(f) = \frac{s_0}{1 + |f-f_d|^n/f_c} \qquad (8-13)$$

式中：$f_d$ 为地杂波谱中心的多普勒频率；$f_c$ 为归一化特征频率，是杂波归一化功率谱 $-3\text{dB}$ 点的宽度。$n=2$ 时的全极潜常称为柯西谱，$n=3$ 时的全极谱称为立方谱。

（3）指数型。指数型功率谱也称为指数谱,其表达式为

$$S(f) = S_0 \exp\left[\frac{-|f - f_d|}{f_c}\right] \quad\quad (8-14)$$

式中:$f_d$ 为杂波谱中心多普勒频率;$f_c$ 为归一化特征频率。

2. 海杂波

通常从频域和幅度的统计特性出发,对海杂波的特性进行分析。根据不同的雷达参数和海情,其幅度特性分布主要包含以下 3 种:对数正态分布、威布尔分布和 $K$ 分布。

1）幅度特性

（1）对数正态分布。对数正态分布的概率密度函数为

$$f(x) = \frac{1}{\sqrt{2\pi}\sigma_c x} \exp\left[-\frac{(\ln x - \mu_m)^2}{2\sigma_c^2}\right] \quad (x > 0, \sigma_c > 0, \mu_m > 0) \quad (8-15)$$

式中:$\mu_m$ 为尺度参数,取 $x$ 的中值;$\sigma_c$ 为形状参数。形状参数 $\sigma_c$ 越大,对数正态分布曲线的拖尾越长,这时,杂波取大幅度值的概率就越大。

（2）威布尔分布。威布尔分布介于对数正态分布和瑞利分布之间,能在更广的范围内准确地表示实际杂波。通常在高分辨雷达低入射角的情况下,海杂波可以用威布尔分布描述。威布尔分布的概率密度函数为

$$f(x) = \frac{p}{q}\left(\frac{x}{q}\right)^{p-1} \exp\left[-\left(\frac{x}{q}\right)^p\right] \quad (x \geqslant 0, p > 0, q > 0) \quad (8-16)$$

式中:$p$ 为形状参数,反映的是分布的偏斜度;$q$ 为尺度参数,反映的是杂波平均功率。当形状参数 $p=1$ 时,威布尔分布退化为指数分布,当形状参数 $p=2$ 时,威布尔分布退化为瑞利分布。通过调整威布尔分布的参数,使威布尔分布模型更好地与实际杂波数据相匹配。

（3）$K$ 分布。$K$ 分布也可以在很宽的范围内表示高分辨雷达在低入射角情况下海杂波的幅度概率分布。$K$ 分布的概率密度函数为

$$f(x) = \frac{2}{\alpha\Gamma[v+1]}\left(\frac{x}{2\alpha}\right)^{v+1} K_v\left[\frac{x}{\alpha}\right] \quad (x > 0, v > -1, \alpha > 0) \quad (8-17)$$

式中:$x$ 为杂波幅度;$v$ 为形状参数,当 $v \to 0$ 时,概率分布曲线有长的拖尾,表示杂波有尖峰出现,当 $v \to \infty$ 时,概率分布曲线接近瑞利分布;$\alpha$ 为尺度函数,与杂波的强度有关;$\Gamma[\cdot]$ 为伽马函数;$K_v[\cdot]$ 为修正的 $v$ 阶贝塞尔函数。

2）频谱特性

海杂波频谱的分布与所有的地物杂波分布类似,一般包括高斯型和立方型。

（1）高斯型，即

$$S(f) = \frac{P_C}{\sqrt{2\pi}\sigma_f} \exp\left(-\frac{f^2}{2\sigma_f^2}\right) \qquad (8-18)$$

式中：$\sigma_f = \dfrac{2\sigma_v}{\lambda}$ 为频谱方差，$\lambda$ 表示电磁波波长，$\sigma_v$ 为速度标准差；$P_C$ 为杂波功率。

（2）立方型，即

$$S(f) = \frac{P_0}{1+(f/f_c)^3} \qquad (8-19)$$

式中：$f_c$ 为特征频率，$S(f_c) = 0.5P_0$；$P_0$ 为杂波功率。

3）强度特性

海杂波可看作是面分布杂波，由于海面面积远远大于天线波束照射的范围，因此，海杂波的强度与雷达天线波束有效照射面积成正比，其表达式为

$$\sigma_e = \sigma_0 \cdot S_0 \qquad (8-20)$$

式中：$\sigma_0$ 为海杂波单位面积的反射系数，也称为海面反射率；$S_0$ 为雷达天线波束的有效照射面积；$\sigma_0$ 与电磁波的频率、极化方向、天线的擦地角、海情和风向有关，其表达式为

$$\sigma_0 = \varphi(f, 极化, \psi, \mathrm{SS}, 风向) \qquad (8-21)$$

式中：$f$ 为电磁波频率；$\psi$ 为电磁波的入射角；SS 为海情。

海杂波的平均强度取决于其海杂波单位面积的反射系数，在不同的入射角范围内，电磁波频率、极化方式、海情和风向对海杂波强度的影响是不同的，具体如下（以下各式中↑表示增大，↓表示减小）。

（1）当 $\psi \leqslant 20°$ 时。

假如 $400\mathrm{MHz} \leqslant f \leqslant 50\mathrm{GHz}$，$-90\mathrm{dB} \leqslant \sigma_0 \leqslant -30\mathrm{dB}$：

① 当电磁频率增大时，会引起海面反射率增大，并且

$$\sigma_0 \propto f^m, m = \begin{cases} 3, & f \leqslant 2\mathrm{GHz}, \psi \leqslant 1°, \mathrm{SS} \leqslant 3\ 级 \\ <0, & f\uparrow, \psi\uparrow, \mathrm{SS}\uparrow 时 \end{cases} \qquad (8-22)$$

② 当天线的擦地角增大时，会引起海面反射率增大，并且

$$\sigma_0 \propto \psi^n, n = \begin{cases} 3, & f \leqslant 2\mathrm{GHz}, \psi \leqslant 1°, \mathrm{SS} \leqslant 3\ 级 \\ <0, & f\uparrow, \psi\uparrow, \mathrm{SS}\uparrow 时 \end{cases} \qquad (8-23)$$

③ 当海情一定，$\sigma_{0V} > \sigma_{0H}$，海情降低，天线的擦地角减小，电磁波的频率减小时，$\Delta\sigma_{0VH} = (\sigma_{0V} - \sigma_{0H})$ 增加。

④ 当海情级别增大时，会引起海面反射率增大，并且当海情和电磁波的频率都较低时，海情每增加一级，海面反射率增加 $10\mathrm{dB}$；当海情和电磁波的频率都

较高时,海情每增加一级,海面反射率是减小的。

（2）在 $\psi > 20°$,或 $30° \leqslant \psi \leqslant 90°$ 的准镜面区。

① 当 $\psi = 90°$ 时,$\sigma_0 \propto 1/\text{SS}$,且当 SS $= 0$ 时,对于所有的电磁波频率,有

$$\sigma_0 = \sigma_{0\max} \approx +10\text{dB} \qquad (8-24)$$

此时,天线的擦地角减小,会引起海面反射率的减小。

② 当 $\psi \leqslant 60°$ 时,$\sigma_0 \propto \text{SS}$,当天线的擦地角减小、海情增加时,会引起海面反射率的增加。

③ 当 $\psi \approx 90°$ 时,对于不同的海情,海面反射率与极化方式无关,即垂直下视时,海面反射率与极化方式和海情都无关。此时,天线的擦地角减小时,有

$$\begin{cases} \sigma_{0V} \geqslant \sigma_{0H} & \text{（中等海情以下）} \\ \sigma_{0V} \leqslant \sigma_{0H} & \text{（高海情时）} \end{cases} \qquad (8-25)$$

④ 当 $20° \leqslant \psi \leqslant 30°$ 时,海面反射率与风向密切相关,上风海面反射率大于下风海面反射率,垂直风的海面反射率最小。

$$\begin{cases} \psi \geqslant 60°, & \sigma_0 \text{ 与风向关系小} \\ \psi \approx 90°, & \sigma_0 \text{ 与风向无关} \end{cases} \qquad (8-26)$$

**3. 箔条干扰**

箔条在雷达无源干扰技术中应用最早,具有频带宽、适应性强、成本低、干扰效果明显等优点,实际海战中,箔条在捍卫舰船自身安全方面起着十分重要的作用。箔条干扰的实质是,在交变电磁场的作用下,箔条上感应交变电流,而根据电磁辐射理论,这个交变电流要辐射电磁波,即产生二次辐射,从而对雷达起到无源干扰作用。

**1）功率特性**

当雷达入射波通过箔条云时,由于箔条云的散射使电磁波受到衰减,从而照射到目标的电磁波减弱。由目标反射后,再次经过箔条,雷达波功率受到两次衰减。设入射波功率为 $P_0$,两次衰减后雷达波功率是 $P$,则

$$P = P_0 \times 10^{-0.2\beta x} \qquad (8-27)$$

箔条云的电磁波衰减系数 $\beta$ 可由下式计算,即

$$\beta = 4.3\bar{n}(0.17\lambda^2)^2 \qquad (8-28)$$

式中:$\bar{n}$ 为单位体积内的平均箔条数。

**2）强度特性**

当箔条长度正好为半波偶极子时,即长度等于 $\lambda/2$ 时,有

$$\sigma_e = 0.18\lambda^2 N \qquad (8-29)$$

式中: $N$ 为雷达分辨单元中箔条总数。当箔条长度与 $\lambda/2$ 无关系时,箔条干扰强度迅速减小。

4. 海情分级

浪高通常用波级表示,波级是海面因风力强弱引起波动程度的大小,波浪越高,则级别越大。浪高是用波级定义的,有将风浪、涌浪分别定级,也有依同一标准分级。我国则采用后者进行分级。按照常用的道氏波级,分为无浪、微浪、小浪、中浪、大浪、巨浪、狂浪、狂涛、怒涛、暴涛等不同级别,其中浪高达到 20m 以上者称为暴涛,由于极其罕见,波级表中未予列入。表 8 - 1 为海况等级划分表。

表 8 - 1　海况等级划分表

| 海况等级 | 海面状况名称 | 浪高范围/m | 海面征状 |
|---|---|---|---|
| 0 级 | 无浪<br>(CALM - GLASSY) | 0 | 海面平静。水面平整如镜,或仅有涌浪存在。船静止不动 |
| 1 级 | 微浪<br>(CALM - RIPPLED) | 0 ~ 0.1 | 波纹、涌浪和小波纹同时存在,微小波浪呈鱼鳞状,没有浪花。寻常渔船略觉摇动,海风尚不足以把帆船推行 |
| 2 级 | 小浪<br>(SMOOTH - WAVELET) | 0.1 ~ 0.5 | 波浪很小,波长尚短,但波形显著。浪峰不破裂,因而不是显白色的,而是仅呈玻璃色的。渔船有晃动,张帆可随风移行每小时 2 ~ 3n mile |
| 3 级 | 轻浪(SLIGHT) | 0.5 ~ 1.25 | 波浪不大,但很触目,波长变长,波峰开始破裂。浪沫光亮,有时可有散见的白浪花,其中有些地方形成连片的白色浪花——白浪。渔船略觉簸动,渔船张帆时随风移行每小时 3 ~ 5n mile,满帆时,可使船身倾于一侧 |
| 4 级 | 中浪(MODERATE) | 1.25 ~ 2.5 | 波浪具有很明显的形状,许多波峰破裂,到处形成白浪,成群出现,偶有飞沫。同时,较明显的长波状开始出现。渔船明显簸动,需缩帆一部分(收去帆之一部) |
| 5 级 | 大浪(ROUGH) | 2.5 ~ 4.0 | 高大波峰开始形成,到处都有更大的白沫峰,有时有些飞沫。浪花的峰顶占了去波峰上很大的面积,风开始削去波峰上的浪花,碎浪成白沫沿风向呈条状。渔船起伏加剧,要加倍缩帆至大部分,捕鱼需注意风险 |

（续）

| 海况等级 | 海面状况名称 | 浪高范围/m | 海面征状 |
|---|---|---|---|
| 6 级 | 巨浪（VERY ROUGH） | 4.0 ~ 6.0 | 海浪波长较长，高大波峰随处可见。波峰上被风削去的浪花开始沿波浪斜面伸长成带状，有时波峰出现风暴波的长波形状。波峰边缘开始破碎成飞沫片；白沫沿风向呈明显带状。渔船停息港中不再出航，在海者下锚 |
| 7 级 | 狂浪（HIGH） | 6.0 ~ 9.0 | 海面开始颠簸，波峰出现翻滚。风削去的浪花带布满了波浪的斜面，并且有的地方达到波谷，白沫能成片出现，沿风向白沫呈浓密的条带状。飞沫可使能见度受到影响。汽船航行困难。所有近港渔船都要靠港，停留不出 |
| 8 级 | 狂涛（VERY HIGH） | 9.0 ~ 14.0 | 海面颠簸加大，有震动感，波峰长而翻卷。稠密的浪花布满了波浪斜面。海面几乎完全被沿风向吹出的白沫片所掩盖，因而变成白色，只在波底有些地方才没有浪花。海面能见度显著降低。汽船遇之相当危险 |
| 9 级 | 怒涛（PHENO MENAL） | >14.0 | 整个海面布满了稠密的浪花层，空气中充满了水滴和飞沫，能见度严重地受到影响。海浪滔天、奔腾咆哮、汹涌非凡。波峰猛烈翻卷，海面剧烈颠簸。波浪到处破成泡沫，空气中充满了白色的浪花、水滴和飞沫。航母甲板上不能停留作战飞机 |

现已能根据气象等条件，利用波级表，对风浪进行预报。海浪预报是根据风对海浪的作用的规律性和当时的风情预告，对于一定海区在未来一定期间内所做的波浪情况分析和预报。对国防、渔业和航运安全具有很大的意义。对于末制导雷达来讲，常常需要根据发射时的海情实际进行装订。

海情的级别直接影响到末制导雷达的作战使用，因此，需要导弹对战场的海情进行识别。由于不同海情下雷达回波信号的频谱特性不同，因此，可以利用频谱展宽特性对海情进行识别方法。

末制导雷达海情自动识别基本原理主要是对雷达探测海面反射回来的海杂波回波信号进行特性分析，与数据库里的相关数值比对得出海情。常用的方法是对根据海杂波的不同海情对应的功率谱的展宽特性进行识别。

海杂波功率谱与地杂波有一个根本的差别：因为海浪能对雷达做接近或远离的运动，接收信号频谱中心频率可能会在零频之外，由于大多数的地杂波不能从其地面的固定位置上移动,其中心频率一般出现在零频上。事实上,海面受到风力的影响,使得海面上各个散射体之间产生了相对速度,同时,雷达平台的运动及扫描天线的转动扫描也会带来杂波速度的起伏,从而接收到的海杂波功率谱存在多普勒频移。

海杂波的功率谱一般可用高斯函数描述。其功率谱密度函数为

$$S_p(f) = \frac{1}{\sqrt{2\pi\sigma_f^2}}\exp[-f^2/2\sigma_f^2] \qquad (8-30)$$

式中:$\sigma_f$ 为杂波谱的标准差,它与杂波速度起伏展宽值 $\sigma_v$ 的关系为 $\sigma_f = 2\sigma_v/\lambda$,考虑雷达平台的运动,杂波单元存在一定的多普勒频率 $f_d = 2V_r\cos\theta\cos\phi/\lambda$。杂波的多普勒频移 $f_d$ 修正为

$$S_p(f) = \frac{1}{\sqrt{2\pi\sigma_f^2}}\exp[-f^2/2\sigma_f^2] \qquad (8-31)$$

将其与 $f_{3dB}$($f_{3dB}$ 是两个半功率点之间的宽度)联系起来,有

$$S_p(f) = \exp[-(\mu(f-f_0)^2/f_{3dB})^2]$$

$$\mu = 2\sqrt{\ln 2} \qquad (8-32)$$

式中:$f_{3dB}$ 约为风速 $V_\omega$ 对应多普勒频率的 25%;$f_0$ 为杂波平均多普勒频率,风速 $V_\omega$ 的函数,它的风向与视线之间的夹角 $\phi$ 的余项成比例:$f_0 = kV_\omega\cos\phi/\lambda$。

1~5 级海情差拍频谱包络示意图[45]如图 8-4 所示。

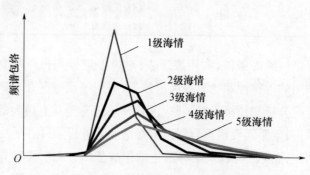

图 8-4   1~5 级海情差拍频谱包络示意图

$k$ 是和海况有关的常数项,一般取 3。表 8-2 给出了不同海况下风速 $V_\omega$ 的典型值。

表 8-2   不同海况下风速 $V_\omega$ 的典型值

| 海况/级 | 0 | 1 | 2 | 3 | 4 | 5 | 6 |
|---|---|---|---|---|---|---|---|
| $V_\omega/(\text{m}\cdot\text{s}^{-1})$ | 0 | 2.18 | 4.88 | 7.72 | 10.90 | 13.80 | 16.90 |

还有两种谱模型分别是柯西谱和全级谱。

柯西谱也称马氏谱,它可以表示为

$$S(f) = \frac{1}{1 + \left[\frac{(f-f_d)}{f_c}\right]^2} \qquad (8-33)$$

式中:$f_d$ 为多普勒频率;$f_c$ 为 $f_d=0$ 时,3dB 宽度对应的频率。

全极谱能更好地描述杂波谱的"尾巴",其表达式为

$$S(f) = \frac{1}{1 + \left[\frac{(f-f_d)}{f_c}\right]^n} \qquad (8-34)$$

式中:$f_d$ 和 $f_c$ 意义同上。$n$ 的典型值为 2~5,当 $n=2$ 时,全极谱即为柯西谱,当 $n=3$ 时,即为通常所说的立方谱。

# 8.2　末制导雷达特征识别方法

## 8.2.1　目标识别/选择方法概述

目前,反舰导弹采用的目标识别/选择方法从机理上分为两类:一类是特征识别方法;另一类是编队目标选择方法。

1. 特征识别方法

1) 特征识别定义

特征识别,顾名思义,就是通过对目标特征的提取,进行特征相似性识别。该方法类似日常生活中找人,可以根据这个人的性别以及高、矮、胖瘦等外貌特征进行寻找。

2) 可利用的特征

对于以雷达导引头为探测手段的反舰导弹来说,通常能够获取的特征信息包括以下几方面。

(1) 目标反射面积。即 RCS,是指通常所说的目标大小,但与目标真实大小、吨位并不直接对应,尤其是对于隐身舰船。

(2) 目标距离。目标与导弹之间的距离。

(3) 目标方位。目标偏离导弹进入方向的角度。

(4) 目标径向尺寸。从雷达探测的角度来说,目标相对导弹进入方向的径向尺寸。

（5）目标径向速度。从雷达探测的角度来说,目标运动速度也就是航速在导弹进入方向的分量。

（6）目标航速、航向。目标实际速度,该参数获取需要较长时间的滤波处理,并不适用于超声速导弹或开机距离较近的情况。

（7）辐射源信息。目标舰船上辐射源工作时被弹上雷达接收到的信息。

2. 方法分类

对于特征识别方法,可根据利用目标信息维数的不同,分为单维特征识别和多维特征识别两种。

（1）单维度特征识别。单维度特征识别,顾名思义,就是只利用一种特征进行目标识别。单维特征识别的特点就是使用比较简单,在态势简单、特征明显时效果好,态势复杂时适应性下降。

（2）多维特征识别。多维特征识别,是指利用两种或两种以上特征组合进行目标识别。多维特征识别的特点就是特征利用更多,使用更灵活,选择能力和适应性明显提高;在复杂态势下,对指挥员决策要求也有提高。

### 8.2.2 末制导雷达特征匹配识别方法

末制导雷达中的特征匹配算法如图 8 – 5 所示。首先对目标回波进行预处理,然后检测到某种特征的存在性,进而对检测到的特征进行描述,形成特征向量。通过特征向量的对比与匹配程度,判决目标的类型,从而达到目标识别的目的。其本质就是通过对目标特征的提取,进行特征相似性选择[46]。

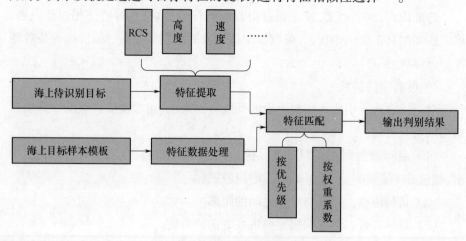

图 8 – 5　特征点匹配算法流程

1. 按照优先度进行匹配

事先对每种参数的重要程度进行评估,按照参数的重要程度进行排序,确定其优先级。目标识别过程中按照采集到的目标特征数据与预先采集的数据的契合度进行目标分类,而契合度按照优先级的先后进行计算。按优先级进行特征匹配的程序框图如图 8-6 所示。

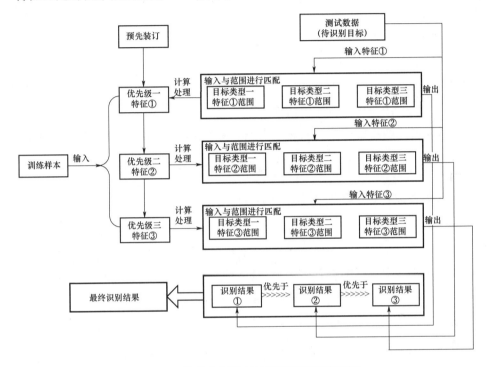

图 8-6　按优先级进行特征匹配的程序框图

2. 按照权重进行匹配

首先,计算待识别样本的特征数据与训练样本形成的模板数据的偏差值,并将其进行加权,得到一个综合的“偏差度”,然后取偏差度最小的目标作为识别结果[46]。具体识别流程如下。

首先明确海上主要目标的种类,建立一个目标集合 $X = \{x_1, x_2, \cdots, x_m\}$,其中 $x_i$ 为第 $i$ 种目标。然后根据上文中提到的特征选择原则进行特征选择,得到特征要素集合 $F = \{f_1, f_2, \cdots, f_n\}$,其中 $f_j$ 代表了该目标下的第 $j$ 个特征。最后对所选特征数据进行预处理,得到一个区间属性值,建立属性值矩阵 $S = ([s_{ij}^L, s_{ij}^U])_{m \times n}$,其中 $s_{ij}^L$ 代表了第 $i$ 个目标的第 $j$ 个特征的最小值,$s_{ij}^U$ 则代表了第 $i$ 个目标的第 $j$ 个特征的最大值,如表 8-3 所列。

表 8 - 3　权重识别数据矩阵安排

| 目标<br>特征 | $X_1$ | $X_2$ | ⋯ | $X_m$ |
|---|---|---|---|---|
| $f_1$ | $[s_{11}^L, s_{11}^U]$ | $[s_{21}^L, s_{21}^U]$ | ⋯ | $[s_{m1}^L, s_{m1}^U]$ |
| $f_2$ | $[s_{12}^L, s_{12}^U]$ | $[s_{22}^L, s_{22}^U]$ | ⋯ | $[s_{m2}^L, s_{m2}^U]$ |
| ⋮ | ⋮ | ⋮ | ⋮ | ⋮ |
| $f_n$ | $[s_{1n}^L, s_{1n}^U]$ | $[s_{2n}^L, s_{2n}^U]$ | ⋯ | $[s_{mn}^L, s_{mn}^U]$ |

1）基于匹配偏差值的识别准则

按照特征的重要程度为每种参数分配一定的权重值,得到权重向量 $\boldsymbol{W} = \{w_1, w_2, w_3, \cdots, w_n\}$,且必须满足 $\sum_{j=1}^{n} w_j = 1$。在目标识别过程中,首先计算采集到的数据与预采集的数据的偏差度 $a_{ij}$,即

$$a_{ij} = \begin{cases} 0, & s_{ij}^L \leqslant y_{ij} \leqslant s_{ij}^U \\ \min\{|y_{ij} - s_{ij}^L|, |y_{ij} - s_{ij}^U|\}, & \text{其他} \end{cases} \tag{8-35}$$

式中:$y_{ij}$ 为第 $i$ 个目标的第 $j$ 个特征的输入值。

最终得到每一类目标量化的偏差值 $A_i$,求取最小的偏差值为

$$X^* = \underset{X_i}{\arg\min}\{A_1, A_2, \cdots, A_i\}$$

式中:$X^*$ 为偏差值最小的一类目标,即识别出目标的结果。

2）基于匹配契合度的识别准则

计算采集到的数据与模板数据之间的契合度 $\boldsymbol{a}_{ij}$,并将其进行加权,得到最大的契合值作为最终识别的结果。若使用契合度作为衡量标准,其计算方法为

$$a_{ij} = \begin{cases} \dfrac{|y_{ij} - \text{average } s_{ij}|}{s_{ij}^U - s_{ij}^L}, & s_{ij}^L \leqslant y_{ij} \leqslant s_{ij}^U \\ 0, & \text{其他} \end{cases} \tag{8-36}$$

式中:$y_{ij}$ 表示第 $i$ 个目标的第 $j$ 个特征的输入值;average $s_{ij}$ 表示第 $i$ 个目标的第 $j$ 个特征的平均值,是经过预处理得到的,存储于模板中。

计算完成后得到了没有经过权重处理的矩阵 $\boldsymbol{a}_{ij}$,接下来与权重向量做如下处理,即

$$A_i = \sum_{j=1}^{n} \boldsymbol{a}_{ij} w_j \tag{8-37}$$

最终得到每一类目标量化的"契合值(或偏差值)" $A_i$ ,继而进行比较,取

$$X^* = \mathrm{argmax}X_i\{A_1, A_2, \cdots, A_i\} \tag{8-38}$$

式中: $X^*$ 为契合值最大的一类目标,即识别出目标的结果。

### 8.2.3　基于支持向量机的目标识别方法

1. 支持向量机原理

支持向量机[47](Support Vector Machine,SVM)原理可以简单地描述为:通过找到一个能够将样本正确分开的分类面,将这些样本正确地分离并且离该分类面的距离尽可能大。该过程可分为两个阶段:首先需要根据样本进行学习与总结得到找出"分类面"的规律和依据;之后,根据前期学习所得的结论,对待识别的目标进行分类。这是一个从特殊向一般推广的过程,换而言之,是一个通过学习获得预知输出能力的过程[48-50]。基于支持向量机的智能目标识别原理框图如图 8-7 所示。

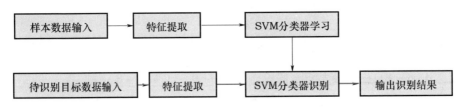

图 8-7　基于 SVM 的目标属性识别框图

支持向量机是一种二分类模型,其目的是寻找一个超平面来对样本进行分割,分割的原则是间隔最大化,最终转化为一个二次规划问题来求解。

2. 线性可分支持向量机

当训练样本是线性可分的情况时,其具体问题就是:给定训练样本集 $D = (x_1, y_1), (x_2, y_2), \cdots, (x_m, y_m)$ ,其中 $y_i \in \{+1, -1\}$ ,分类学习最基本的思想就是基于训练集 $D$ 在样本空间中找到一个划分的超平面,将不同类别的样本分开。也就是说,能将训练样本划分开的超平面(即图中的直线)有很多,但应该去找位于两类训练样本虚线"正中间"的划分超平面,即图 8-8 中的实线,由该条直线划分的超平面对训练样本局部扰动的"容忍"性最好。也就是说,即使出现部分比虚线位置更接近实线的样本数据,对于实线所对应的超平面的影响也会是最小的。

在样本空间中,划分超平面可通过如下线性方程描述,即

$$\boldsymbol{\omega}^{\mathrm{T}} + b = 0 \tag{8-39}$$

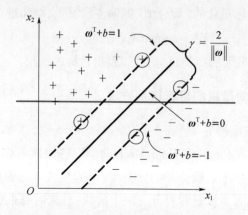

图 8 - 8 支持向量机原理示意图

式中：$\boldsymbol{\omega}$ 为法向量，表征了超平面的方向；$b$ 为位移量，反映了超平面与原点的距离。对于训练样本 $(x_i, y_i)$，在选择了正确的超平面的情况下应满足以下公式，即

$$\begin{cases} \boldsymbol{\omega}^{\mathrm{T}} x_i + b \geqslant +1, & y_i = +1 \\ \boldsymbol{\omega}^{\mathrm{T}} x_i + b \leqslant -1, & y_i = -1 \end{cases} \qquad (8-40)$$

式(8 - 40)称为最大间隔假设，$y_i = +1$ 表示了图 8 - 8 中的 " + "，即正样本，$y_i = -1$ 表示了图中的 " - "，即负样本。实际上，该公式等价于

$$y_i(\boldsymbol{\omega}^{\mathrm{T}} x_i + b) \geqslant +1 \qquad (8-41)$$

如图 8 - 8 所示，距离超平面最近的这几个样本点（被圈出的 4 个点）满足

$$y_i(\boldsymbol{\omega}^{\mathrm{T}} x_i + b) = 1 \qquad (8-42)$$

它们称为 "支持向量"。虚线称为边界，两条虚线间距离称为间隔。间隔的值等于两个异类支持向量的差在 $\boldsymbol{\omega}$ 方向上的投影，$\boldsymbol{\omega}$ 方向是指图 8 - 8 所示实线的法线方向。间隔可以由以下公式得到，即

$$\begin{cases} 1 \times (\boldsymbol{\omega}^{\mathrm{T}} x_+ + b) = 1, & y_i = +1 \\ -1 \times (\boldsymbol{\omega}^{\mathrm{T}} x_- + b) = 1, & y_i = -1 \end{cases} \qquad (8-43)$$

进而可以推出

$$\begin{cases} \boldsymbol{\omega}^{\mathrm{T}} x_+ = 1 - b \\ \boldsymbol{\omega}^{\mathrm{T}} x_+ = -1 - b \end{cases} \qquad (8-44)$$

由此可以推出间隔的计算公式为

$$\Gamma = \frac{(x_+ - x_-) \boldsymbol{\omega}^{\mathrm{T}}}{\|\boldsymbol{\omega}\|} = \frac{1 - b + 1 + b}{\|\boldsymbol{\omega}\|} = \frac{2}{\|\boldsymbol{\omega}\|} \qquad (8-45)$$

支持向量机的思想是使间隔最大化,也就是求

$$\begin{cases} \max \dfrac{2}{\|\boldsymbol{\omega}\|} \\ \text{s. t. } y_i(\boldsymbol{\omega}^{\mathrm{T}} x_i + b) \geqslant +1 \end{cases} \qquad (8-46)$$

由于最大化等同于最小化,式(8-46)可等同为

$$\begin{cases} \min \dfrac{1}{2} \|\boldsymbol{\omega}\|^2 \\ \text{s. t. } y_i(\boldsymbol{\omega}^{\mathrm{T}} x_i + b) \geqslant +1 \end{cases} \qquad (8-47)$$

此时,所求的是一个二次规划问题,可以使用拉格朗日算子法对这个问题进行求解。构造一个拉格朗日函数,即

$$L(\omega, b, \alpha) = \frac{1}{2}\|\boldsymbol{\omega}\|^2 + \sum_{i=1}^{m} \alpha_i(1 - y_i(\boldsymbol{\omega}^{\mathrm{T}} x_i + b)) \qquad (8-48)$$

对 $\boldsymbol{\omega}$ 和 $b$ 求导得

$$\begin{cases} \dfrac{\partial L}{\partial \boldsymbol{\omega}} = \boldsymbol{\omega} - \sum_{i=1}^{m} \alpha_i y_i x_i \\ \dfrac{\partial L}{\partial b} = \sum_{i=1}^{m} \alpha_i y_i \end{cases} \qquad (8-49)$$

令其分别为 0,可得

$$\begin{cases} \boldsymbol{\omega} = \sum_{i=1}^{m} \alpha_i y_i x_i \\ \sum_{i=1}^{m} \alpha_i y_i = 0 \end{cases} \qquad (8-50)$$

此时,再将上述所得代入之前构造的拉格朗日函数式(8-48)中,可以得到

$$\begin{cases} L(\omega, b, \alpha) = \sum_{i=1}^{m} \alpha_i - \dfrac{1}{2} \sum_{i=1}^{m} \sum_{j=1}^{m} \alpha_i \alpha_j y_i y_j x_i x_j \\ \text{s. t. } \sum_{i=1}^{m} \alpha_i y_i = 0, \alpha_i \geqslant 0, i = 1, 2, \cdots, m \end{cases} \qquad (8-51)$$

问题现在被转化为以下关于 $\alpha$ 的问题,即

$$\begin{cases} \max_{\alpha} \sum_{i=0}^{m} \alpha_i - \dfrac{1}{2} \sum_{i=1}^{m} \sum_{j=1}^{m} \alpha_i \alpha_j y_i y_j x_i x_j \\ \text{s. t. } \sum_{i=1}^{m} \alpha_i y_i = 0, \alpha_i \geqslant 0, i = 1, 2, \cdots, m \end{cases} \qquad (8-52)$$

解方程求出 $\alpha$ 之后,可以根据式(8-50)求得 $\boldsymbol{\omega}$,进而求出 $b$,于是,可以得到模型为

$$f(x) = \boldsymbol{\omega}^{\mathrm{T}} x + b = \sum_{i=1}^{m} \alpha_i y_i \boldsymbol{x}_i^{\mathrm{T}} x + b \qquad (8-53)$$

该过程的 KKT 条件为

$$\begin{cases} \alpha_i \geqslant 0 \\ y_i f(x_i) - 1 \geqslant 0 \\ \alpha_i (y_i f(x_i) - 1) = 0 \end{cases} \qquad (8-54)$$

观察此时的结果,可以得到对于任意一个训练样本$(x_i, y_i)$都适用的结论:

如果$\alpha_i = 0$,则其不会在模型$f(x)$中的求和项中出现,也就是说,它不影响模型的训练;

若$\alpha_i > 0$,就有$y_i f(x_i) - 1 = 0$,也就是$y_i f(x_i) = 1$,即该样本一定在边界上,是一个支持向量。

### 3. 非线性支持向量机与和函数

实际应用过程中,我们往往遇到更多的是非线性问题,这类问题在无法极度简化的情况下是不能直接使用线性支持向量机模型的。为了有效解决这类棘手但十分常见的问题,我们引入了非线性支持向量机。其原理是使用合理的方法将非线性问题变换为线性问题,再使用线性支持向量机进行解决。

对于这样的问题,可以将训练样本从原始空间映射到一个更高维的空间,使得样本在这个空间中线性可分,如果原始空间维数是有限的,即属性是有限的,那么,一定存在一个高维特征空间使样本可分。令$\boldsymbol{\phi}(x)$表示将$x$映射后的特征向量,于是,在特征空间中,划分超平面所对应的模型可表示为

$$f(x) = \boldsymbol{\omega}^{\mathrm{T}} \boldsymbol{\phi}(x) + b \qquad (8-55)$$

与线性可分支持向量机类似,此时,我们可以得到最小化函数为

$$\begin{cases} \min_{\omega, b} \dfrac{1}{2} \|\boldsymbol{\omega}\|^2 \\ \text{s. t. } y_i(\boldsymbol{\omega}^{\mathrm{T}} \boldsymbol{\phi}(x_i) + b) \geqslant 1, i = 1, 2, \cdots, m \end{cases} \qquad (8-56)$$

这样其对偶问题就变成

$$\max_{\alpha} \sum_{i=0}^{m} \alpha_i - \frac{1}{2} \sum_{i=1}^{m} \sum_{j=1}^{m} \alpha_i \alpha_j y_i y_j \boldsymbol{\phi}(x_i)^{\mathrm{T}} \boldsymbol{\phi}(x_j)$$

$$\text{s. t. } \sum_{i=1}^{m} \alpha_i y_i = 0, \alpha_i \geqslant 0, i = 1, 2, \cdots, m \qquad (8-57)$$

若要对式(8-57)直接求解,就不可避免地要涉及计算$\boldsymbol{\phi}(x_i)^{\mathrm{T}} \boldsymbol{\phi}(x_j)$,由于特征空间的维数可能会很高(3 维及以上),因此,内积后直接计算将会是非常困难的,于是,我们引入这样一个函数,即

$$\kappa(x_i, x_j) = \langle \phi(x_i), \phi(x_j) \rangle = \phi(x_i)^{\mathrm{T}} \phi(x_j) \tag{8-58}$$

这个函数表示,$x_i$和$x_j$在特征空间里的内积可以用两者在原始空间中通过上述引入的函数$\kappa(x_i, x_j)$来等价表示出来,于是,对偶问题式(8-57)就可以写成

$$\begin{cases} \max\limits_{\alpha} \sum\limits_{i=0}^{m} \alpha_i - \dfrac{1}{2} \sum\limits_{i=1}^{m} \sum\limits_{j=1}^{m} \alpha_i \alpha_j y_i y_j \kappa(x_i, x_j) \\ \text{s. t.} \sum\limits_{i=1}^{m} \alpha_i y_i = 0, \alpha_i \geqslant 0, i = 1, 2, \cdots, m \end{cases} \tag{8-59}$$

这样进行求解后可以得到

$$f(x) = \boldsymbol{\omega}^{\mathrm{T}} \phi(x) + b = \sum_{i=1}^{m} \alpha_i y_i \phi(x_i)^{\mathrm{T}} \phi(x_j) + b = \sum_{i=1}^{m} \alpha_i y_i \kappa(x_i, x_j) + b$$

$$\tag{8-60}$$

这里我们引入的函数,即$\kappa(x_i, x_j)$,就是核函数。实际使用中核函数的形式是多样的,它们的不同形式分别代表了不同的支持向量机形式。根据样本数据,样本的个数和其他实际情况,使用前需先确定核函数。常见的核函数我们将在下一节参数选择中详细解释。

4. 多分类情况下的解决方案

针对海上多种目标进行目标属性识别,会出现多种常见目标类型,因此,并不是简单的二分类问题,即目标的种类是多样的。这种情况下需要将问题进行转化,下面介绍此时的解决方案。

(1) 一对多。在该方案下,若需将目标分为有 $N$ 类,则先将第一类(或是最具区分度的一类)标记为 1,其他$(N-1)$类为 $-1$;之后对剩余的$(N-1)$类重复之前的分类步骤,直至将全部 $N$ 类目标分类完成。一对多 SVM 分类器原理框图(以 4 类目标为例)如图 8-9 所示。

(2) 一对一。在该方案下,若共有 $N$ 类目标,则需要训练$C_N^2 = \dfrac{N \times (N-1)}{2}$个分类器,使得任意两类样本之间都存在一个分类器,这样,当对一个未知样本进行分类时,最后得票最多的类别即为该待识别样本的类别。一对一 SVM 分类器原理框图(以 4 类目标为例)如图 8-10 所示。

## 8.2.4　支持向量机的参数选择

1. 核函数的选择

核函数 $K(x_i, x_j)$ 决定了所构造的支持向量机算法中分类面的类型,从而决定了支持向量机算法的类型。在实际应用过程中,常见的核函数有以下几类。

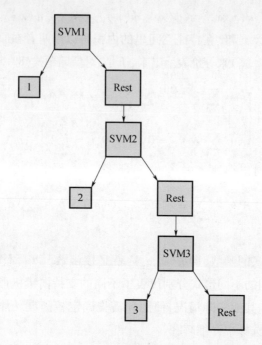

图 8 - 9　一对多 SVM 分类器原理框图(以 4 类目标为例)

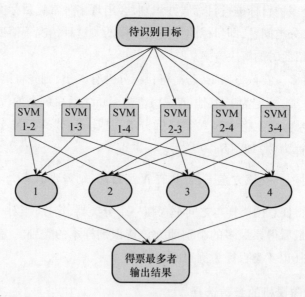

图 8 - 10　一对一 SVM 分类器原理框图(以 4 类目标为例)

(1) 线性核函数(Linear Kernel)为

$$K(x_i, x_j) = \boldsymbol{x}_i^{\mathrm{T}} \boldsymbol{x}_j \qquad (8-61)$$

（2）Sigmoid 核函数（Sigmoid Tanh）为

$$K(x_i,x_j) = \tanh(\gamma\, \boldsymbol{x}_i^{\mathrm{T}} x_j + r) \tag{8-62}$$

（3）多项式核函数（Polynomial Kernel）为

$$K(x_i,x_j) = (\gamma\, \boldsymbol{x}_i^{\mathrm{T}} x_j + r)^d, \gamma > 0 \tag{8-63}$$

（4）径向基核函数（Radial Basis Function,RBF）为

$$K(x_i,x_j) = \exp(-\gamma\, \|x_i - x_j\|^2) \tag{8-64}$$

以上各个核函数中，$\gamma$、$r$、$d$ 为参数。

实践研究证明，RBF 核函数通常是首选,具体原因有如下几点。

（1）通常情况下,简单的线性映射可以通过 RBF 核函数解决,但是当标号与数据变成非线性关系时,问题会变得较为复杂,这种情况下,仍可以使用 RBF 核函数进行求解。

（2）RBF 在某些特定情况下还可以完成其他核函数的部分功能,起到一定的替代作用:线性核其实是 RBF 核的一个特例,并且 RBF 核与某些特定参数下的 Sigmoid 核具有同样的功能。

（3）RBF 核具有相较于其他核函数而言较少的超参数的数量,可以有效地减小计算难度,控制算法的复杂程度,对于复杂的计算而言,可以节约大量的计算时间。

2. 具体参数的选择

选择参数实际上是一个设计 SVM 分类器过程中对其模型类别的选择问题,也是整个分类器设计过程中的核心问题。在使用过程中通常将惩罚因子 $C$ 和 SVM 核函数的参数统称为 SVM 超参数。通过小化某个预测泛化误差等获得 SVM 的佳超参数的重复实验过程就是超参数调节。

惩罚因子 $C$ 作用过程如图 8-11 所示,在支持向量机算法的参数确定过程中,惩罚因子 $C$ 是用来调节分类误差和算法推广能力之间平衡的参数,使用惩罚因子可以完成一个类似自我控制的过程。使用不同的样本进行学习,最优的惩罚因子值也是不同的,而最优的惩罚因子值需要经过多次试验得到。样本相同时,$C$ 的取值大表示对分类误差（或错误）的纠正程度大,因此,使用学习得出的经验进行分类造成的错误风险小,但是分类器利用样本进行学习的复杂度高;反之亦然。然而,在实践过程中,每个用于分类器学习的样本中都存在至少一个能使 SVM 的推广能力达到最好的惩罚因子 $C$ 的值,因此,我们需要进行多次试验以确定一个最优的惩罚因子 $C$ 的值。

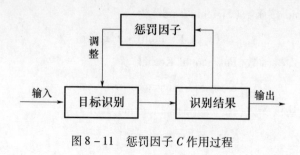

图 8-11　惩罚因子 $C$ 作用过程

# 8.3　末制导雷达编队的选择方法

### 8.3.1　编队选择的基本概念

1. 编队定义

"编队"是指多艘舰船组成、各舰船之间相互位置关系基本不变的舰船组合,只要符合这个特点都可以认为是编队,因此,这里所说的编队并非局限于各国比较固定的编队模式,如美国航空母舰编队、日本的八八编队等,而是广义上的编队概念;但也并不是由多目标组成目标群就是编队,只要满足相互位置关系基本不变这个特点的多目标组合才是编队。常见的水面舰艇编队队形有单纵队、单横队、方位队、人字队、菱形队和梅花形队等,如图 8-12 所示。

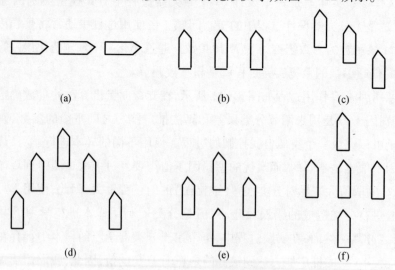

图 8-12　水面舰艇编队典型队形

（a）单纵队；（b）单横队；（c）方位队；（d）人字队；（e）菱形队；（f）梅花形队。

2. 编队选择定义

编队选择,就是指基于编队的上述特点,通过对多艘舰船之间相互位置关系进行图形匹配,进而选择指定目标的方式。

3. 编队选择的特点

编队选择方法的主要特点包括以下几种。

(1) 可在多目标形成的队形中选择指定目标。

(2) 可适应编队整体转向、加减速、队形缩放、目标增减。

(3) 需要保存编队态势信息。

例如,目标指示提供了由 5 条舰船组成的编队,待打击目标为其中位于编队一角的一艘船,弹上雷达导引头开机搜索后发现了这 5 条舰船,舰船之间距离发生了放大或减小,但这并不影响导弹——目标选择,导弹可以依据 5 个目标之间的相对位置关系进行计算,选择待打击的目标。

## 8.3.2　编队目标的选择方法

利用舰艇编队队形结构相对稳定的特点,在反舰导弹发射之前需要将由雷达探测到的目标编队的识别信息装订到导弹程序,末制导雷达开机后,利用拓扑信息不易受雷达系统量测误差影响的特点,将雷达量测进行滤波,得到实时的目标拓扑信息,与导弹装订的目标编队信息作比较,从而识别出目标编队中的指定打击目标,对其进行跟踪[51]。

然而,单纯利用目标间的拓扑信息,无法对具有旋转对称图形结构的编队中的指定目标进行识别,在此基础上,考虑编队运动信息的因素,就可以较为准确地解决以上问题[52]。

在编队的所有目标中,任意选择 3 个目标作为三角形的顶点,可以构成一个结构元。采用三角形结构元的优点是图形简单且稳定性高。因为编队整体运动相对统一稳定,属于编队内每个目标的航向应基本保持一致,所以对于每个结构元,定义各个点的航向的算术平均值为该结构元的航向,通过求算术平均可以进一步减小误差。确定结构元中在航向方向上最落后的点,以该点出发分别指向结构元中另外两个点以构成两个向量,这两个向量与结构元航向的夹角之和作为衡量结构元之间相似度的一项指标,与结构元边长信息一起决定结构元之间的相似度。

通过设置 N/M 逻辑,确保识别结果稳定、可靠。

1. 含运动信息的结构元综合相似度求解

将火控雷达探测到或经验信息库中给出的目标舰队,按照各目标坐标位置划分成若干个结构元,组成数据集合 $A$,将导弹雷达实时探测到的目标编队测量值进行滤波,得到各目标当前时刻的位置估计值,划分成若干个结构元,组成数据集合 $B$。

具体原理如下:

若某平台测得 $N$ 个目标,则可以从中任取 3 个点构成 $C_N^3$ 个三角形结构元,对于每个结构元,分别提取拓扑信息和运动信息,以第 $i$ 个结构元为例:

通过对 $k$ 时刻各目标进行滤波,可以得到目标的状态估计为

$$X_{i,j}(k) = [x_{i,j}(k) \dot{x}_{i,j}(k) y_{i,j}(k) \dot{y}_{i,j}(k)]^i \tag{8-65}$$

式中: $j = 1,2,3$ 表示构成第 $i$ 个结构元中的第 $j$ 个点。

第 $j$ 个点的航向角为

$$\alpha_{V_{j(k)}} = \arctan \frac{\dot{y}_{i,j}(k)}{\dot{x}_{i,j}(k)} \tag{8-66}$$

定义第 $i$ 个结构元的航向角 $\alpha_{V_{123}(k)}$(与 $x$ 轴正方向的夹角)为 1、2、3 三点测得的航向角的算术平均值,即

$$\alpha_{V_{123}(k)} = \frac{1}{3}(\alpha_{V_1(k)} + \alpha_{V_2(k)} + \alpha_{V_3(k)}) \tag{8-67}$$

坐标系旋转示意图如图 8-13 所示,以固定原点 $O$ 将 $x$、$y$ 坐标轴顺时针旋转角度 $\alpha_r(k)$,即

$$\alpha_r(k) = \frac{\pi}{2} - \alpha_{V_{123}}(k) \tag{8-68}$$

得到新的坐标系 $x'Oy'$,在 $x'Oy'$ 下计算点 1、2、3 的坐标值为

$$\begin{cases} \rho'_{i,j}(k) = \rho_{i,j}(k) = \sqrt{x_{i,j}^2(k) + y_{i,j}^2(k)} \\ \theta'_{i,j}(k) = \theta_{i,j}(k) + \frac{\pi}{2} - \alpha_{V_{123}(k)} = \arctan\left(\frac{y_{i,j}(k)}{x_{i,j}(k)}\right) + \frac{\pi}{2} - \alpha_{V_{123}(k)} \end{cases} \tag{8-69}$$

$$\begin{cases} x'_{i,j}(k) = \rho'_{i,j}(k)\cos\theta'_{i,j}(k) \\ y'_{i,j}(k) = \rho'_{i,j}(k)\sin\theta'_{i,j}(k) \end{cases} \tag{8-70}$$

式中: $i = 1,2,\cdots,C_N^3$; $j = 1,2,3$。

选择 $y'_{i,j}(k)(j=1,2,3)$ 中最小的一个点 $j'$ 作为基准点,若同时存在两个最小值,则取其中 $x'_{i,j}(k)$ 较小的一个。从基准点 $j'$ 出发,指向该结构元中另外两个点作两个向量,这两个向量与 $y'$ 轴的夹角和记作 $\beta_i$,即

$$\beta_i = \sum_{\substack{j=1 \\ j \neq j'}}^{3} \arctan \frac{x'_{i,j}(k) - x'_{i,j'}(k)}{y'_{i,j}(k) - y'_{i,j'}(k)} \tag{8-71}$$

在有量测数据的不同目标之间,如果径向距离差 $d_R$ 较小或切向距离差 $d_T$

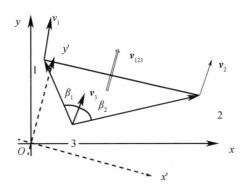

图 8 - 13　坐标系旋转示意图

相对弹目距离 $R$ 较小时,构成的结构元形状会带来较大偏差,从而使结构元中的角度估计值不可信。为保证 $\beta_i$ 有较高精度,本方法的适用范围为

$$\begin{cases} d_R > 2\sigma_\rho \\ d_T > 2R\sigma_\theta \end{cases} \qquad (8-72)$$

式中:$\sigma_\rho$、$\sigma_\theta$ 分别为径向距离和方位角量测误差。

对于不同数据集合的两个结构元 $i$ 与 $i'$,对应边长 $l_{j_1 j_2}$ 与 $l_{j_1' j_2'}$ 的相似度 $d_{j_1 j_2}$ 可以定义为

$$d_{j_1 j_2} = 1 - \frac{\text{abs}(l_{j_1 j_2} - l_{j_1' j_2'})}{\max(l_{j_1 j_2}, l_{j_1' j_2'})} \qquad (8-73)$$

式中:$\forall j_1 \in \{1,2,3\}$,$\forall j_2 \in \{1,2,3\}$,$j_1 \neq j_2$,显然,有 $d_{j_1 j_2} \in (0,1]$。当边长 $l_{j_1 j_2}$ 与 $l_{j_1' j_2'}$ 相等时,$d_{j_1 j_2} = 1$ $d_{j_1 j_2} = 1$;边长 $l_{j_1 j_2}$ 与 $l_{j_1' j_2'}$ 相差越大,$d_{j_1 j_2}$ 越趋向于 0。

对于不同数据集合的两个结构元 $i$ 与 $i'$,对应的 $\beta$ 相似度可定义为

$$d_\beta = 1 - \frac{\text{abs}(\beta_i - \beta_i')}{2\pi} \qquad (8-74)$$

显然,有 $d_\beta \in (0,1]$。当两结构元的航向信息完全相同时,$\beta_i$ 与 $\beta_i'$ 相等,此时,$d_\beta = 1$;两结构元的航向相差越大,$d_\beta$ 越趋向于 0。

设结构元的相似性向量为

$$\boldsymbol{M}_{ii'} = (d_{12}, d_{23}, d_{13}, d_\beta)' \qquad (8-75)$$

于是,定义 $k$ 时刻两结构元 $i$ 与 $i'$ 的综合相似度为

$$\mu_{ii'}(k) \triangleq S_k(\boldsymbol{M}_{ii'}) = S_k(d_{12}, d_{23}, d_{13}, d_\beta) \qquad (8-76)$$

式中:$S_k$ 为综合函数,兼有保序性和综合性的特点,可采用的形式为

$$S_k(\boldsymbol{M}_{ii'}) = (a_1 d_{12}^q + a_2 d_{23}^q + a_3 d_{13}^q + a_4 d_\beta^q)^{1/q} \qquad (8-77)$$

式中：$q > 0, a_l \in (0,1), \sum_{l=1}^{4} a_l = 1$，并且

$$S_k(\boldsymbol{M}_{ii'}) = (d_{12}^q d_{23}^q d_{13}^q d_{\beta}^q)^{1/4} \tag{8-78}$$

这样，$\mu_{ii'}(k)$ 便是综合了 $d_{12}$、$d_{23}$、$d_{13}$、$d_{\beta}$ 后所得到的融合结果，它包含有两个结构元之间的拓扑信息相似度与航向信息相似度。

如果两个结构元全等且运动方向相同，则 $\mu_{ii'}(k) = 1$，两个结构元形状或航向相差越大，则 $\mu_{ii'}(k)$ 就越趋向于 0。

考虑到计算的简单一般性，令

$$\mu_{ii'}(k) = \frac{1}{4}(d_{12} + d_{23} + d_{13} + d_{\beta}) \tag{8-79}$$

### 2. 基于结构元综合相似度的目标选择技术

在确定了每对结构元之间的综合相似度 $\mu_{ii'}(k)$ 后，可以通过以下步骤对编队中的目标进行选择识别。

(1) 对于集合 $\boldsymbol{A}$ 中的每个结构元 $a_i$，总可以找到一个集合 $\boldsymbol{B}$ 中与之综合相似度 $\mu_{ii'}(k)$ 最大的结构元 $b_j$，这样对应两个的结构元相互称为相似结构元，将所有的相似结构元配对，进行粗关联，用相似配对矩阵 $\boldsymbol{R}$ 记录下来，例如，集合 $\boldsymbol{A}$ 中有 4 个结构元，次序编号为 $\{1,2,3,4\}$，按照相似度最大准则分别对应于集合 $\boldsymbol{B}$ 中编号为 $\{4,1,3,2\}$ 的结构元，则 $\boldsymbol{R}$ 表示为

$$\boldsymbol{R} = \begin{bmatrix} 4 & 1 & 3 & 2 \end{bmatrix} \tag{8-80}$$

(2) 对于集合 $A$ 所在平台中的每个目标点 $\delta_A(j), (j = 1, 2, \cdots, N)$，找出以 $\delta_A(j)$ 作为顶点的所有结构元编号，用矩阵 $\boldsymbol{T}_A$ 记录下来，其中第 $j$ 行所有元素对应于以第 $j$ 个点为顶点的所有结构元编号。例如，目标点 $\delta_A(1)$ 是编号为 $\{1,3,4\}$ 的结构元的公共顶点，目标点 $\delta_A(2)$ 是编号为 $\{1,2,3\}$ 的结构元的公共顶点，目标点 $\delta_A(3)$ 是编号为 $\{2,3,4\}$ 的结构元的公共顶点，目标点 $\delta_A(4)$ 是编号为 $\{1,2,4\}$ 的结构元的公共顶点，则 $\boldsymbol{T}_A$ 表示为

$$\boldsymbol{T}_A = \begin{bmatrix} 1 & 3 & 4 \\ 1 & 2 & 3 \\ 2 & 3 & 4 \\ 1 & 2 & 4 \end{bmatrix} \tag{8-81}$$

同理，在集合 $\boldsymbol{B}$ 所在平台中，找出以 $\delta_B(j)$ 作为顶点的所有结构元编号，用矩阵 $\boldsymbol{T}_B$ 记录下来，如

$$T_B = \begin{bmatrix} 1 & 2 & 4 \\ 1 & 2 & 3 \\ 1 & 3 & 4 \\ 2 & 3 & 4 \end{bmatrix} \qquad (8-82)$$

（3）按照相似配对矩阵 $R$ 给出的集合 $A$ 与集合 $B$ 之间的结构元对应关系,将矩阵 $T_A$ 中所有集合 $A$ 中结构元的编号更新为集合 $B$ 中对应结构元的编号,得到矩阵 $T_A'$,即

$$T_A' = \begin{bmatrix} 4 & 3 & 2 \\ 4 & 1 & 3 \\ 1 & 3 & 2 \\ 4 & 1 & 2 \end{bmatrix} \qquad (8-83)$$

（4）对于矩阵 $T_A'$ 中第 $i$ 行的每个元素,在矩阵 $T_B$ 中的第 $j$ 行寻找含有共同元素的个数 $t_{i,j}$,建立目标相似匹配矩阵 $S$,将 $t_{i,j}$ 记录在矩阵 $S$ 的第 $i$ 行第 $j$ 列,显然,该元素表示集合 $A$ 所在平台中的第 $i$ 个目标点 $\delta_A(i)$ 与集合 $B$ 所在平台中的第 $j$ 个目标点 $\delta_A(j)$ 之间相似结构元的个数。就上述例子来说,$T_A'$ 的第 3 行与 $T_B$ 的第 2 行有 3 个共同元素 $\{1,2,3\}$,所以 $S(3,2)=3$,同理,将所有目标都进行相似匹配,可以得到

$$S = \begin{bmatrix} 2 & 2 & 2 & 3 \\ 2 & 2 & 3 & 2 \\ 2 & 3 & 2 & 2 \\ 3 & 2 & 2 & 2 \end{bmatrix} \qquad (8-84)$$

（5）设事件 $E$ 为"点 $\delta_A(i)$ 与点 $\delta_B(j)$ 相似结构元的个数 $t_{i,j}$ 多于点 $\delta_A(i)$ 与其他点相似结构元的个数,且 $t_{i,j}/C_{N-1}^2$ 超过某一特定门限（称为相似度门限）"。在 $M$ 个连续时刻内,如果事件 $E$ 发生的次数大于等于 $N$ 次,则认为 $\delta_B(j)$ 就是 $\delta_A(i)$ 对应的目标。

## 本章小结

海战场特性能够影响末制导雷达探测性能及效能的发挥。本章首先介绍了海战场的目标与环境特性,然后介绍了末制导雷达特征识别方法,包括末制导雷达特征匹配识别方法和基于支持向量机的目标识别方法,最后介绍了末制导雷达编队的选择方法。

# 思 考 题

1. 简述舰船目标的特性。

2. 简述地球曲率对雷达作用距离的影响。

3. 简述海杂波的频谱分布特性。

4. 简述海情分级方法。

5. 简述目标特征参数的种类及特征识别方法的分类。

6. 简述基于特征匹配识别方法的基本思想。

7. 简述基于支持向量机的目标识别方法的基本思想。

8. 简述末制导雷达编队目标选择方法。

# 第9章　末制导雷达电子干扰与抗干扰技术

雷达电子干扰按不同方式可以有不同的分类,图9-1给出了一种相对全面的雷达干扰分类。

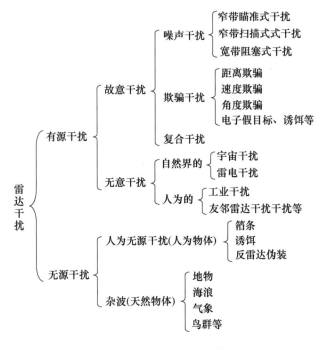

图9-1　雷达面临的干扰

对于反舰导弹末制导雷达的干扰从实现方式上与普通雷达又有一些不同。本章重点从末制导雷达干扰的作战使用上展开介绍,重点介绍舷外干扰和舰载有源干扰。

## 9.1　舷外干扰

舷外干扰是舰船通过将干扰物质或装置布放至舰身以外区域形成干扰的干扰方式,主要有舷外无源干扰和舷外有源干扰两种。其中,舷外无源干扰是指舰船通过施放某些反射(散射)或吸收电磁波的特制器材,扰乱电磁波的传播,改变受保护目标的散射特性或者形成假目标,从而掩护或遮盖受保护目标的一种干扰方式;舷外有源干扰是指舰船通过布放能够辐射电磁信号的装置产生干扰的干扰方式,这种方式多为欺骗干扰。

### 9.1.1 舷外无源干扰

舷外无源干扰种类繁多,如箔条干扰、反射器干扰、红外诱饵干扰、烟幕干扰等方式,其中,应用最广泛的无源干扰是箔条干扰。这里重点介绍箔条干扰和反射器干扰两种干扰方式。

1. 箔条干扰

箔条干扰[53]是通过在空间投放大量随机分布的镀金属介质或金属反射体产生二次辐射对主动雷达造成的干扰,它可以产生与噪声类似的杂乱回波,以遮盖真实目标的回波。

舰船一般装备有2~4部箔条发射装置,在雷达干扰机的配合下,舰船可以通过箔条弹对敌方平台搜索雷达和反舰导弹的末制导雷达进行迷惑、冲淡、转移和质心四种方式的干扰。

(1)迷惑干扰。一般指对敌方平台搜索雷达进行假目标迷惑。当舰载雷达侦察告警设备发现敌方搜索雷达开机搜索时,用远程箔条干扰火箭向距舰身较远位置发射多枚箔条弹,形成多个假目标,对敌方搜索雷达起到扰乱与饱和压制的作用,从而降低舰船的暴露概率。迷惑干扰方式的示意图如图9-2所示。

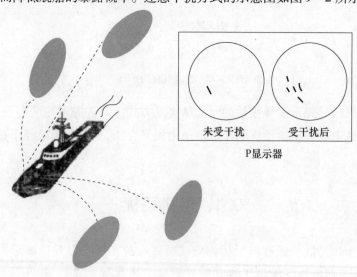

图9-2 迷惑干扰方式示意图

（2）冲淡干扰。当舰载侦察系统和低空快速防御系统发现来袭反舰导弹后，立即在舰船周围的适当位置发射多枚箔条弹，力争在反舰导弹末制导雷达开机前，形成多个假目标，降低来袭导弹跟踪真实舰船目标的概率。冲淡干扰方式的示意图如图9－3所示。

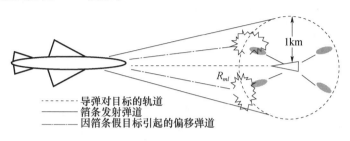

图9－3　冲淡干扰方式示意图

（3）转移干扰。这是在舰船已经被来袭导弹末制导雷达跟踪上之后，为摆脱被跟踪状态而采取的一种干扰方式。此时，舰船将在距舰身较近的适当位置布放箔条干扰弹，同时实施距离拖引干扰和噪声压制干扰，致使弹载末制导雷达丢失目标，并使其重新搜索，进而使其跟踪箔条云假目标，然后舰船迅速机动逃逸。转移干扰方式的示意图如图9－4所示。

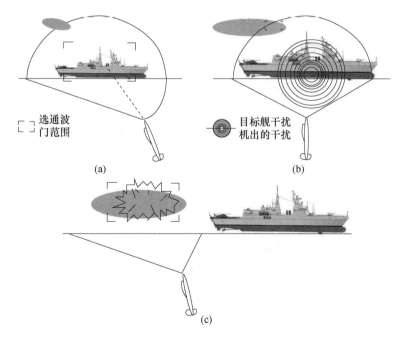

图9－4　转移干扰方式示意图

（a）发射时机；（b）波门被拖引至箔条云；（c）导弹误击箔条云。

（4）质心干扰。这种干扰方式是在转移干扰方式无效后使用的一种干扰手段。在实施干扰时,舰船在舰身周围发射多枚箔条弹使舰船与箔条云假目标同时处于弹载主动雷达的距离跟踪波门之内,使其无法分辨,进而输出错误的目标角度测量信息。此时,舰船根据风向快速机动,减小舰船在雷达主波束内的雷达截面积,致使反舰导弹偏向箔条云,降低舰船受损概率。质心干扰方式的示意图如图 9 - 5 所示。

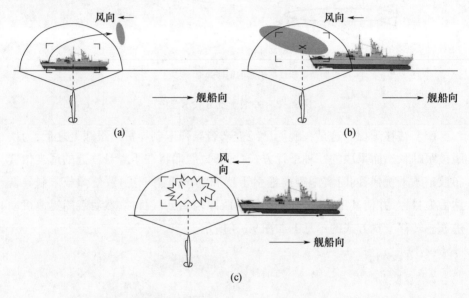

图 9 - 5　质心干扰方式示意图

（a）发射方向；（b）跟踪波门移位；（c）导弹误击箔条云。

对质心干扰方式的建模只考虑两点源形成质心干扰的情况,其原理如下。

两点源质心干扰原理示意图如图 9 - 6 所示,$A$ 为弹载主动雷达,$S$ 为舰船目标,$F$ 为假目标,$AH$ 为弹载主动雷达天线轴线方向,$\theta_S$ 为舰船目标的真实方位角,$\theta_F$ 为假目标的真实方位角,$\theta_D$ 为舰船目标与假目标形成质心干扰后的雷达输出方位角。当舰船目标与假目标所构成的波程差足够小时,舰船目标与假目标就能对弹载主动雷达形成质心干扰,此时,雷达的输出方位角 $\theta_D$ 可以由下式计算,即

$$\theta_D = \frac{-\Delta\theta(1 + \beta\cos\varphi)}{1 + 2\beta\cos\varphi + \beta^2} + \theta_F \tag{9-1}$$

式中:$\Delta\theta$ 为舰船目标与假目标相对于天线轴线方向的张角:$\Delta\theta = \theta_F - \theta_S$;$\varphi$ 为舰船目标与假目标的相位差;$\beta$ 为舰船目标与假目标的信号幅度比。

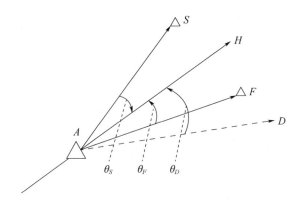

图 9 - 6　两点源质心干扰原理示意图

2. 反射器干扰

反射器是一种能产生很大雷达截面积和较宽二次辐射方向图的无源雷达干扰器材,主要有角反射器和龙伯透镜反射器。

角反射器的电磁波反射部分通常由 3 个互相垂直的金属平板构成。按其面板结构可分为三角形反射器、圆弧形反射器和方形反射器,角反射器结构示意图如图 9 - 7 所示。由于金属平面对电磁波呈镜面反射,而且角反射器可在较大的角范围内(25°~50°),将入射电磁波经过 3 次反射后按原方向反射回去,因而,能产生较大的雷达反射面积,角反射器反射电磁波示意图如图 9 - 8 所示。角反射器对电磁波反射有较强的方向性。在角反射器的中心轴方向上(中心轴与三个垂直轴的夹角相等为 54.75°)雷达散射面积最大,在中心轴以外的方向上,其反射强度逐渐降低。通常,为了增宽角反射器的方向性,把几个空间不同指向的角反射器组合起来使用,使其具有近似全方位覆盖的性能[54]。

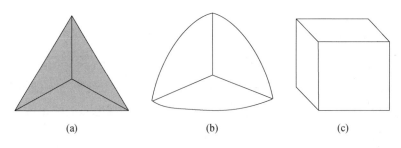

(a)　　　　　　　　　(b)　　　　　　　　　(c)

图 9 - 7　角反射器结构示意图

(a)三角形反射器;(b)圆弧形反射器;(c)方形反射器。

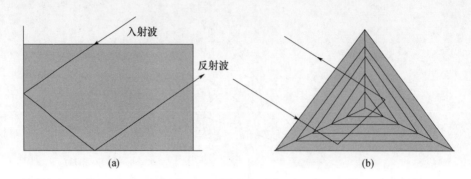

图 9 - 8　角反射器反射电磁波示意图

(a)双面角反射器;(b)三角面反射器。

角反射器也是目前使用较为广泛的无源欺骗干扰设备之一,其功能与箔条弹类似,但角反射器通常是浮标式的,可以看作是静止假目标,所以其运动模型可由静止坐标加上随机扰动构成。这里给出几种常见的角反射器有效反射面积的数学模型[55]。

(1)三角形角反射器。三角形角反射器的有效反射面积为

$$\sigma_h = 4.19 \frac{a^4}{\lambda^2} \qquad (9-2)$$

式中:$a$ 为角反射器的垂直边长;$\lambda$ 为雷达工作波长。

(2)圆形角反射器。圆形角反射器的有效反射面积为

$$\sigma_h = 15.6 \frac{a^4}{\lambda^2} \qquad (9-3)$$

式中:$a$ 为角反射器的垂直边长;$\lambda$ 为雷达工作波长。

(3)方形角反射器。方形角反射器的有效反射面积为

$$\sigma_h = 37.3 \frac{a^4}{\lambda^2} \qquad (9-4)$$

式中:$a$ 为角反射器的垂直边长;$\lambda$ 为雷达工作波长。

龙伯透镜反射器是在龙伯透镜的局部表面镀上金属反射层(金属帽)而构成的雷达反射器。这种透镜是一个介质球,球体中每一点的折射率随着与中心距离的增大而减小。它能把入射到它一个半球上的平面电磁波能量收集起来,在球内经过折射后聚集于局部镀有金属的另一半球面的中心,从而将入射电磁波其沿原来路径辐射出去,其原理如图 9 - 9 所示。由于这一特性,当金属反射帽口面为圆形,并对球心有90°的圆锥角时,在对顶的90°锥角范围内,反射器的雷达截面积就有均匀的角度响应,因此,其雷达截面积比角反射器大,且具有良

好的方向性和频率特性,龙伯透镜二次辐射方向图如图 9 - 10 所示。龙伯透镜反射器具有体积小、重量小、方向图宽的优点,但制造工艺复杂,造价高。

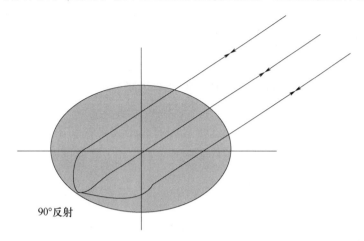

图 9 - 9　龙伯透镜射线轨迹图

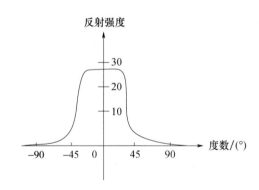

图 9 - 10　龙伯透镜二次辐射方向图

## 9.1.2　舷外有源干扰

舷外有源干扰主要是指投掷或拖曳在舰船之外的有源干扰设备,这类干扰设备可以转发来自反舰导弹末制导雷达的信号,干扰弹载主动雷达的跟踪;也可以模拟舰载辐射源工作,对弹载被动雷达形成假目标欺骗干扰。目前,常见的舷外有源干扰包括悬停式有源诱饵弹、漂浮式有源诱饵弹和拖曳式有源诱饵弹[56]。

1. 悬停式有源诱饵

目前,常用的悬停式有源诱饵有无动力悬停有源诱饵弹和带动力悬停有源诱饵弹两种。无动力悬停有源诱饵弹可从箔条发射器发射,投放后悬挂在展开的翼伞下,通过诱饵弹上的自主雷达干扰机侦收并转发弹载末制导主动雷达的信号,逐步诱使反舰导弹偏离舰船飞向诱饵弹。这种悬停式有源诱饵弹干扰设备必须依赖降落伞,因此,它的留空时间受气象条件影响较大,使用时对气象条件要求较高。典型的装备有英法合作研制的"海妖"诱饵弹系统。

带动力悬停式有源诱饵弹自身携带小型固体火箭发动机,使用舰载箔条发射器发射,投放后可在尾翼、折叠翼和由电动机驱动的螺旋桨的作用下稳定飞行并展开两个天线,使用其中一个来接收反舰导弹末制导雷达的信号,将信号放大后从另一个天线发射出去。这种悬停有源干扰设备利用弹上电池可以飞行几分钟,留空时间长,受气象条件影响小,且具有一定的可控性,不足之处是设备较为复杂。

2. 漂浮式有源诱饵

漂浮式有源诱饵可以干扰海面上的超低空掠海飞行的反舰导弹。漂浮式有源诱饵干扰设备从舷外箔条发射器发射,自身携带固体火箭发动机,由火箭发动机推进,在离舰一定距离处入水,浮出水面后即可开始工作,通过欺骗性信号诱使反舰导弹偏离舰船目标。这种干扰设备可利用海水激活电池,具有长时间、连续干扰的能力。漂浮式有源干扰适合于实施较大功率的干扰,典型装备包括 LURES 雷达浮标诱饵、美国利顿公司研制的战术浮标模拟器和 AN/SSQ – 95(V)主动电子浮标。

3. 拖曳式有源诱饵

拖曳式有源诱饵通常是舰船拖曳的载有干扰平台的小艇,干扰设备所有分系统均安装在小艇的防水装置内。它利用桅顶天线罩内的接收天线探测弹载末制导雷达的信号,可以对来袭导弹进行多种方式的有源干扰。这种设备具有不受体积限制、干扰功率大、干扰样式多的优点。典型的装备有英国的 TOAD 雷达诱饵系统。

# 9.2 舰载有源干扰

舰载有源干扰可以分为噪声压制干扰和有源欺骗干扰。

## 9.2.1 噪声压制干扰

1. 噪声干扰信号

(1) 射频噪声。射频噪声干扰是直接将正态噪声放大、发射出去的一种干扰样式。它是用适当的滤波器对白噪声滤波,并经过放大得到有限频带的噪声[57]。因此,当噪声的频谱宽度大于中频放大器带宽时,中放输出为窄带噪声,射频噪声可用窄带噪声表示,即

$$u_j(t) = U_n(t)\cos\left[\omega_j + \varphi(t)\right] \tag{9-5}$$

式中: $U_n(t)$ 服从瑞利分布;相位 $\varphi(t)$ 服从 $[0, 2\pi]$ 均匀分布,且与 $U_n(t)$ 相互独立;载波 $\omega_j$ 为常数。

当输入的噪声为正态分布时,窄带线性系统的输出亦为正态分布,其表示为

$$p(u_j) = \frac{1}{\sqrt{2\pi}\sigma}e - \frac{u_j^2}{2\sigma^2} \tag{9-6}$$

式中: $\sigma^2$ 为输出噪声的方差。

噪声是一种功率型信号,具有有限的功率而能量无限,所以只能用功率谱表征其频率特性。理想的白噪声具有均匀的无限频谱,实际白噪声则只存在正的频率分量,射频噪声是将白噪声经射频放大后形成的干扰信号。由于放大器的有限带宽,使射频噪声成为带限白噪声,其带宽由放大器带宽决定,为了便于理论分析,其功率谱可以设为

$$G_j(f) = \begin{cases} \dfrac{\sigma^2}{\Delta f_j}, & |f - f_j| \leqslant \dfrac{\Delta f_j}{2} \\ 0, & \text{其他} \end{cases} \tag{9-7}$$

式中: $\Delta f_j$ 为干扰带宽; $f_j$ 为射频噪声干扰的中心频率。

根据维纳 - 欣钦定理,信号的自相关函数和功率普密度函数之间是傅里叶变换对的关系,由此可得到射频噪声的自相关函数为

$$R_j(\tau) = \int_0^\infty G_j(f)\cos 2\pi f\tau \mathrm{d}f = \sigma^2\frac{\sin\pi\Delta f_j}{\pi\Delta f_j\tau}\cos 2\pi f_j\tau \tag{9-8}$$

通过计算机仿真,可以分别得到射频噪声波形及其功率谱,如图 9 - 11 所示。

射频噪声干扰的熵最大,遮盖性好,但它的平均功率远低于峰值功率,同时微波器件产生的噪声功率电平太低(微瓦级),难以对其作微波功率放大,所以难以得到大的干扰功率。射频噪声是非调制信号的主要形式,但目前不是主要的干扰形式。

(2)噪声调幅信号。噪声调幅信号是指载波振荡的幅度随调制噪声的变化而变化的一种随机信号。其数学表达式为

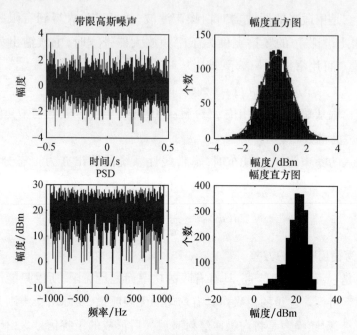

图 9 - 11　射频噪声波形及其功率谱

$$u_j(t) = A(t)\cos\omega_j t \tag{9-9}$$

式中：$A(t) = U_0 + u_n(t)$，$U_0$、$\omega_j$ 分别为载频振幅与角频率，$u_n(t)$ 为调制噪声，它是均值为零，方差为 $\sigma^2$ 的广义平稳随机过程。

噪声调幅信号是非平稳随机信号，其相关函数为

$$R(t,\tau) = \frac{1}{2}E\{A(t)A(t+\tau)[\cos\omega_j\tau + \cos(2\omega_j t + \omega_j\tau)]\} \tag{9-10}$$

可见，相关函数不仅与时间间隔 $\tau$ 有关，也与时间起点 $t$ 有关。为了得到噪声调幅干扰的相关函数，应将式(9-10)对时间取平均，从而

$$R(\tau) = \frac{1}{2}R_A(\tau)\cos(\omega_j\tau) \tag{9-11}$$

式中：$R_A(\tau) = E[A(t)A(t+\tau)] = u_0^2 + R_n(\tau)$，$R_n(\tau) = E[u_n(t)u_n(t+\tau)]$ 为调制噪声的相关函数。将其代入式(9-7)得到噪声调幅的相关函数为

$$R(\tau) = \frac{1}{2}u_0^2\cos(\omega_j\tau) + \frac{1}{2}R_n(\tau)\cos(\omega_j\tau) \tag{9-12}$$

噪声调幅干扰信号对应的功率谱密度为

$$G(f) = \frac{1}{2}u_0^2[\delta(f+f_j) + \delta(f-f_j)] + \frac{1}{2}[G_n(f+f_j) + G_n(f-f_j)]$$

$$\tag{9-13}$$

式中：$G_n(f)$ 为调制噪声的功率谱密度。

由式(9 – 13)可知，噪声调幅干扰是由载频和两个对称于载频的旁瓣谱组成的，旁瓣谱的形状与噪声的功率谱相同，因此，噪声调幅干扰的频谱宽度为噪声宽度的 2 倍，即

$$B_j = 2f_n \qquad\qquad (9 - 14)$$

通过计算机仿真，可以分别得到噪声调幅信号波形及其频谱，如图 9 – 12 所示。

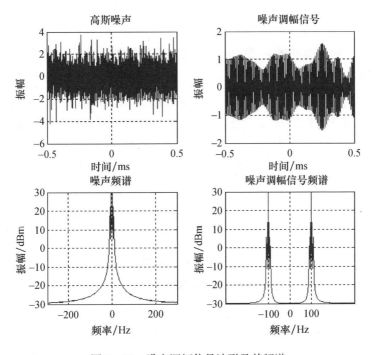

图 9 – 12　噪声调幅信号波形及其频谱

由于雷达接收机检波器的输出正比于噪声调制信号的包络，因此，起遮盖干扰作用的是旁瓣成分，且旁瓣功率 $P_{sl}$ 为

$$P_{sl} = \frac{\sigma^2}{2} \qquad\qquad (9 - 15)$$

式中：$\sigma^2$ 为调制功率。若 $P_0 = u_0^2/2$，$m_{Ae} = \sigma/u_0$ 分别为载波功率与有效调制系数，则 $P_{sl}$ 有以下形式，即

$$P_{sl} = m_{Ae}^2 P_0 \qquad\qquad (9 - 16)$$

有效调制系数 $m_{Ae}$ 与最大调制系数(噪声最大值 $u_{n\max}$ 与载波幅度 $u_0$ 的比值) $m_A$ 的关系为

$$m_A = \frac{u_{n\max}}{\sigma} \cdot \frac{\sigma}{u_0} = k_c m_{Ae} \qquad (9-17)$$

式中：$k_c$ 为噪声的峰值系数。在不产生过调制条件下，即 $m_A \leqslant 1$ 时，旁瓣功率为

$$P_{sl} \leqslant \frac{P_0}{k_c^2} \left(\frac{1}{3\sim4}\right)^2 P_0 = \frac{1}{9\sim16} P_0 \qquad (9-18)$$

可见旁瓣功率只占载波功率很小的部分。要提高旁瓣功率，可提高载波功率 $P_0$，但载波功率受振荡管功率限制，此方法是低效的；其次是降低 $k_c$，即可降低限幅电平来降低 $k_c$，但此方法将使噪声结构变坏，降低对回波信号的掩盖性能，也可能产生新的频谱分量。为兼顾噪声质量与较大的 $m_{Ae}$，通常 $k_c$ 为 $1.4 \sim 2$。由于噪声调幅干扰的带宽较窄（$B_j = 2f_n$），因此只适合于窄带瞄准干扰。

（3）噪声调频信号。噪声调幅信号的频谱宽度仅为调制噪声频谱宽度的 2 倍，故噪声调幅干扰为窄带干扰。为了产生宽频带干扰，主要采用噪声调频信号。

所谓噪声调频信号，就是载波的频率（或角频率）随调制噪声电压的变化而变化的一种随机信号。噪声调频信号的表达式为

$$u_j(t) = U_0 \cos\left[\omega_j t + 2\pi K_{fm}\int_0^t u_n(\tau)\mathrm{d}\tau + \varphi\right] \qquad (9-19)$$

式中：调制噪声 $u_n(t)$ 为零均值、广义平稳的随机过程；$\varphi$ 为 $[0, 2\pi]$ 均匀分布，且与 $u_n(t)$ 相互独立的随机变量；$U_0$ 为噪声调频信号的幅度；$\omega_j$ 为噪声调频信号的中心频率；$K_{fm}$ 为调频斜率。

噪声调频干扰信号为广义平稳的随机过程，并考虑调制噪声 $u_n(t)$ 具有如下功率谱 $G_n(f)$，即

$$G_n(f) = \begin{cases} \dfrac{\sigma^2}{\Delta f_n}, & 0 \leqslant f \leqslant \Delta f_n \\ 0, & \text{其他} \end{cases} \qquad (9-20)$$

容易求得其均值为零，相关函数为

$$R_j(\tau) = \frac{U_0^2}{2}\mathrm{e}^{-\frac{\sigma^2(\tau)}{2}\cos\omega_j\tau} \qquad (9-21)$$

式中：$\sigma^2 = 2m_{fe}^2\Delta\Omega_n\int_0^{\Delta\Omega_n}\dfrac{1-\cos\Omega\tau}{\Omega^2}\mathrm{d}\Omega$，其中 $\Delta\Omega_n = 2\pi\Delta f_n$ 为调制噪声的频宽，

$m_{fe} = K_{fm}\sigma/\Delta f_n = f_{de}/\Delta f_n$ 为有效调频指数，$f_{de}$ 为有效调频带宽。由式（9-21）可求得噪声调频信号功率谱的表达式为

$$G_j(\omega) = u_0 \int_0^\infty \cos(\omega_j - \omega) \tau \exp\Big[\Delta\Omega_n \int_0^{\Delta\Omega_n} \frac{1 - \cos\Omega\tau}{\Omega^2} d\Omega\Big] d\tau \quad (9-22)$$

式(9-22)中的积分只有当 $m_{fe} \geqslant 1$ 和 $m_{fe} \leqslant 1$ 时才能近似求解。当 $m_{fe} >$ 0.7 时,噪声干扰频谱的形状正比于调制噪声的幅度概率密度形状。高斯噪声调频时,噪声调频信号的功率谱为

$$G_j(f) = \frac{E^2}{2} \frac{1}{\sqrt{2\pi} f_{de}} \exp\Big[ -\frac{(f - f_{de})^2}{2f_{de}^2} \Big] \quad (9-23)$$

式中: $E$ 为噪声调频信号电压振幅,是常数(忽略其寄生调幅)。

噪声调频干扰的频带宽 $B_j$,可按半功率电平对应的两个频率之差定义,即

$$\exp\Big[ -\frac{(B_j/2)^2}{2f_{de}^2} \Big] = 1/2 \quad (9-24)$$

所以,有

$$B_j = 2\sqrt{2\ln 2} f_{de} \approx 2.35 f_{de}$$

通过计算机仿真,可以分别得到噪声调频信号波形及其频谱,如图 9-13 所示。噪声调制信号的功率等于载波功率 $E^2/2$ (对式(9-19)积分可得),即调制噪声功率不对已调波的功率发生影响。噪声调频信号带宽与调制噪声带宽无关,而决定于调制噪声功率(对于高斯噪声来说,调制噪声功率即为方差 $\sigma^2$,改变方差可方便的改变干扰频宽)和调制指数 $m_{fe}$,功率越大,频带越宽。噪声调频信号常用于宽带阻塞式干扰,也用于瞄准式干扰。噪声调频信号的最大优点是它的幅度恒定,因此可充分利用功率放大器的效率,产生大功率干扰信号。

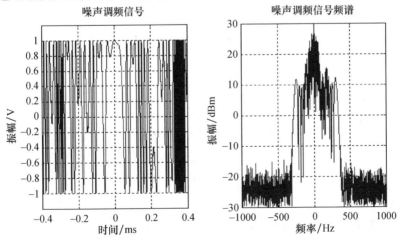

图 9-13　噪声调频信号波形及其频谱

2. 噪声压制干扰分类

噪声压制干扰通过发射大功率噪声信号来遮盖或淹没舰船目标的雷达回波,降低弹载末制导主动雷达的信噪比,从而降低其目标检测概率,使之无法正常工作。根据压制干扰机的特性参数可以把噪声压制干扰分为以下 3 类。

(1) 瞄准式噪声干扰。瞄准式噪声压制干扰一般需满足干扰信号中心频率与雷达接收机的中心频率相等以及干扰信号的带宽基本等于雷达接收机带宽两个条件。瞄准式噪声压制干扰的主要优点是在雷达接收带宽内的干扰功率强,缺点是对频率引导的要求高。

(2) 阻塞式噪声压制干扰。阻塞式噪声压制干扰的干扰信号中心频率处在雷达接收机的中心频率附近,压制信号带宽远大于雷达接收机的带宽。阻塞式噪声压制干扰的主要优点是对频率引导精度要求低,且可以同时干扰不同工作频率的雷达,缺点是在雷达接收带宽内的干扰功率较低。

(3) 扫频式噪声压制干扰。扫频式噪声压制干扰的干扰信号中心频率是连续的周期函数,干扰带宽基本等于或略大于雷达接收机的带宽。扫频式噪声压制干扰克服了瞄准式噪声压制干扰对频率引导精度要求高的缺点和阻塞式噪声压制干扰在雷达接收带宽内干扰功率密度不够高的缺点,能对雷达造成周期性的强噪声干扰。

依据噪声压制干扰的主要特性参数:干扰机发射功率 $P_j$、干扰信号中心频率 $f_j$ 和干扰信号带宽 $B_j$,建立以下两类噪声压制干扰的干扰信号接收模型。

(1) 瞄准式噪声压制干扰信号接收模型。瞄准式噪声压制干扰一般需满足干扰信号中心频率与雷达接收机的中心频率相等以及干扰信号的带宽基本等于雷达接收机带宽两个条件。瞄准式噪声压制干扰的主要优点是在雷达接收带宽内的干扰功率强,缺点是对频率引导的要求高。

瞄准式噪声压制干扰的干扰信号功率 $P_{rj}$,可以用下面的公式计算:

$$P_{rj} = \frac{P_j G_j G_r c^2 L_r \gamma_j}{(4\pi R f_r)^2} \qquad (9-25)$$

式中:$P_j$ 为干扰信号发射功率;$G_j$ 为干扰机发射天线增益;$G_r$ 为雷达接收天线增益;$c$ 为光速;$L_r$ 为雷达接收损耗;$\gamma_j$ 为极化失配损失系数;$R$ 为干扰源到雷达的距离;$f_r$ 为雷达的工作频率。

(2) 阻塞式噪声压制干扰信号接收模型。阻塞式噪声压制干扰的干扰信号中心频率处在雷达接收机的中心频率附近,压制信号带宽远大于雷达接收机的带宽。阻塞式噪声压制干扰的主要优点是对频率引导精度要求低,且可以同时干扰不同工作频率的雷达,缺点是在雷达接收带宽内的干扰功率较低。

阻塞式噪声压制干扰的干扰功率 $P_{rj}$ 可以由以下公式计算,即

$$P_{rj} = \frac{P_j G_j G_r c^2 L_r B_r \gamma_j}{(4\pi R f_r)^2 B_j} \qquad (9-26)$$

式中: $P_j$ 为干扰信号发射功率; $G_j$ 为干扰机发射天线增益; $G_r$ 为雷达接收天线增益; $c$ 为光速; $L_r$ 为雷达接收损耗; $B_r$ 为雷达接收带宽; $\gamma_j$ 为极化失配损失系数; $R$ 为干扰源到雷达的距离; $f_r$ 为雷达的工作频率; $B_j$ 为干扰信号带宽。

3. 压制性干扰下自卫距离

雷达的自卫距离,又称雷达的烧穿距离(Burnthrough Range),指的是雷达在有干扰情况下的最大作用距离。建立一个在干扰条件下的雷达探测目标模型,其几何位置关系如图 9-14 所示。

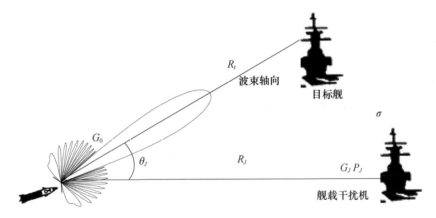

图 9-14　干扰机和雷达几何参数、位置示意图(俯视图)

由图 9-14 可以确定雷达接收到干扰机能量为

$$P_{rJ} = \left(\frac{P_J G_J}{4\pi R_J^2}\right) = \left(\frac{\lambda^2 G(\theta_J)}{4\pi}\right) = \frac{P_J G_J \lambda^2 G(\theta_J)}{(4\pi R_J)^2} \qquad (9-27)$$

式中: $G(\theta_J)$ 为在干扰机方向上雷达的天线增益; $\lambda$ 为雷达的工作波长。

当雷达的天线主瓣对准目标时,目标的回波信号强度为

$$P_r = \frac{P_t G_0^2 \lambda^2 \sigma G_p}{(4\pi)^3 R_t^4} \qquad (9-28)$$

式中: $G_0 \equiv G(\theta=0) = G_{max}$ ; $G_p$ 为考虑了相关处理和匹配接收等多种因素后得到的增益。若干扰机在舰船上,则

$$R_t = R_J$$

信干比 SJR 为

$$\mathrm{SJR} = \frac{S}{J} = \frac{P_r}{P_{rJ}} = \left(\frac{P_t G_0 G_p}{P_J G_J}\right)\left(\frac{R_J^2}{R_t^4}\right)\left(\frac{\sigma}{4\pi}\right)\left(\frac{G_0}{G(\theta_J)}\right) \quad (9-29)$$

令 $\mathrm{SJR} = \mathrm{SJR}_{\min}$ 时就能得到压制干扰的烧穿距离。

干扰可以作为一个噪声温度为 $T_J$ 的噪声源,即

$$N_0 \equiv P_{rJ} = kT_J B_n \quad (9-30)$$

雷达所接收到的干扰机能量为

$$P_{rJ} = \frac{P_J G_J G(\theta_J)\lambda^2}{(4\pi R_J)^2}\left(\frac{B_n}{B_J}\right) \quad (9-31)$$

得出干扰温度为

$$T_J = \frac{P_{rJ}}{kB_n} = \frac{P_J G_J G(\theta_J)\lambda^2}{(4\pi R_J)^2 kB_J} \quad (9-32)$$

此温度用于评估干扰能量对雷达 SNR 造成的影响。

同时,还有干扰机和天线引入的热噪声,即

$$N'_o = kT_s B_n \quad (9-33)$$

式中:$T_A$ 为天线的温度,$T_S = T_A + T_e$ 为系统的噪声温度,$T_e$ 为等同效果的接收机温度。因此,总的噪声温度为 $T_s + T_J$。在剧烈干扰环境中,$T_J \gg T_s$。

由此可知,在考虑天线温度、接收机温度的总信噪比 $\mathrm{SNR}_A$ 可以写为

$$\mathrm{SNR}_A = \frac{S}{J_A} = \frac{P_r}{P_{rJ} + N'_0} = \frac{P_t G_0^2 G_p \lambda^2 \sigma R_J^2 B_J}{4\pi P_J G_J G(\theta_J)\lambda^2 R_t^4 B_n + (4\pi)^3 kT_s R_J^2 R_t^4 B_J B_n}$$

$$(9-34)$$

令 $\mathrm{SNR}_A = \mathrm{SNR}_{\min}$,根据式(9-28)可得雷达在方位 $\theta_J$ 上的探测距离会满足

$$\frac{P_t G_0^2 G_p \lambda^2 \sigma R_J^2 B_J}{4\pi P_J G_J G(\theta_J)\lambda^2 R_t^4 B_n + (4\pi)^3 kT_s R_J^2 R_t^4 B_J B_n} = \mathrm{SNR}_{\min} \quad (9-35)$$

可得

$$R_t = \sqrt[4]{\frac{P_t G_0^2 G_p \lambda^2 \sigma R_J^2 B_J}{4\pi P_J G_J G(\theta_J)\lambda^2 R_t^4 B_n \mathrm{SNR}_{\min} + (4\pi)^3 kT_s R_J^2 R_t^4 B_J B_n \mathrm{SNR}_{\min}}}$$

$$(9-36)$$

## 9.2.2 欺骗干扰

### 1. 距离欺骗干扰

#### 1)距离波门拖引

有源欺骗干扰主要包括距离欺骗干扰、角度欺骗干扰和速度欺骗干扰[58]。

舰载有源欺骗干扰最典型的干扰是距离波门拖引干扰,干扰机通过捕捉弹载末制导主动雷达的距离跟踪波门,应用数字储频技术,设计可变信号延时,并根据需要给调制信号附加由目标运动所产生的附加调制,产生一个最初和目标真实回波脉冲相重叠的虚假脉冲,而且该虚假脉冲功率强于真实回波脉冲,此模拟的雷达回波信号通过天线转发给雷达,随后,干扰机逐渐移动该虚假脉冲,把距离波门从真实目标距离拖引开,然后停止拖引,致使末制导雷达丢失目标,以此来干扰雷达的正常工作。

距离波门拖引干扰主要由干扰脉冲捕获距离波门、拖引距离波门、关机停拖 3 个步骤组成。根据目标回波模型,为简化下面的讨论过程,暂不考虑雷达载频捷变和线性调频等因素。

(1) 干扰脉冲捕获距离波门。干扰机收到雷达发射脉冲后,以最小的延迟时间转发一个干扰脉冲,时间延迟的典型值为150ns,干扰脉冲幅度 $A_J$ 大于回波信号幅度 $A_R$,一般 $A_J/A_R \approx 1.3 \sim 1.5$ 时便可以有效地捕获距离波门,然后保持一段时间(即此时的 $\Delta t = 0$),这段时间成为停拖,其目的是使干扰信号与目标回波信号同时作用在距离波门上。停拖时间要求大于雷达接收机自动增益控制电路的惯性时间,一般要求不小于0.5s。

(2) 拖引距离波门。当距离波门跟踪到干扰脉冲以后,干扰机每收到一个雷达照射脉冲,便可逐渐增加转发脉冲的延迟时间(令 $\Delta t$ 在每一个脉冲重复周期按照预设的规律进行变化),使距离波门随干扰脉冲移动而离开回波脉冲,直到距离波门偏离目标回波若干个波门的宽度。拖引时间对一般的跟踪雷达为 5~10s,拖引速度要小于距离波门所允许的最大跟踪速度,即距离波门的最大移动速度。

(3) 干扰机关机。当距离波门被干扰脉冲从目标上拖开足够大的距离以后,干扰机关闭,即停止转发干扰脉冲一段时间。这时,距离波门内既无目标回波又无干扰脉冲,距离波门转入搜索状态。经过一段时间以后,距离波门搜索到目标回波并再次转入自动跟踪状态。待距离波门跟踪上目标以后,再重复以上 3 个步骤的距离波门拖引过程。选择一定的 $\Delta t$,使得 $c \cdot \Delta t/2$(产生的假目标与真实目标之间的距离)大于雷达的距离分辨单元,则形成距离假目标。雷达在距离波门拖引干扰下,搜索并跟踪虚假目标,干扰消失后雷达又转入搜索状态。这样雷达在搜索和跟踪之间往复转换,而且跟踪的是虚假目标,从而达到欺骗干扰的目的。

这里主要讨论目标回波和距离波门后拖(Range Gate Pull Off,RGPO)干扰脉冲同时存在的情况,不考虑干扰机将真实目标回波覆盖的情况,且不考虑其他形式的干扰。因此,量测集包括目标量测、虚警、杂波、距离波门后拖干扰量测。目标回波和距离波门后拖干扰脉冲位置如图 9 – 15 所示,随着时间的增加,两者之间的径向距离将增大,而两者方位和俯仰之间仅仅存在着由于雷达量测误差造成的差别,如图 9 – 16 所示。为了干扰成功,距离波门后拖干扰延迟产生的脉冲幅度要大于真实目标的幅度。当拖引持续一段时间后,干扰机将停止拖引。当雷达再次捕获目标时,干扰机再进行波门拖引。其中 $t_1$、$t_2$、$t_3$ 代表不同的时刻,且 $t_1 < t_2 < t_3$。

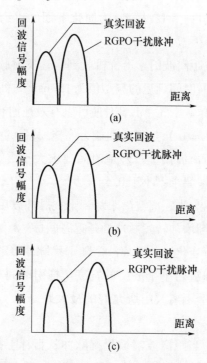

图 9 – 15　不同时刻下距离波门后拖干扰脉冲、目标回波距离示意图

(a) $t_1$ 时刻目标回波与 RGPO 干扰脉冲相对位置;(b) $t_2$ 时刻目标回波与 RGPO 干扰脉冲相对位置;

(c) $t_3$ 时刻目标回波与 RGPO 干扰脉冲相对位置。

2) 距离干扰模型

从干扰机转发第一个干扰脉冲到关机,干扰机每接收到一个雷达照射脉冲就转发一个干扰信号脉冲,形成一个拖引点,而且相邻两个拖引点的间隔为雷达脉冲重复周期 $T_r$,因此距离拖引过程是一个离散过程,如图 9 – 17 所示。按照距离欺骗干扰机理,图中将整个拖引过程按时间分为几个阶段,$0 \sim T_1$ 为停

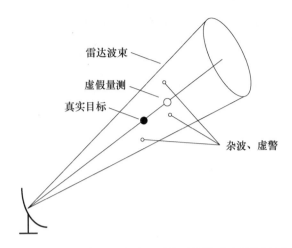

图 9 - 16　同一个扫描波束下距离波门后拖干扰脉冲、目标回波位置示意图

拖阶段，$T_1 \sim T_2$ 为波门拖引阶段，$T_2 \sim T_J$ 为干扰机关闭阶段。由于拖引过程是一个离散过程，而且各点之间是相互独立的，只要有一个拖引点的假目标被雷达识破，距离欺骗干扰即失败[59]。

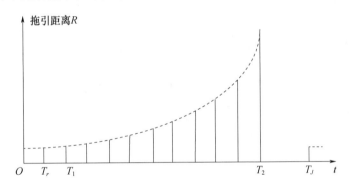

图 9 - 17　拖引过程分析图

因此，拖引方案优劣的评估是基于每个拖引点都成功的基础上的，在进行波门拖引时必须满足以下条件，即

$$\begin{cases} R_{\max} = \min(R_{J\max}, R_{r\max}) \\ v_{ti} < v_{Ji} < v_{r\max} \\ a_{Ji} < a_{r\max} \end{cases} \qquad (9-37)$$

式中：$R_{J\max}$ 为干扰方理想拖引距离；$R_{r\max}$ 为雷达最大允许拖引距离；$v_{Ji}$ 为拖引点拖引速度；$v_{ti}$ 为拖引点目标移动速度；$v_{r\max}$ 为雷达波门最大跟踪速度；$a_{Ji}$ 为拖引点拖引加速度；$a_{r\max}$ 为雷达波门最大跟踪加速度。

在距离波门拖引的起始阶段,雷达对于波门拖引非常敏感,尤其是真实目标回波和波门拖引假目标回波同处于跟踪波门内时,雷达对波门拖引的识别概率非常高,随着跟踪波门不断远离真目标,识别概率也会不断降低。此外,拖引速度也是影响雷达对波门拖引识别概率的一个重要因素,拖引速度越大,则相邻拖引点的拖引距离越大,就越容易被雷达识别。

每个拖引点的拖引成功率 $P_{Ji}$ 可以表示为

$$P_{Ji} = \begin{cases} 1 - p_i \\ 0, \quad v_{Ji} > v_{rmax} \text{ 或 } a_{Ji} > a_{rmax} \end{cases} \tag{9-38}$$

式中: $P_i$ 为每个拖引点雷达对波门拖引干扰的识别概率,其表达式为

$$P_i = \left( \frac{v_{Ji}}{v_{rmax}} \right)^{\frac{mc\tau}{R_{max}}} \tag{9-39}$$

式中: $c$ 为光速; $\tau$ 为距离波门宽度; $m$ 为当前拖引点所处距离波门序列。其表达式为

$$m = [R_i/(c\tau)] + 1 \tag{9-40}$$

式中: $R_i$ 为拖引点所对应的拖引距离;其余各参数意义同前。

当采用匀速拖引时,拖引函数 $f(t)$ 表达式为 $f(t) = vt$, $v$ 是距离波门拖引速度。

当采用匀加速拖引时,拖引函数 $f(t)$ 表达式为 $f(t) = \frac{1}{2}at^2$, $a$ 是距离波门拖引加速度。

拖引成功率可表示为

$$\max P_{Ji} = \begin{cases} 1 - \left( \frac{v_{Ji}}{v_{rmax}} \right)^{\frac{mc\tau}{R_{max}}} \\ 0, \quad v_{Ji} > v_{rmax} \text{ 或 } a_{Ji} > a_{rmax} \end{cases} \tag{9-41}$$

2. 角度欺骗干扰

1) 相干干扰模型

角度欺骗干扰是对角度跟踪信道进行的欺骗干扰。圆锥扫描、线性扫描和单脉冲系统是跟踪雷达常用自动跟踪系统。角度欺骗干扰技术主要包括调制倒相、角度波门拖引、交叉极化、两点相干、两点非相干、两点源闪烁。

对单脉冲雷达进行干扰的方法有很多种,包括相干干扰、非相干干扰和交叉极化干扰,但由于单脉冲末制导雷达具有在角度上跟着干扰源的能力,只要干扰机装备在目标上,单脉冲末制导雷达就能取得干扰源的角度信息,将导弹

引向目标。因此,只有在单脉冲系统的角度跟踪回路被干扰,末制导雷达没有正确角信息时,干扰才成功。相干干扰和非相干干扰都是在单脉冲雷达的分辨角内设置两个或两个以上的干扰源[60],如果这些干扰源到达雷达天线口面时的相位关系固定,就是相干干扰,否则就是非相干干扰。交叉极化干扰[61]是向雷达发射与雷达天线极化方向正交的信号,使雷达角度跟踪出现偏差的一种干扰形式。

所谓相干干扰,就是两干扰源干扰信号之间相位有稳定的关系。图 9 – 18 所示为单脉冲雷达相干干扰原理图。$J_1$、$J_2$ 分别表示两个干扰源,单脉冲雷达的等强信号方向如图 9 – 18 所示,两干扰源之间的夹角为 $\Delta\theta$,目标处于两干扰源的中间,与等强信号方向的夹角为 $\theta$,$\theta_0$ 为雷达天线方向图主轴偏离等强信号方向的夹角。

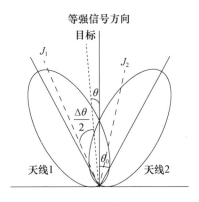

图 9 – 18　单脉冲雷达相干干扰原理图

相干干扰的原理就是利用空间相隔一定距离的两个点源信号在幅度上相等,相位相差 180°,在空间产生极为严重的相位波前失真。雷达接收到这种信号后,就会使天线跟踪点远远偏离开两个干扰源间距之外。相干干扰产生跟踪天线的指向角为[62]

$$\theta = \frac{\Delta\theta}{2} \cdot \frac{1 - \beta^2}{1 + 2\beta\cos\varphi + \beta^2} \qquad (9 - 42)$$

式中:$\theta$ 为误差角;$\beta$ 为两个信号振幅比;$\varphi$ 为两个信号相位差;$\Delta\theta$ 为两个干扰源对雷达的张角。

2)非相干干扰模型

对单脉冲雷达而言,当雷达主波束内出现多个干扰源时,会对单脉冲雷达角度测量产生影响,使单脉冲雷达无法精确地获取目标的角度信息。所谓非相干干扰,就是两个干扰源之间的干扰信号间的相位关系是随机的,在角分辨范围内,雷达接收到几个干扰源的信号后,产生稳定的跟踪误差。

对于两个角度分别为 $\theta_1$ 和 $\theta_2$ 的干扰源,功率分别为 $J_1$ 和 $J_2$,则功率比 $b^2 = J_1^2/J_2^2$,当误差信号为 0 时,跟踪天线的指向角 $\theta$ 为[63]

$$\theta = \frac{\Delta\theta}{2} \cdot \frac{b^2 - 1}{b^2 + 1} \qquad (9-43)$$

式(9-43)表明,在非相干干扰条件下,单脉冲雷达的天线指向位于干扰源的能量质心处。但是,随着导弹与干扰源距离的缩小,末制导雷达与两个点源夹角不断增大。当夹角增大到等于末制导雷达导引头分辨率(临界分辨角)时,末制导雷达开始分辨目标,并选择这两个点源之一作为新的攻击目标,同时导弹将以最大过载修正误差摧毁目标[64]。

### 3. 速度欺骗干扰

#### 1) 速度波门拖引

速度欺骗干扰主要针对脉冲多普勒雷达的速度跟踪系统进行干扰。其欺骗干扰就是使雷达无法获得目标的多普勒频率或者将速度波门从真实目标的多普勒频率上拖引开。这种干扰信号的特点是:它的载频和雷达目标回波信号的载频相差一个假的多普勒频率。速度欺骗干扰的方法有速度波门拖引和固定的假多普勒频率干扰。速度跟踪的基本原理[65]是:利用跟踪目标的多普勒频率,在雷达中接收的是目标的回波,相对于雷达的发射信号。常用干扰措施有速度波门拖引干扰、假多普勒频率干扰、多普勒频率闪烁干扰、距离速度同步干扰;雷达主要的抗速度欺骗干扰措施有速度记忆、速度鉴别。对于速度跟踪系统来讲,常用的干扰方法是欺骗式干扰,即速度波门拖引干扰。速度波门拖引干扰过程包括干扰捕获速度波门、拖引、保持、关机 4 个阶段。

(1) 干扰捕获速度波门阶段。干扰机截获到雷达的照射脉冲后,以尽可能小的延时转发与目标回波具有相同多普勒频率 $f_d$ 的干扰信号,且干扰信号的能量大于目标回波能量,为了使干扰信号能够捕获速度波门,通常要求进入雷达的干扰信号功率比大于 10dB。由于机载 PD 雷达速度跟踪时的接收机增益由 AGC 电路进行控制,当转发的干扰信号能量足够强时,AGC 电路将促使 PD 雷达接收机增益降低,从而使回波的多普勒信号幅度减小,转而导致干扰信号捕获速度波门。为确保捕获稳定,应保持干扰信号的多普勒频率恒定一段时间,称为停拖期。只跟踪假目标、停拖捕捉的时间应大于雷达跟踪系统的响应时间,其典型值为 0.5s。

(2) 拖引速度波门。当干扰脉冲捕获到速度波门并适当延时后,干扰机每接收到一个雷达照射脉冲,便开始逐渐增加转发的干扰脉冲的多普勒频率 $f_{dj}$,使其逐渐与 $f_d$ 分离,且分离的速度 $v_f$ 必须小于雷达可跟踪目标的最大加速度 $a$,由于干扰能量大于真实目标回波能量,将使雷达的速度跟踪电路跟踪在 $f_{dj}$ 上,造成速度信息的错误,此段时间称为拖引期。

干扰机产生的假目标的多普勒频率与目标回波的多普勒频率的最大差值(即多普勒频率拖引量 $\Delta \omega$)应大于速度波门带宽的 $5 \sim 10$ 倍,并使最大的多普勒频率小于多普勒滤波器的带宽。根据多普勒频率拖引量和拖引速度,可计算出拖引时间,其典型值一般为 $5 \sim 10s$。

(3)拖引保持。如果要配合距离或者角度上的欺骗信息,那么,当拖引多普勒频率达到 $f_{dj \max}$ 后,干扰机必须以最大拖引量 $\Delta f_{\max}$ 继续转发一段时间的干扰脉冲,使雷达速度波门稳定跟踪干扰信号,与此同时,可加入距离欺骗信号,进行联合欺骗干扰。

(4)干扰机关机。当拖引一段时间后,关闭干扰机,停止转发干扰脉冲信号。此时,雷达速度波门内既无回波又无干扰,致使速度跟踪电路重新转入搜索状态。雷达重新搜索,一旦再次捕获并跟踪目标,干扰机必须及时开机工作,重复上述干扰过程,以达到实时破坏雷达准确跟踪目标的目的。关机时间应小于速度波门由搜索到重新截获目标的多普勒频率的平均时间,一般小于 1s。

速度欺骗干扰只对利用多普勒频率测速雷达起作用,同样需要侦察雷达的类型和信号参量[66]。速度波门拖引干扰时,拖引速度必须小于雷达速度波门的最大跟踪速度。

速度波门拖引干扰的基本原理是:首先,转发与目标回波具有大致相同多普勒频率值 $f_d$ 的干扰信号,且干扰信号的能量大于目标回波,使雷达的速度跟踪电路能够捕获目标与干扰多普勒频率 $f_d$,此段时间称为停拖期,时间长度为 $0.5 \sim 2s$;然后,干扰信号的多普勒频率值 $f_{dj}$ 逐渐与目标回波的多普勒频率 $f_d$ 分离,分离的速度 $v_f$ 不大于雷达可跟踪目标的最大加速度 $a$。由于干扰能量大于目标回波,雷达将跟踪干扰的多普勒频率 $f_{dj}$,造成速度信息的错误,此段时间称为拖引期。当 $f_d$ 和 $f_{dj}$ 的频率差达到最大频差时,关闭干扰机。由于被跟踪信号突然消失,雷达将重新进入搜索状态[67]。

2)速度干扰模型

根据速度波门拖引干扰机理,图 9 - 19 将一个拖引周期 $T_J$ 分为 4 个阶段,其中 $0 \sim T_1$ 为停拖阶段,记为 $\Delta T_1$,为 $0.5 \sim 2s$,在此期间,干扰信号与雷达回波信号在频率上必须高度一致,以避免被识别为假目标;$T_1 \sim T_2$ 为拖引阶段,记为

$\Delta T_2$,典型值为 $5 \sim 10\mathrm{s}$;$T_2 \sim T_3$ 为拖引保持阶段,记为 $\Delta T_3$;$T_3 \sim T_J$ 为干扰机关机阶段。

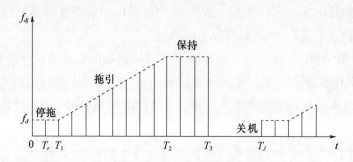

图 $9-19$    速度波门拖引过程分析图

据此,得到拖引方程为

$$
f_{dj}(t) = \begin{cases} f_d, & t = 0, T_r, 2T_r, \cdots, lT_r, T_1 \\ f_d + v_f(t - t_1), & t = (l + 2)T_r, \cdots, mT_r, T_2 \\ f_{dj\max}, & t = (m + 2)T_r, \cdots, nT_r, T_3 \\ \text{干扰机关机}, & T_3 < t < T_J \end{cases} \tag{9-44}
$$

式中:$l$、$m$、$n$ 均为正整数;$n + 1 = T_3/T_r$,为一个拖引周期内的拖引点总数。

速度波门拖引过程是一个离散过程,且各拖引点之间既相互独立又相互依存,只要有一个拖引点的假目标被识别,那么,速度波门拖引干扰即告失败,由此得速度波门拖引干扰成功因子 $\Omega$ 的数学模型可表示为[68]

$$
\Omega = \prod_{i=1}^{n+1} \varepsilon_i = \begin{cases} 1 \\ 0 \end{cases} \tag{9-45}
$$

式中:$\varepsilon_i$ 为第 $i$ 个拖引点的成功因子;1 表示成功;0 表示失败。可见,对速度波门拖引干扰效能的评估是基于每个拖引点都成功的基础之上的。因此,在进行速度波门拖引时必须满足

$$
\begin{cases} f_{dj\max} = \min(f_{j\max}, f_{r\max}) \\ v_{rf} < v_f < v_{rf\max} \end{cases} \tag{9-46}
$$

式中:$f_{j\max}$ 为干扰方理想拖引频率;$f_{r\max}$ 为雷达最大允许拖引频率;$v_{rf}$ 为目标的多普勒频率变化速度;$v_{rf\max}$ 为雷达速度波门最大跟踪速度;$v_f$ 为拖引速度。

在速度波门拖引的第 $i$ 个拖引点,雷达对拖引干扰的识别概率可简化表示为

$$
p_i = |v_f/v_{rf\max}|^i \tag{9-47}
$$

于是,整个拖引段的干扰成功率,即速度波门拖引一个拖引周期的干扰成功率为

$$P_J = \begin{cases} \prod_{i=1}^{M}(1-p_i), & v_f < v_{rf\max} \\ 0, & v_f \geqslant v_{rf\max} \end{cases} \tag{9-48}$$

式中: $M = \Delta T_2 / T_r$ ,为拖引段的拖引点数。

4. 距离—速度同步欺骗干扰

1) 距离—速度同步拖引

对于同时具有距离—速度信息检测、跟踪能力的雷达,实施单一的距离或速读欺骗很可能被识别,达不到预期的干扰效果。距离—速度有源干扰作为一种重要的雷达欺骗干扰形式,以其严密的逻辑性及与目标回波的高度相似性,可以同时进行距离、速度信息二维联合欺骗,产生具有较强迷惑性的虚假目标。因此,研究具有距离—速度联合欺骗能力的干扰技术意义重大,它不仅能干扰同时具有距离—速度信息检测、跟踪能力的雷达,还能有效干扰只有测速或测距能力的雷达。该干扰对雷达跟踪系统的距离—速度波门实施拖引的方法如下[69-71]。

(1) 波门捕获期,干扰脉冲捕获距离波门。干扰机收到雷达发射脉冲后,以最小延迟时间转发与目标回波具有相同多普勒频率的干扰脉冲,典型的延迟时间为150ns,干扰脉冲的能量大于目标回波的能量。此段时间称为干扰捕获期,时间长度为0.5~2s,目的是使干扰信号与目标回波同时作用在距离波门和速度波门上。

(2) 波门拖引期,干扰拖引距离波门和速度波门。当干扰脉冲进入跟踪波门后,使雷达 AGC 电路受干扰脉冲控制,干扰机每收到1个脉冲,逐渐增大或减小转发时延并调整多普勒频移,使距离波门和速度波门随干扰脉冲的移动逐渐脱离原波门。同时拖引速度要小于距离和速度波门的最大移动速度,典型的拖引加速度约为重力加速度的3倍。

(3) 波门停拖期,干扰脉冲停发和再拖过程。当波门被拖开足够大的距离以后,干扰机停止发射干扰脉冲,此时,由于距离门内突然丢失目标,跟踪雷达只能进入搜索状态;为了对抗一些具有距离记忆装置的雷达,防止停拖后距离波门自动返回原来位置进行跟踪,可考虑进行下一次拖引过程。

在波门拖引期,干扰脉冲逐渐调制转发时延和多普勒频移,从而造成接收机距离和速度波门前拖或者后拖,因此,将距离—速度干扰分为距离—速度同

步前拖和距离—速度同步后拖两种干扰子类。

2）距离—速度同步干扰模型

设自卫式干扰机（目标）以 $v_r$ 的速度运行，与雷达之间的距离为 $R(t)$，距离拖引时延函数 $\Delta t_j(t')$，速度拖引干扰施加的多普勒频率 $\Delta f_j(t')$，雷达接收到的目标回波简化模型可表示为

$$S_r(t) = A_r s(t) \mathrm{e}^{\mathrm{j}\omega_r t} \otimes \delta(t - \Delta t_r) \qquad (9-49)$$

式中：$A_r$ 为目标回波幅度；$\omega_r$ 为目标运动引起的多普勒频移；$\omega_r = 2\pi v_r/\lambda$；$\Delta t_r$ 为目标距离时延，且 $\Delta t_r = 2R(t)/c$。

在波门捕获期，干扰机收到雷达发射脉冲后，以一定的幅度 $A_j$ 调制接收到的雷达发射波形，并以最小的延迟时间 $\Delta t_d$ 转发，此时的干扰与回波具有相同的多普勒频率。因此，在波门捕获期，雷达接收到的距离—速度干扰模型为

$$J(t) = A_j s(t) \cdot \mathrm{e}^{\mathrm{j}\omega_r t} \otimes \delta(t - \Delta t_r - \Delta t_d) \qquad (9-50)$$

在波门拖引期，为了拖动速度和距离波门，干扰控制调制时延和频移随拖引时间 $t'$ 变化。因此，雷达接收到的距离—速度干扰的数学模型为

$$J(t) = A_j s(t) \cdot \mathrm{e}^{\mathrm{j}(\omega_r + \omega_j(t'))t} \otimes \delta(t - \Delta t_r - \Delta t_d - \Delta t_j(t')) \qquad (9-51)$$

式中：$A_j > A_r$；$\omega_j(t') = 2\pi \cdot \Delta f_j(t')$；$\Delta t_d$ 为干扰机固有时延，一般约为150ns；为了使距离—速度干扰精确模拟目标运动规律，时延函数 $\Delta t_j(t')$ 与多普勒频移函数 $\Delta f_j(t')$ 需满足一定的关系，即在一定时间内，时延函数反映的拖引距离与多普勒频率函数反映的拖引速度要相匹配。

线性调频信号属于大时宽频宽积信号，不仅具有良好的距离速度分辨力和测量精度，而且内部结构较为复杂，不易被敌人侦破和复制，因此，LFM 信号是现代高性能雷达体质经常采用的信号波形之一。当雷达发射信号为脉冲线性调频信号时，设雷达发射信号为

$$s(t) = A \mathrm{rect} \frac{t}{T} \mathrm{e}^{\mathrm{j}(\omega_0 t + \mu t^2/2 + \phi)} \qquad (9-52)$$

式中：$A$ 为振幅；矩形函数 $\mathrm{rect} \dfrac{t}{T} = \begin{cases} 1, & |t| \leqslant \dfrac{T}{2} \\ 0, & |t| > \dfrac{T}{2} \end{cases}$；相位 $\phi$ 服从 $[0,2\pi]$ 均匀分布；$\omega_0$ 为起始频率；$\mu$ 为调频斜率；$T$ 为方波包络宽度。

综上所述，雷达接收到的目标回波为

$$S_r(t) = A_r \mathrm{rect} \frac{t}{T} \mathrm{e}^{\mathrm{j}[(\omega_0 + \omega_r)t + \mu t^2/2 + \phi]} \otimes \delta(t - \Delta t_r) \qquad (9-53)$$

将式(9-52)代入式(9-51)和式(9-50)得干扰模型为

$$J(t) = \begin{cases} A_j \text{rect} \dfrac{t}{T} e^{j[(\omega_0+\omega_r)t+\mu t^2/2+\phi]} \otimes \delta(t-\Delta t_r-\Delta t_d), & \text{波门捕获期} \\[3mm] A_j \text{rect} \dfrac{t}{T} e^{j[(\omega_0+\omega_r+\omega_j(t'))t+\mu t^2/2+\phi]} \otimes \delta(t-\Delta t_r-\Delta t_d-\Delta t_j(t')), & \text{波门拖引期} \end{cases}$$

$$(9-54)$$

式中：$\omega_j(t') = 2\pi \cdot \Delta f_j(t')$。为了真实模拟目标运动状态,干扰产生的时延函数 $\Delta t_j(t')$ 与多普勒频移函数 $\Delta f_j(t')$ 需满足一定的逻辑关系。设时延函数对应的距离为 $\Delta R_j(t')$,匀速拖引时的虚假目标运动速度为 $v_j$,则

$$\Delta R_j(t') = \frac{c\Delta t_j(t')}{2} = v_j t' \qquad (9-55)$$

因此,匀速拖引时 $\Delta t_j(t')$ 与 $\Delta f_j(t')$ 满足如下关系,即

$$\begin{cases} \Delta t_j(t') = \dfrac{2v_j t'}{c} \\[3mm] \Delta f_j(t') = \dfrac{2v_j}{\lambda} \end{cases} \qquad (9-56)$$

由式(9-56)可知,匀速拖引时,多普勒频移函数 $\Delta f_j(t')$ 为常数。在雷达接收系统内,干扰时延相对于真实目标时延缓慢增大,但多普勒频率发生跳变,很容易被雷达系统识别,所以一般不用匀速拖引。当虚假目标模拟匀加速运动的目标时,设拖引加速度为 $a_j$,则时延函数对应的距离为

$$\Delta R_j(t') = \frac{c\Delta t_j(t')}{2} = \frac{1}{2} a_j t'^2 \qquad (9-57)$$

因此,匀加速拖引时 $\Delta t_j(t')$ 与 $\Delta f_j(t')$ 满足

$$\begin{cases} \Delta t_j(t') = \dfrac{a_j t'^2}{c} \\[3mm] \Delta f_j(t') = \dfrac{2a_j t'}{\lambda} \end{cases} \qquad (9-58)$$

由式(9-58)可知,匀加速拖引时,多普勒频移函数为时变函数。在雷达接收系统内,干扰时延和多普勒频率均随拖延时间缓慢增大,将速度波门和距离波门逐渐脱离原波门,形成具有严密逻辑的高仿真目标像,因此,匀加速拖引是产生理想距离—速度干扰的主要方式。此外,距离—速度拖引干扰分为前拖和后拖两种:当拖引加速度 $a_j > 0$ 时,表现为拖引距离逐渐增大,为波门后拖干扰;当 $a_j < 0$ 时,拖引距离为负值,且逐渐减小,此时为波门前拖干扰。

# 9.3 反舰导弹雷达导引头抗干扰技术

### 9.3.1 抗海杂波干扰

海面的近距离海浪产生更强海杂波,为了抑制近距离海杂波并确保检测远距离的舰船目标,采用距离灵敏度控制(STC)技术和恒虚警处理技术,在近距离上压制接收机的增益,避免雷达捕捉近距离海杂波。图 9 - 20 是经过 STC 处理前后接收的海杂波信号图。

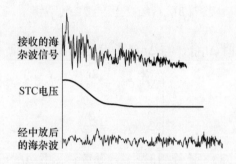

图 9 - 20  STC 处理前后接收的海杂波信号图

同时,数字信号处理中脉冲压缩、脉冲积累也能很大程度上提高信杂比,从而实现从海浪杂波背景中检测出目标。

### 9.3.2 抗杂波

(1) NAGC 技术。反舰导弹末制导雷达作用距离近,目标 RCS 大,回波信号强。当噪声干扰不是很强时,采用噪声自动增益控制电路(NAGC)将噪声干扰电平抑制在一定电平以下,使雷达不至于产生虚警。

(2) HOJ 技术。当外部噪声干扰很强时,采取跟踪噪声源(HOJ)工作方式将导弹导向干扰源。干扰源一般装在舰艇上,也可以达到摧毁干扰源及其载体军舰的目的,这是一种战术抗干扰措施。实际上,被动末制导雷达中信号分选与识别和被动侧向等技术就是 HOJ 的关键技术。

### 9.3.3 抗距离欺骗干扰

距离欺骗干扰一般是目标舰船上自带的回答式干扰机产生的。干扰机接收到雷达信号后对其进行延时、放大后在转发给雷达。雷达导引头可以采用前沿跟踪法、单次搜索法等技术对抗距离后拖干扰。图 9 - 21 是前半波门距离跟踪系统原理图。

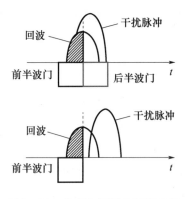

图 9 - 21　前半波门距离跟踪系统

### 9.3.4　抗箔条干扰方法

箔条和角反射器干扰对传统的雷达导引头威胁很大,传统的单一极化、非相参雷达导引头由于体制落后,对箔条等的抗干扰效果有限。

现代末制导雷达信号处理普遍采用全数字化模式,具备对目标和箔条的频谱识别能力。舰船是刚体结构,运动比较单一,没有箔条云那样的扩散运动。在理想情况下,舰船可以当成一个强散射点目标或邻近的几个强散射点目标看待,频谱上一般只有单一的、较窄的谱峰,它的频谱不存在明显的展宽效应,仿真得到的舰船多普勒如图 9 - 22 所示。

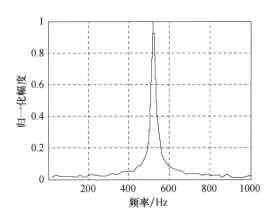

图 9 - 22　舰船的多普勒

从图 9-22 可以看出,舰船只有一个单一谱峰没有明显的谱展宽。箔条云的运动比较复杂,箔条云团投放空中后,会产生扩散运动,受环境中风速变化的影响箔条云团的水平速度具有一定的分量,单根箔条的随机起伏运动引起了不同的多普勒频移,因而造成了箔条云频谱的展宽[72-73]。当箔条云成熟之后,在相对较短的时间内,箔条云的扩展过程可以近似看作是一个平稳过程,箔条云团在扩散过程中的速度分布也多采用高斯分布近似描述,即

$$Pv_c = \frac{1}{\sqrt{2\pi}\sigma_c}\exp\left[-\frac{(v_c-\bar{v}_c)}{2\sigma_c^2}\right]^2 \qquad (9-59)$$

式中:$v_c$ 为箔条云的速度;$\bar{v}_c$ 为箔条云的平均速度;$\sigma_c$ 为箔条云的速度方差,它反映了箔条云团速度由于受当时环境各方面因素影响后的起伏分布水平。由于箔条云扩散运动服从式(9-59)的高斯分布,因此,其频谱宽度可以计算为

$$f_\Delta = \frac{2\sigma_c}{\lambda} \qquad (9-60)$$

仿真得到箔条的多普勒如图 9-23 所示。从图 9-23 可以看出,箔条的频谱不再是一条单一的谱线而是有一个明显的展宽。因此,可以利用箔条的回波频谱展宽效应,通过谱检测算法计算目标回波的频谱宽度,识别出箔条和舰船目标。

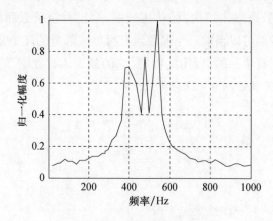

图 9-23　箔条的多普勒

## 本章小结

现代战场中复杂多变的作战环境和日趋多样化的干扰手段等,要求末制导雷达要具有抵抗各种干扰的能力。本章重点介绍了两种末制导雷达干扰:弦外

干扰、舰载有源干扰的原理以及相对应的数学模型分析等,最后介绍针对不同类型干扰的反舰导弹雷达导引头的抗干扰技术。

## 思 考 题

1. 简述舷外干扰的分类。
2. 简述舰载噪声压制干扰的分类。
3. 简述距离拖引干扰的实现步骤。
4. 简述导引头抗海杂波干扰技术的分类。
5. 简述导引头抗距离欺骗干扰技术的分类。
6. 简述抗箔条干扰的主要思想。

# 第 10 章　光电末制导技术

在飞行器末制导中,采用光电技术设备接收目标的自然或人为的光学辐射或反射信息形成点源信号或图像信号,经过处理后实现对目标的搜索、截获和精密跟踪,控制、制导武器飞向目标的技术,称为光电末制导技术。

光电末制导技术具有以下特点。

(1) 制导精度高,可导引武器与被拦截目标直接碰撞,可制导选择目标的薄弱部位攻击。

(2) 电视和红外制导,由于对目标被动探测和跟踪,可容易实现打了就不管了的作战模式。

(3) 抗电子干扰能力强,不易被反辐射导弹攻击。在战争环境条件下,系统生存能力强。

(4) 可全天时作战,可全方位攻击目标。

(5) 能源消耗小、造价低,体积小,重量小,安装、使用机动灵活方便。

(6) 容易实现多色、多模的光电复合制导。

(7) 电视和红外制导,难于获得目标距离信息。

(8) 在恶劣的气象条件下作战,光学制导的作战距离受到局限。

## 10.1　光电导引头概述

与雷达导引头类似,光电导引头通常也是由探测系统、信息处理系统、稳定与跟踪系统组成。探测系统用于对目标进行探测和测量;信息处理系统用于对探测系统所获取的目标和背景信号进行处理,以实现对目标的识别和弹目相对运动信息的解算;稳定与跟踪系统主要完成对弹体姿态运动的隔离(稳定),并利用平台框架或转向机构实现对目标的搜索和跟踪等功能。

在实际使用过程中光电导引头将经历以下 4 种工作状态[74]。

(1) 角度预定(装订)状态。将导引头光轴设定在目标最有可能出现的方向上,通常,这种状态应用于导弹发射前或者发射后导引头尚未开机的阶段。

(2) 角度搜索状态。使导引头光轴在间指向上按照某种规则进行扫描,以期在扫描过程中发现和捕获目标。这种状态通常在引头开机后未捕获目标或者跟踪阶段丢失目标后采用。

（3）角度稳定状态。使导引头测量基准（光轴）相对于惯性空间角度稳定，隔离弹体姿态运动对测量的影响。

（4）角度跟踪状态。导引头跟踪目标，输出弹目相对运动信息。通常，该状态在导引头捕获目标后进行，是制导过程中最主要的工作状态。

根据导引头的工作状态，导引头的功能主要包括以下几种。

（1）隔离弹体的姿态角运动，稳定光轴，为弹目视线信息的提取提供稳定测量参考。

（2）在视线稳定的基础上完成对目标的搜索、识别和跟踪功能。

（3）输出制导律所需要的弹目相对运动信息，如弹目视线角或视线角速率以及弹目距离和弹目相对速度。

（4）实现导引头角度预定（装订）、搜索、稳定和跟踪 4 种工作状态，并能够在各种状态之间相互切换。

以采用比例导引法的光学导引头为例，导引头中光学探测系统、稳定平台与弹体姿态运动及飞行轨迹控制之间的相互关系。导引头测量相关向量关系图如图 10 – 1 所示。

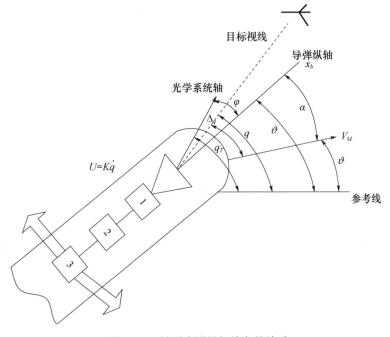

图 10 – 1　导引头测量相关向量关系

为简化问题,不妨在铅垂面内研究导引头获取标视线角速率过程中的各种角度关系,导弹纵轴 $ox_b$ 与水平基准参考线 $ox_i$ 的夹角称为弹体姿态角 $\vartheta$,导引头的光学系统光轴 $o\xi$ 与弹体纵轴 $ox_b$ 的夹角为 $\varphi$。由于光学系统光轴通常与弹体通过一个伺服稳定平台连接,因此,夹角 $\varphi$ 可以由伺服稳定平台的测角机构测量,故夹角 $\varphi$ 也称为平台转角。导引头在跟踪状态时,光轴应尽量对准目标,但不会始终对准目标,因此,将光轴 $o\xi$ 与弹目视线 $oT$ 之间的夹角 $\Delta q$ 称为失调角。弹目视线 $oT$ 与水平惯性基准参考线 $ox_i$ 的夹角称为弹目视线角 $q$,其可以由弹体姿态角 $\vartheta$、平台转角 $\varphi$ 和失调角 $\Delta q$ 计算得到;比例导引法要获取的弹目视线角速率 $\dot{q}$ 理论上可以由 $q$ 微分获得。

由此可以看出,当导引头处于预定(装订)和搜索状态时,是通过控制平台转角 $\varphi$ 实现光轴 $o\xi$ 在空间上的任意指向;当导引头处于稳定状态时,是根据姿态角 $\vartheta$ 的变化控制平台转角 $\varphi$ 实现对光轴 $o\xi$ 在空间惯性系的稳定;当导引头处于跟踪状态时,将根据弹目失调角 $\Delta q$ 控制平台转角 $\varphi$ 实现对光轴 $o\xi$ 在空间上对准目标。

# 10.2　红外寻的制导技术

## 10.2.1　红外寻的制导概述

### 1. 红外导引系统组成

红外制导导弹是利用红外探测器捕获和跟踪目标自身辐射的能量,从而实现寻的制导的武器,是当今红外技术的重要军事应用之一,是非常有效的精确制导打击力量。

红外导引系统用来探测与跟踪目标红外辐射,为导弹提供导引信号。红外导引系统通常由光学接收系统、扫描调制器、红外探测器、制冷系统、信息处理电路、陀螺伺服系统、导引信号形成电路等组成。红外导引系统组成框图如图 10-2 所示。

红外导引系统简单工作过程:光学接收系统接收目标的红外辐射,经光学调制处理成具有目标位置信息的光信号,由红外探测器将光能转变成易处理的电信号,再经信息处理电路滤波、放大,检出目标位置误差信息,然后输给陀螺伺服系统,驱动陀螺带动光学系统进动,使光轴向着减小目标位置误差方向运动,构成导引系统的角跟踪回路,实现导引系统跟踪目标。导引信号形成电路

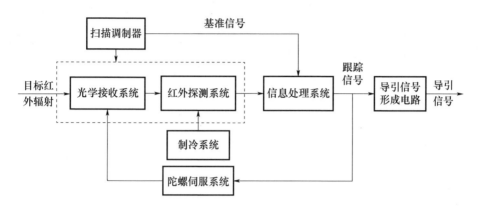

图 10 – 2　红外导引系统组成框图

产生导弹导引规律所要求的导引信号,空空导弹多用比例导引法,因此,输给导引信号形成电路的主要信号是与视线旋转角速度成比例的电信号。

2. 探测器的制冷

红外导引系统较多地采用有微型玻璃杜瓦瓶和金属杜瓦瓶给探测器制冷。用于冷却探测器的装置称为制冷器。下面以焦耳 – 汤姆逊制冷器为例,进行简单介绍。

焦耳 – 汤姆逊制冷器称为气体节流式制冷器,它是一个能直接放入杜瓦瓶制冷剂室内的微型气体制冷器。焦耳 – 汤姆逊制冷器工作原理图如图 10 – 3 所示。高压气体流经逆流式热交换器后,由节流喷嘴喷出,气体在节流喷嘴处膨胀而制冷。

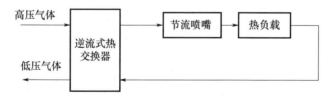

图 10 – 3　焦耳 – 汤姆逊制冷器工作原理

制冷效率与绝热膨胀压差相关,压差越大,制冷效率越高,因此,制冷必须用高压气体,并且致冷气体必须经过洁净处理,还要在制冷气路内专设分子筛过滤器,以过滤残留的颗粒,吸附水汽和二氧化碳等气体。

3. 红外导引头分类

红外导引头自问世以来得到了快速发展,出现了各种类型的红外导引头,红外导引头的分类如图 10 – 4 所示。

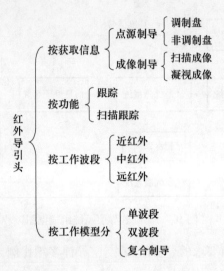

图 10 – 4　红外导引头的分类

## 10.2.2　红外点源寻的制导技术

### 1. 红外点源导引系统原理

红外点源寻的制导是指当导弹上红外位标器(导引头)对目标红外特性进行探测时,把探测目标作为电光源处理,目标与背景相比都有张角很小的特性,利用空间滤波等背景鉴别技术,把目标从背景中识别出来,得到目标的位置信息,达到跟踪目标的效果。红外点源寻的制导组成框图如图 10 – 5 所示。

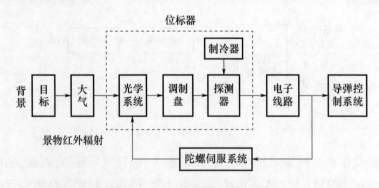

图 10 – 5　红外点源寻导引系统

### 2. 光学调制与调制盘

在红外导引系统中,为了获取目标的位置信息,抑制背景干扰,需进行光学调制。对于单元红外导引系统,光学调制通常采用具有特殊图案的调制盘。对于多元红外导引系统,光学调制通常直接利用多元红外探测器配合适当的光学扫描。

1）用调制盘来抑制背景干扰

用调制盘抑制背景干扰以提高目标探测能力的技术,是一种空间滤波技术。大多数目标与背景相比,都是一个张角很小的物体。空间滤波用来增强小张角的目标信号,抑制大张角的背景干扰。旋转调制盘空间滤波示意图如图 10 - 6 所示。

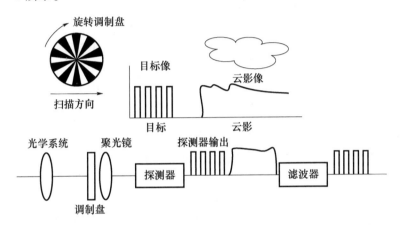

图 10 - 6　旋转调制盘空间滤波

调制盘图案由辐射形明暗扇格构成,置于光学系统焦平面上,其圆心同光轴重合。目标与背景(如云块)通常成像于调制盘上。由于目标成像尺寸小,在调制盘旋转时辐射能量被明暗格子调制,探测器输出电脉冲信号。在任何瞬间,云块像均覆盖调制盘多个明暗格子,通过调制盘的能量约有 50%。因此,云块像不产生调制信号,探测器输出为纹波很小的直流电信号,被电子线路滤掉。其他背景干扰也是如此。所以,当目标与背景干扰同时进入系统并被调制盘调制后,经电子线路滤波,抑制了背景干扰,保留了目标信息。

2）用调制盘产生目标角位置信息

图 10 - 7 所示的幅度调制(AM)调制盘,在红外导引系统中使用最为广泛。这种调制盘一半为透红外光与不透红外光的明暗花纹图案的调制区,一半为半透明区。调制盘安装在光学系统的焦平面上,并绕着光轴旋转。假设目标偏离光轴分别成像在调制盘 $A$ 点与 $B$ 点。当目标成像在 $A$ 点时,红外探测器输出的调制信号波形如图 10 - 7(a)所示,调制信号的相位为 $\theta_A$;当目标成像在 $B$ 点时,红外探测器输出的调制信号波形如图 10 - 7(b)所示,调制信号的相位为

$\theta_B$。可以看出,目标像点落在调制盘不同方位角 $\theta$ 时,调制信号的相位也不同。因此,只要能测出调制信号相位,就可确定目标所在角位置。

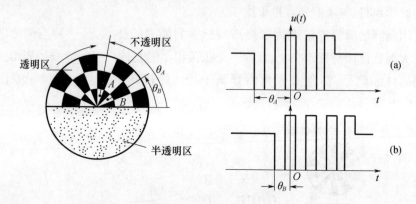

图 10 – 7　幅度调制调制盘

3）不用调制盘的光学调制

多元红外导引系统的光学调制无须调制盘,图 10 – 8 是常用的一种。

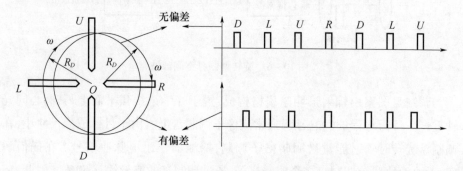

图 10 – 8　不用调制盘的光学调制

正交四元探测器置于光学系统焦平面上,光学系统的像点以角速度为 $\omega$、半径为 $R_d$ 作圆形轨迹运动。当系统没有偏差时,像点轨迹圆与正交四元探测器阵列同心,目标像点以等时间间隔通过 4 个探测器,探测器输出为等时间间隔的脉冲串。当系统出现偏差时,轨迹圆与阵列中心不同心,通过相邻探测器之间的时间间隔不再相等,探测器输出为不等时间间隔的脉冲串。将脉冲串同旋转光学系统产生的参考信号相比较,就能确定目标的角位置。这种组合产生的是脉冲位置调制,称为脉位调制系统。

3. 玫瑰线扫描亚成像制导

红外亚成像制导是介于红外点源寻的制导和红外成像寻的制导之间的一

种过渡体制。亚图像是对目标红外辐射的一个大体轮廓图像,没有太多细节,故每帧亚图像数据量(相对于图像)较少。下面以玫瑰线扫描亚成像为例进行简单介绍[75]。

　　玫瑰线光机扫描器一般是用一对由一定倾角、转向相反的光学元件来实现。例如,在常用的卡塞格林光学系统中,使用两个相对于系统光轴稍有偏斜的光学元件(主镜和次镜),使其以不同的转速沿相反的方向绕光轴转动,结果就可以在视场中形成"多瓣玫瑰线"扫描图形。玫瑰线扫描器的光学元件工作原理如图 10 - 9 所示。

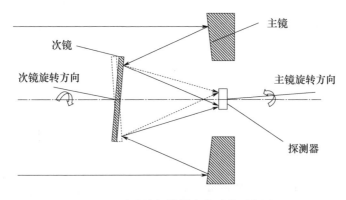

图 10 - 9　玫瑰线扫描器光学元件工作原理

　　玫瑰线扫描系统所用的瞬时视场极小,仅与点目标辐射源尺寸相匹配,一般只有总视场的几十分之一到几百分之一。虽然探测器的瞬时视场很小,但通过多瓣扫描方式,可以获得较大的总视场。圆搜索方案示意图如图 10 - 10 所示。通过控制陀螺进动,采用圆搜索方案,可以获得更大的搜索视场。红外子系统在搜索视场内对目标进行截获和跟踪。因此,在作用距离内,既能充分利用目标能量又可强烈抑制背景干扰。

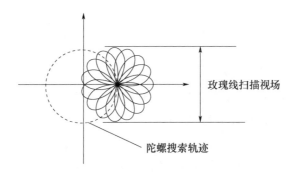

图 10 - 10　圆搜索方案示意图

多瓣玫瑰线的方程,即玫瑰线扫描轨迹,可用如下的参数形式表示为

$$
\begin{cases}
x(t) = \dfrac{1}{2}R[\cos(2\pi f_1 t + \theta_1) + \cos(2\pi f_2 t + \theta_2)] \\
y(t) = \dfrac{1}{2}R[\sin(2\pi f_1 t + \theta_1) + \sin(2\pi f_2 t + \theta_2)]
\end{cases}
\tag{10-1}
$$

式中:$R$ 为扫描玫瑰花瓣的长度,即扫描视场半径;$f_1$、$f_2$ 对应于光机扫描系统中两个光学转动元件的转速(rad/s);$\theta_1$、$\theta_2$ 为相对于基准位置的初相位。玫瑰线扫描轨迹方程的几何意义相当于两个大小相等($R/2$)、旋转方向相反的扫描向量的叠加。玫瑰线扫描轨迹方程的几何示意图如图 10 – 11 所示。

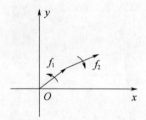

图 10 – 11　玫瑰线扫描轨迹方程的几何示意图

处于视场中的目标,当瞬时视场沿玫瑰线轨迹扫描过它时,位于系统象面上的双色探测器,接受目标辐射(即感应红外能量)而产生一个目标脉冲信号。其输出一维波形信号 $I(t)$ 是 $t$ 时刻扫描轨迹的空间位置点 $(x(t), y(t))$ 上红外传感器感应到的红外能量。

### 10.2.3　红外成像寻的制导技术

1. 红外成像导引系统原理

红外成像导引系统由红外成像系统和图像处理系统两大部分组成。红外成像导引系统如图 10 – 12 所示。

2. 红外成像导引头图像处理

1)图像预处理

图像预处理是通过某种滤波器估量图像背景分量,降低或剔除掉不必要的噪声和杂波,把该图像的质量升高以及提高所需信噪比,降低需要解决的数据量。它是对目标进行有效检测的前提。

(1)中值滤波算法。中值滤波算法使用到的中值滤波器是非线性类的滤波器,采用一个奇数点可滑动窗口,然后用窗口内各点的中值去代替窗口中心点的值就可以完成中值滤波。假设有一个已知一维序列 $f_1, f_2, \cdots, f_n$,紧接着可

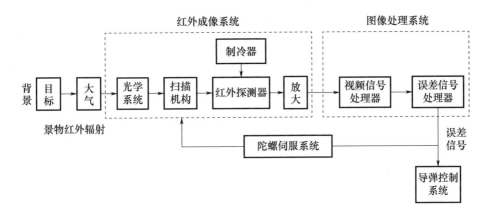

图 10 – 12　红外成像导引系统

以选取长度为 $m$ 的窗口,当然要设 $m$ 为奇数,让这个一维序列进行一个中值滤波,即是从本来就已知的输入序列中抽取出 $m$ 个数 $f_{t-v},\cdots,f_{t-1},f_t,f_{t+1},\cdots,f_{t+v}$,其中 $f_t$ 为窗口中心点值,并且 $v = m - 1/2$。可以把这 $m$ 个点数值根据它们的数值大小进行排序,然后选取出序号为中心点的那个数值,即滤波输出,它的数学公式为

$$y_i = \mathrm{Med}\{f_{t-v},\cdots,f_t,\cdots,f_{t+v}\}, \quad i \in Z, \quad v = \frac{m-1}{2} \qquad (10-2)$$

（2）均值滤波算法。均值滤波算法是一种典型的线性滤波算法,首先建立一个模板,该模板包含了目标及其周围的临近像素,以目标像素为中心,其周围的 8 个像素,构成一个滤波模板,把目标像素本身剔除,然后用所建立的模板的全体像素的平均值替代目标原有的像素值。

线性滤波的基本原理是用均值代替原图像中的各个像素值,即对待处理的当前像素点 $(x,y)$,选择一个模板,该模板由其近邻的若干像素组成,求模板中所有像素的均值,再把该均值赋予当前像素点 $(x,y)$,作为处理后图像在该点上的灰度 $g(x,y)$,即

$$g(x,y) = \frac{1}{m} \sum f(x,y) \qquad (10-3)$$

式中:$m$ 为该模板中包含当前像素在内的像素总个数。

（3）二值化算法。图像二值化就是把图像上每一个像素点的灰度值通过公式转变为 255 或 0,其实就是把整个研究的图像变换成比较明显的黑白效果。

图像要进行二值化,首先把图像进行灰度化,然后二值化获得一个二值化图像。不同的图像阈值呈现的图像不同,需要对图像的阈值进行调试、选择。

### 2）成像导引头信息处理流程

弹上红外导引头对目标探测时,将目标按扩展源处理,摄取目标及背景的红外图像并进行预处理,得到数字化目标图像。经图像处理和图像识别后,区分出目标、背景信息,识别出要攻击的目标并抑制噪声信号。跟踪处理器形成的跟踪窗口的中心按预定的跟踪方式跟踪目标图像,并把误差信号送到导引头跟踪系统,控制导引头继续扫描目标。同时,向导弹的控制系统发出导引指令信息,控制导弹的飞行姿态,使导弹飞向选定的目标。导引头的信息处理流程图如图 10-13 所示。

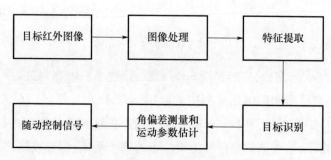

图 10-13　导引头的信息处理流程图

### 3. 红外导引头成像波门的跟踪方法

波门跟踪方法就是设置一个尺寸比目标图像稍大的波门,并利用它去套住所跟踪的目标图像。利用波门跟踪方法可以减少来自于波门以外的背景和噪声干扰对目标所造成的影响。

矩心跟踪算法流程如下。

（1）根据上一帧的图像中所跟踪目标所处的地址、形状大小以及它的运动特征,估计波门的形状大小和地址位置。

（2）估计波门内的背景特性,按照背景的统计特性,根据一定的检测判据准则,求出阀值分割限,在波门内做阀值分割,将波门内阀值以上部分的图像点都用来作为目标。

（3）计算目标质心的坐标系数,即目标跟踪所测量得出的结果。

矩心跟踪算法示意图如图 10-14 所示。利用图像分割阈值 $T$ 对波门内的图像进行分割处理,将原有的灰度图像 $\{f(x,y), x,y=0,1,\cdots,N-1\}$ 变成二值图像 $\{g(x,y), x,y=0,1,\cdots,N-1\}$。分割过程可用下式表示,即

$$g(x,y) = \begin{cases} 0, & f(x,y) < T \\ 1, & f(x,y) \geq T \end{cases} \tag{10-4}$$

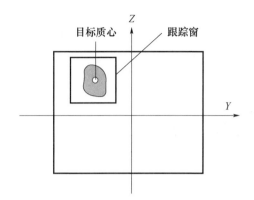

图 10 - 14　矩心跟踪算法示意图

因此,可以求得目标质心的坐标为

$$\overline{X} = \frac{\left( \sum_{x=0}^{N-1} \sum_{y=0}^{N-1} xg(x,y) \right)}{\left( \sum_{x=0}^{N-1} \sum_{y=0}^{N-1} g(x,y) \right)} \tag{10-5}$$

$$\overline{Y} = \frac{\left( \sum_{x=0}^{N-1} \sum_{y=0}^{N-1} yg(x,y) \right)}{\left( \sum_{x=0}^{N-1} \sum_{y=0}^{N-1} g(x,y) \right)} \tag{10-6}$$

4. 红外成像导引头图像处理流程

红外导引头图像处理的信号处理流程如图 10 - 15 所示。

图 10 - 15　红外成像导引头图像处理流程图

（1）预处理。将目标和背景实现初步的分离,目标信号加强的同时抑制了背景杂波和噪声的影响,提高了系统所需的信噪比,以此来降低虚警概率,并且提高对目标的检测概率。

（2）目标检测。按照已经确定的目标以及噪声模型,根据其统计特性求出分割阀值,超过分割阀值门限的信号点为目标。

（3）目标识别。根据目标形状特征、灰度特征及运动特征等信息,提取目标的各种特征和运动轨迹,利用相关算法去除干扰和假目标。

（4）目标跟踪。利用连续帧得到的目标信息,实现对目标图像的跟踪。

# 10.3　激光寻的制导技术

## 10.3.1　概述

激光寻的制导是由弹外或弹上的激光束照射在目标上,弹上的激光寻的器利用目标漫反射的激光,实现对目标的跟踪和对导弹的控制,使导弹飞向目标的一种制导方法。

激光末制导武器主要包括主动式武器和半主动式武器两种。主动式激光末制导武器采用的是发射后就不管的策略,具有相当高的作战效能,但是由于技术上的限制,此种制导方式目前尚不成熟。半主动式激光末制导武器则是如今作战武器发展的主流。

半主动激光制导方式,即导引头与激光照射装置分开配置于两地,前者随弹飞行,后者(大多采用武器系统发射制导装置上的激光目标指示器、专用直升机载激光目标指示器或单兵携带的小型地面激光目标指示器)置于弹外成为导弹的外部合作目标,将特定的编码激光照射到要攻击的目标上,导弹导引头接收目标反射回来的激光信号,处理出目标相对于光学系统的位置坐标,进而控制导弹命中目标的制导模式。

## 10.3.2　半主动激光寻的制导原理

### 1. 半主动激光制导的组成

激光半主动寻的系统如图 10 - 16 所示。系统一般由激光目标指示器(激光目标照射系统)和弹上寻的系统组成。激光目标指示器发射激光束,照射到目标后的反射光束,被弹上寻的系统的探测器接收到。探测器把光信号转化为电信号,经过放大、逻辑运算和信息处理后,一方面形成控制信号送给伺服系统,用于控制探测器光轴对准目标,另一方面形成指令送给弹上控制系统控制导弹转向。

### 2. 四象限目标探测方法

激光半主动制导武器系统导引头采用四象限探测器实现对目标的角位置坐标进行测量。激光信号到达导引头后,经过信号融合、放大、比较、控制逻辑等过程,形成导弹控制用的制导信号。激光导引头信息处理示意图如图 10 - 17 所示。

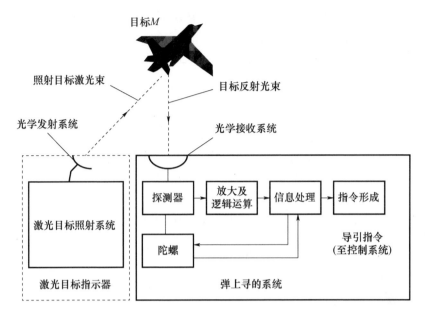

图 10 - 16　激光半主动寻的系统

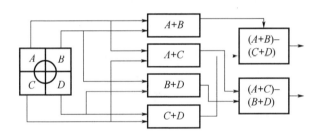

图 10 - 17　激光导引头信号处理信息图

四象限探测器是利用光刻技术将一个光敏圆片均匀分区刻制成 4 个象限，每个象限是一个光敏探测器。每个光敏器的输出电压大小与接收到的激光能量成正比，在激光跟踪系统中据此来确定激光光斑的位置。在 $x$、$y$ 方向上的偏差量分别为

$$\begin{cases} U_x = (U_A + U_C) - (U_B + U_D) \\ U_y = (U_A + U_B) - (U_C + U_D) \end{cases} \qquad (10-7)$$

导引头按照偏差量的大小输出制导信号，经自动驾驶仪系统形成控制信号，控制舵面偏转，调整导弹飞行姿态，修正导弹飞行弹道。激光光斑向四象限探测器中心移动，最终导弹命中目标。

四象限探测器工作原理如图 10 - 18 所示，若激光光斑正好落在象限探测

器的中心,那么,$A$、$B$、$C$、$D$ 4 个象限探测器输出信号 $V_A$、$V_B$、$V_C$、$V_D$ 的幅值应完全相等,这说明导弹正好对准了目标。此时,有

$$\begin{cases} (V_A + V_B) - (V_C + V_D) = 0 \\ (V_A + V_C) - (V_B + V_D) = 0 \end{cases} \qquad (10-8)$$

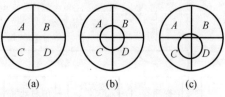

(a)　　　　(b)　　　　(c)

图 10 – 18　四象限探测器工作原理

若导弹未对准目标,在四象限光敏上形成的光斑将不在光敏面的中心,如图 10 – 18(c)所示,此时,有

$$(V_A + V_B) - (V_C + V_D) \neq 0 \qquad (10-9)$$

式(10 – 9)说明导弹上下位置有偏差,此时,会输出一个误差信号去控制导弹垂直尾舵,以改变它的上下状态,使导弹调整对准目标。目标上下对准后,有

$$(V_A + V_B) - (V_C + V_D) = 0 \qquad (10-10)$$

同理,当 $(V_A + V_C) - (V_B + V_D) \neq 0$ 时,说明导弹左右有偏差,此时,会输出一个误差信号去控制导弹水平尾舵,以改变它的左右状态。

# 10.4　可见光寻的制导技术

可见光(电视)寻的制导是利用可见光 CCD(Charge – Couple Device)或电视摄像机作为制导系统的敏感器件获得目标图像信息,形成控制信号,从而控制和引导导弹飞向目标的被动制导方式。其特点是隐蔽性好,不受电子干扰的影响,图像直观,能从复杂的背景中分辨出目标。由于利用可见光,所以系统的分辨率高、精度高,但只能在白天或能见度较好的条件下使用。

## 10.4.1　可见光寻的制导原理

可见光(电视)寻的制导系统由光学系统、电视摄像机、电视自动跟踪电路和伺服系统构成。电视寻的制导控制系统示意图如图 10 – 19 所示。电视摄像机装在导弹的头部,由它摄取目标的图像,经过导引系统的处理,形成导引指

令,传送给控制系统以控制导弹的飞行状态。导弹自主地完成目标信息的获取、处理和自身飞行姿态的调整等一系列工作,实现自动搜寻被攻击目标,因而,这一制导方式称为电视寻的制导。也就是说,导弹具有"发射后不用管"的能力。

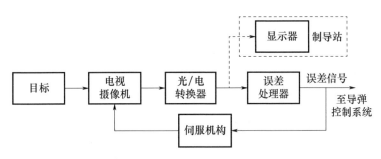

图 10-19　电视寻的制导控制系统示意图

## 10.4.2　目标图像跟踪方法

矩心跟踪法是一种常用的目标图像点跟踪法,其目的就是控制探测器视场中心向跟踪窗中心移动使两者重合,当两者不重合时,就会输出与这两个中心的距离成比例的误差信号。将误差信号送给伺服系统,对寻的器和导弹进行修正,使导弹在飞行过程中始终盯住目标而自动跟踪。视场与跟踪窗的关系如图 10-20 所示。

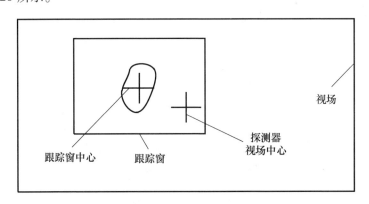

图 10-20　视场与跟踪窗的关系

矩心跟踪法对目标矩心的确定一般采用两种方法:质心坐标法和面积平衡法。

(1)质心坐标法。将跟踪窗内有效面积划成矩阵,各阵元(像元)视频信息

的幅度凡超过阈值的均参与积分处理,于是,目标矩心坐标为

$$\begin{cases} \bar{Y} = \dfrac{\sum\limits_{j=1}^{m}\sum\limits_{k=1}^{n}U_{j,k}Y_j}{\sum\limits_{j=1}^{m}\sum\limits_{k=1}^{n}U_{j,k}} \\[6ex] \bar{Z} = \dfrac{\sum\limits_{j=1}^{m}\sum\limits_{k=1}^{n}U_{j,k}Z_j}{\sum\limits_{j=1}^{m}\sum\limits_{k=1}^{n}U_{j,k}} \end{cases} \qquad (10-11)$$

其中

$$U_{j,k} = \begin{cases} 0, & \text{像元信息值} < \text{阈值} \\ 1, & \text{像元信息值} > \text{阈值} \end{cases} \qquad (10-12)$$

$Y_j$为 $Y$ 方向的第 $j$ 个像元,$Z_k$为 $Z$ 方向的第 $k$ 个像元,$m$、$n$ 分别为 $Y$、$Z$ 方向的分辨像元数。

按质心坐标求矩心算法简便,命中率高。如果以像元的信息幅值代替阈值,则算出来的质心还具有加权作用。

(2)面积平衡法。面积平衡如图 10-21 所示,将跟踪窗口分成 4 个象限或 2 个象限对,分别积分每对象限 $A$ 与 $B$ 和 $a$ 与 $b$ 内超过阈值的视频信号,如果目标处在跟踪窗的中心,则跟踪窗中心线上下和左右的数字式目标信息应该平衡。由于目标在运动,不平衡的误差信号将按帧频调整中心线的位置。这种平衡与不平衡的交替过程直至导弹接近目标(目标的像可能充满窗口)而结束。

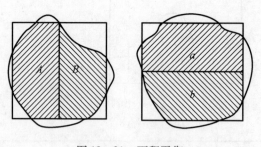

图 10-21　面积平衡

## 本章小结

光电制导具有精确性、高效性、威慑性、先进性的特点,按照光波波段划分,

光电制导大体上可以分为红外寻的制导、激光寻的制导和可见光寻的制导。本章首先介绍了光电导引头的相关知识,然后分别介绍了红外寻的制导、激光寻的制导和可见光寻的制导原理等内容。

## 思 考 题

1. 叙述红外寻的制导中调制盘测角原理。
2. 叙述红外寻的制导中矩心跟踪原理。
3. 简述激光寻的制导中激光四象限元测角原理。
4. 简述可见光寻的制导中质心坐标法原理。

# 第 11 章　复合末制导技术

　　自动寻的制导的过程本质是敌我双方电磁对抗与反对抗的过程。随着战场环境的恶化在自动寻的制导过程中,不可避免地受到敌方的电磁攻击。为了实现对敌方的远程精确打击,需要进一步提高自动寻的制导系统的制导精度和突防能力。采用单一传感器的寻的制导系统在技术性能和电磁对抗能力方面存在局限性。采用多种传感器获取目标与复杂战场环境信息的复合寻的制导技术将极大地提高精确制导武器的技术、战术性能,目前已经成为自动寻的制导的重要发展趋势。

　　目前,可用于寻的制导的传感器主要有工作在微波毫米波波段的主动雷达、微波被动雷达、毫米波辐射计、红外成像传感器、电视摄像传感器、激光主动半主动传感器等。复合寻的制导传感器及其工作频段如图 11 - 1 所示。

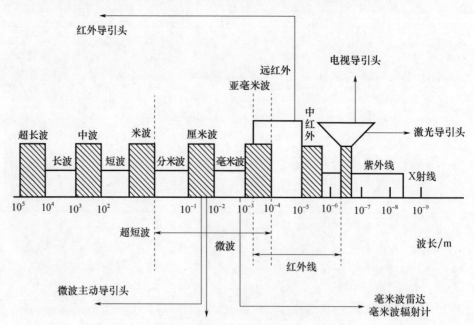

图 11 - 1　复合寻的制导传感器及其工作频段

# 11.1　概　　述

复合寻的制导技术是基于多个传感器子系统的系统集成技术。在系统集成设计过程中,为满足多个传感器子系统的探测需求,如何对系统结构与布局进行综合设计至关重要。在传感器配置方面,既要尽量采用不依赖于弹外的信息源或辅助设备,提高复合寻的制导系统的自主探测能力,又要考虑传感器探测性能的互补型。主动雷达由于技术相当成熟,是重点考虑的传感器子系统,而被动雷达由于作用距离远,可以提供防区外的探测能力,因此,主动、被动雷达在系统配置中主要完成远距离目标探测,具备成像能力的红外成像传感器和激光传感器由于可以获取更为丰富和精细的目标信息,主要用于命中段的制导,提高制导精度。

目前,复合寻的制导系统结构主要有 3 种,即单孔径结构、分孔径结构和共孔径结构。

单孔径结构常见于多光谱复合导引头中,它采集的不同波段的光能通过一个光学通道进入探测器。

分孔径结构是指它是每个传感器都利用独立的探测通道,两个探测器并行安装布置在导弹头部的空间内。这种结构是目前应用最多的结构,是在单模寻的导引头的基础上组合形成的,最容易实现,且每个通道都可达到最佳化。但在进行信息与数据处理时,必须进行坐标转换和同步转换。雷达/红外分孔径结构示意图如图 11 - 2 所示。

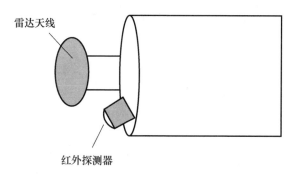

雷达天线

红外探测器

图 11 - 2　雷达/红外分孔径结构示意图

共孔径结构是把多个传感器子系统设计成共口径的一体化探测系统,如毫米波/红外复合寻的制导系统可以设计成一套天馈光学系统,发射毫米波能量的同时还能接收红外和毫米波能量在输出端再将毫米波与红外分离开,分别送到毫米波接收机和红外接收。共孔径结构中光轴与电轴是重合的,传感器的坐标是一致的,可以避免基准校准误差,提高了跟踪精度。

　　毫米波/红外复合寻的制导系统共孔径结构如图 11 - 3 所示。毫米波/红外/激光复合寻的制导系统如图 11 - 4 所示。其中,图 11 - 4(a)、(b)中的区别在于卡塞格伦镜组次镜反射红外透射微波还是反射微波透射红外,由于图 11 - 4(b)中卡塞格伦镜组次镜反射微波透射红外比较难实现,目前处于研究探索阶段,一般采用图 11 - 4(a)所示结构。

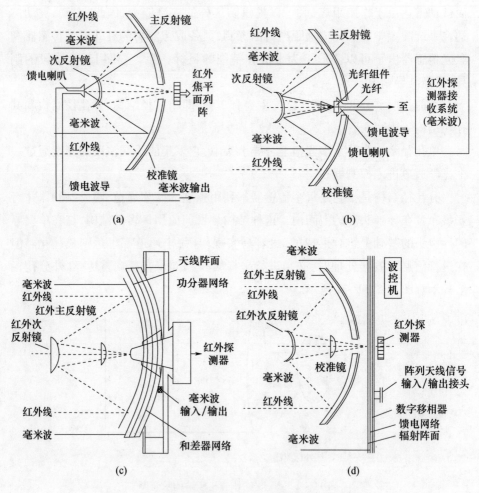

图 11 - 3　毫米波/红外复合寻的制导系统共孔径结构

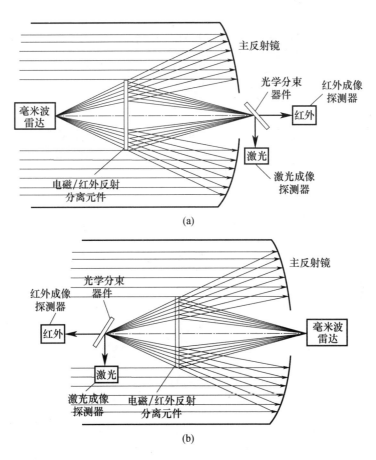

图 11 - 4 毫米波/红外/激光三模复合寻的制导系统共孔径结构

# 11.2 主/被动导引头数据融合技术

## 11.2.1 主/被动数据融合模型

1. 主/被动点迹压缩融合方法

主/被动点迹压缩融合的思想是将主/被动通道关联上的量测点迹进行压缩,得到一个压缩后的量测点进行滤波。主/被动点迹压缩融合流程图如图 11 - 5 所示。

具体方法如下。

（1）对应当前时刻 $k$,若主动通道、被动通道有量测,则分别将量测数据与航迹进行关联。

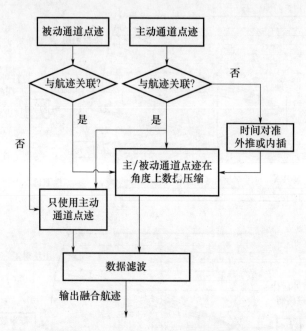

图 11 – 5　主/被动点迹压缩融合流程图

（2）若主动通道、被动通道都有关联上的量测数据，分别设为 $\theta_R(k)$ 和 $\theta_E(k)$，则将两个通道量测的角度信息进行压缩：$\theta(k) = \lambda_R\theta_R(k) + \lambda_E\theta_E(k)$，其中 $\lambda_R = \dfrac{\sigma_{\theta,E}^2}{\sigma_{\theta,R}^2 + \sigma_{\theta,E}^2}$，$\lambda_E = \dfrac{\sigma_{\theta,R}^2}{\sigma_{\theta,R}^2 + \sigma_{\theta,E}^2}$，距离信息仍来源于主动通道。

（3）若主动通道没有关联上的量测数据，但是被动通道有关联上的量测数据 $\theta_E(k)$，则将航迹状态进行一步外推，得到预测状态，将预测状态转换为角度 $\theta'_R(k)$，将 $\theta_E(k)$ 与 $\theta'_R(k)$ 进行压缩：$\theta(k) = \lambda_R\theta'_R(k) + \lambda_E\theta_E(k)$，其中 $\lambda_R = \dfrac{\sigma_{\theta,E}^2}{\sigma_{\theta,R}^2 + \sigma_{\theta,E}^2}$，$\lambda_E = \dfrac{\sigma_{\theta,R}^2}{\sigma_{\theta,R}^2 + \sigma_{\theta,E}^2}$，距离信息来源于外推的距离。

（4）若只有主动通道有关联上的量测数据，则直接用该数据进行滤波。

2. 主/被动通道序贯融合算法

在雷达量测与被动量测重叠观测区，按时间顺序，先到的量测点先进行滤波，即序贯滤波方法。这样就省去了时间同步处理，又增强了航迹的连续性。雷达和被动量测序贯滤波的时间顺序图如图 11 – 6 所示。

主/被动通道序贯融合是将主/被动通道的量测值按时间顺序排列起来，先到的量测值先进行滤波，具体步骤如下。

（1）主动通道点迹与被动通道点迹进行关联。

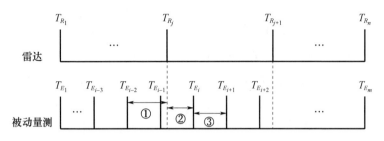

图 11 - 6 序贯滤波法示图

（2）对关联上的主动通道点迹与被动通道点迹采用序贯滤波得到融合航迹，序贯滤波中对于主动通道滤波可以采用 CMKF、EKF、UKF 算法，对于被动通道滤波可以采用被动纯角度 EKF 算法。图 11 - 7 所示为其算法流程图。

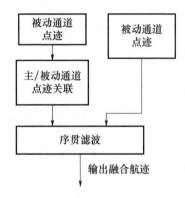

图 11 - 7 主/被动序贯融合流程图

## 11.2.2 主/被动导引头工作模式的使用原则和策略

1. 主/被动导引头 3 种工作模式的使用原则

考虑到主动通道定位精度高但辐射信号易敌方被侦查截获的特点，以及被动通道可以获取敌方辐射源特征信息但定位精度较差、无法获取距离信息、易受到敌方无线电静默的特点，提出以下几种使用原则。

（1）主动通道在保证目标不超越探测范围和打击范围的前提下，应尽量较晚开启，同时尽可能减少开机次数和时长。

（2）被动通道始终保持开启状态，随时接收目标舰船的辐射信号，根据辐射源信号特征识别目标。

（3）在主/被动通道同时工作，且都有目标的量测信息时，对主/被动通道量测进行关联，若关联成功，以精度较高的主动通道量测为准，进行跟踪；若关联不成功,通常认为主动通道信息不可靠,此时,应以被动通道量测为准。

2. 主/被动导引头 3 种工作模式的策略

按照导弹在不同飞行阶段的特点,提出以下几种策略。

(1)导弹发射前对导弹装订目标信息时,根据飞行距离,判断是否需要在导弹直视距离外段升高探测目标以及需要时升高探测的次数、时机、时长。

(2)在直视距离外段升高探测时,利用被动通道识别目标舰船,开启主动通道对其位置进行定位,下降高度后主动通道关闭并将导弹航向调整到指向定位时目标的位置。

(3)由于电磁波在大气中传播时,是在非均匀介质中传播的,它的传播路径将产生折射,所以在直视距离外的一定范围内,被动通道仍有可能接收到目标辐射源的信号,此时,依照被动通道的方位信息进行跟踪。

(4)在进入主动通道直视距离范围内至末制导阶段之前,主要通过主/被动通道的协同工作对目标进行识别跟踪,此时,为防止敌方过早发现导弹,主动通道应避免不必要的开机,主要通过被动通道进行跟踪。当跟踪误差达到一定程度或受到敌方无线电静默时,需要开启主动通道对目标进行精确定位。

(5)在末制导阶段,主/被动通道一直保持开启状态,通过主/被动通道的量测信息综合判断是否受到干扰。在主动通道量测可信的情况下,采用主动通道量测进行跟踪;否则,使用被动通道量测。

### 11.2.3 主/被动雷达复合导引头的融合抗干扰模型

1. 主/被动融合抗有源干扰模型

有源干扰是指干扰体自身辐射信号,以达到利用干扰信号遮蔽或淹没探测目标回波信号或根据雷达信号特性加入各种假信息的调制模拟虚假回波信号的目的,前者称为有源压制干扰,后者称为有源欺骗干扰。

主被动复合制导过程中,对主动通道和被动通道信号、数据的判断,当某一个通道的数据不可信时,采用另一通道的数据,从而剔除干扰成分,对预定打击目标进行识别跟踪。

1)主/被动融合抗压制干扰模型

反舰导弹导引头面对的压制干扰通常是舰载有源压制干扰。采用一种主/被动融合模型来自适应抗压制干扰,方法流程图如图 11 - 8 所示。

舰载压制干扰示意图如图 11 - 9 所示。以该场景为例说明主/被动融合抗压制干扰模型工作流程。

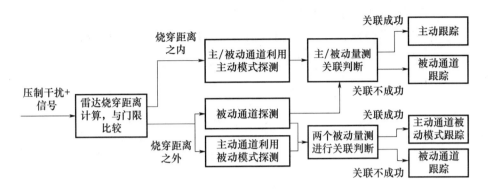

图 11 - 8　主/被动融合抗压制干扰模型

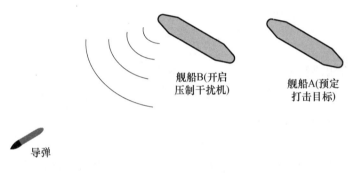

图 11 - 9　舰载压制干扰示意图

（1）在导弹估计与预定打击目标相距达到预定值时,启用抗有源压制干扰模块,根据目标信息计算烧穿距离 $R_0 = \left( \dfrac{K_j}{\gamma_j} \dfrac{P_t G_t \sigma}{4\pi P_j G_j} \dfrac{\Delta f_j}{\Delta f_r} \right)^{1/2}$ , 式中: $P_t$ 、 $G_t$ 为雷达的发射功率和天线增益; $\sigma$ 为目标的有效反射面积; $P_j$ 、 $G_j$ 为干扰机的发射功率和干扰天线增益; $\gamma_j$ 为干扰信号对雷达天线的极化损失; $K_j$ 为雷达接收机输入端的干扰—信号功率比。

（2）在烧穿距离之外,若弹载雷达主动通道突然接收大功率杂乱信号且检测不到回波信号,则认为受到有源压制干扰。此时,将主动通道被动模式获取的数据同被动通道数据进行关联,若能关联,则认为干扰机在目标舰船上或与目标舰船方位相同,利用主动通道被动模式进行跟踪;若不能关联,则认为干扰机不在目标舰船上,利用被动通道进行跟踪。

（3）当导目距离小于烧穿距离时,主动通道能接到目标回波。将主/被动通道的量测进行关联,若能关联,则使用主动通道量测进行跟踪;若不能关联,则使用被动通道量测进行跟踪。

2）主/被动融合抗距离欺骗干扰模型

当敌方侦察到弹载雷达,根据雷达信号特性产生虚假回波信号,对跟踪雷达产生距离拖引,增大其跟踪误差。距离欺骗干扰示意图如图 11 – 10 所示。

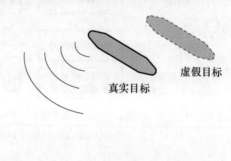

图 11 – 10 距离欺骗干扰示意图

对于抗距离欺骗干扰,采取如下步骤进行。

（1）通过主动通道的信号判断,确定是否受到距离欺骗干扰。

（2）当受到距离欺骗干扰时,对主/被动通道量测的角度信息作差。

（3）当连续 $N$ 个时刻中至少有 $M$ 个时刻的角度差大于某一特定门限时,说明干扰机不在目标舰船上,利用被动通道的信号进行跟踪;否则,利用主动通道的信号前沿进行跟踪。主/被动融合抗距离欺骗干扰模型如图 11 – 11 所示。

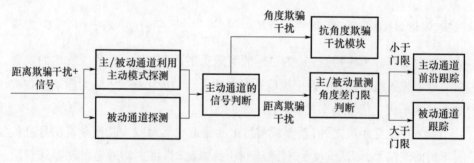

图 11 – 11 主/被动融合抗距离欺骗干扰模型

3）主/被动融合抗角度欺骗干扰模型

当敌方侦察到弹载雷达,根据雷达信号特性产生虚假回波信号,对跟踪雷达产生角度拖引,增大其跟踪误差。角度欺骗干扰示意图如图 11 – 12 所示。

对于主/被动通道融合抗角度欺骗干扰,采取如下步骤进行。

（1）通过主动通道的信号判断,确定是否受到距离欺骗干扰。

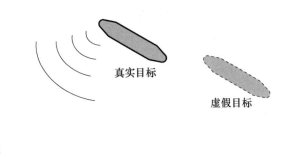

图 11 – 12　角度欺骗干扰示意图

（2）若未受到距离欺骗干扰时，对主/被动通道量测的角度信息作差。

（3）当连续 N 个时刻中至少有 M 个时刻的角度差大于某一特定门限时，说明受到角度欺骗干扰，利用被动通道的信号进行跟踪；否则，说明未受到角度欺骗干扰。主/被动融合抗角度欺骗干扰模型如图 11 – 13 所示。

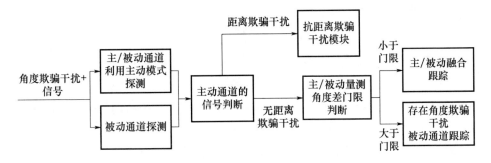

图 11 – 13　主/被动融合抗角度欺骗干扰模型

4）主/被动融合抗速度欺骗干扰模型

速度欺骗干扰是干扰机将虚假的多普勒信息调制到弹载雷达信号，模拟生成一个虚假速度进行欺骗。速度欺骗干扰示意图如图 11 – 14 所示。

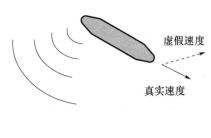

图 11 – 14　速度欺骗干扰示意图

在抗这种干扰时,采用以下步骤。

(1) 将末制导雷达探测到的速度量测与滤波速度进行比较。

(2) 如果两者之差超过某一特定门限,认为受到速度欺骗干扰,则剔除速度量测,只利用目标位置信息进行跟踪。主/被动融合抗速度欺骗干扰模型如图 11 - 15 所示。

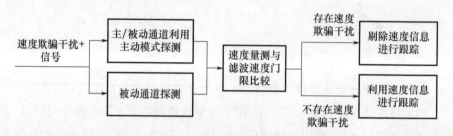

图 11 - 15　主/被动融合抗速度欺骗干扰模型

2. 主/被动融合抗无源干扰模型

1) 主/被动融合抗箔条冲四干扰模型

箔条冲四干扰通常在末制导雷达开机之前使用,在船体 4 个方向布设箔条云,起到遮蔽真目标的效果。一般来说,当箔条弹发射距离较远或箔条未扩散不完全时,主动通道会接收 5 个回波信号,箔条冲四干扰示意图(出现 5 个目标的情况)如图 11 - 16 所示;当箔条弹发射距离较近,箔条扩散后完全遮蔽打击目标时,主动通道只能接收 1 个回波信号,箔条冲四干扰示意图(出现 1 个目标的情况)如图 11 - 17 所示。

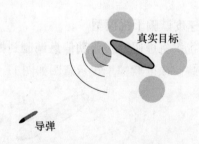

图 11 - 16　箔条冲四干扰示意图(出现 5 个目标的情况)

主/被动融合抗箔条冲四干扰分为以下两种情况,主/被动融合抗箔条冲四干扰模型如图 11 - 18 所示。

(1) 通过对信号层分析,判断在预定打击目标周边范围内有 5 个距离紧凑的目标时,则判断被动通道在该范围内是否有量测:若有量测,进一步判断该被

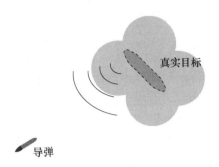

图 11 – 17　箔条冲四干扰示意图（出现 1 个目标的情况）

动通道量测是否存在一个角度相距最近的主动通道量测与之关联,有则利用关联上的主动通道信息与被动通道信息进行融合跟踪,无则只利用被动通道信息进行跟踪;若无被动量测,则利用 5 个目标之间的拓扑信息,选择中心目标进行跟踪。

（2）通过对信号层分析,判断回波面积突然扩大,此时,若被动通道在该范围内有量测,则利用该量测进行角度跟踪;若被动通道在该范围内没有量测,则跟踪质心位置。

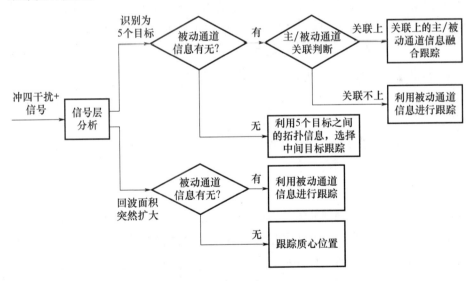

图 11 – 18　主/被动融合抗箔条冲四干扰模型

2）主被动融合抗质心欺骗干扰模型

质心欺骗干扰主要发生在目标舰船与导弹相距一定距离时,通过释放箔条、角反射体、假目标等手段,使导弹跟踪两个目标的能量质心,偏离真实目标,主被动融合抗质心欺骗干扰模型如图 11 - 19 所示。

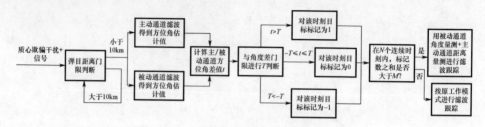

图 11 - 19    主/被动融合抗质心欺骗干扰模型

主被动融合抗质心欺骗干扰流程如下。

（1）在弹目距离小于设定距离时,计算每一时刻主动通道滤波后得到的方位角估计值同被动通道滤波得到的方位角估计值之间的差值 $t$。

（2）将每一时刻的 $t$ 与角度差门限 $T$ 进行比较,若 $t > T$,标记 $T_e = 1$;若 $-T \leqslant t \leqslant T$,标记 $T_e = 0$;若 $t < -T$,标记 $T_e = -1$。

（3）在连续 $N$ 个时刻内,判断标记数之和 $\sum_{i=1}^{N} T_e(i)$ 是否大于 $M$:若是,则认为受到质心欺骗干扰,用被动通道角度量测和主动通道距离量测进行滤波跟踪;若否,则认为不存在质心欺骗干扰,按照原工作模式进行滤波跟踪。

3. 主/被动融合抗复合干扰模型

1）主/被动融合抗压制加箔条冲四复合干扰模型

当敌方同时使用有源压制干扰和箔条冲四干扰时,采用以下步骤进行抗干扰。

（1）当导弹飞行在雷达烧穿距离内时,压制干扰失效,启用抗冲四干扰模块,对冲四干扰进行检测、剔除。

（2）当导弹飞行在雷达烧穿距离外时,若弹载雷达主动通道突然接收大功率杂乱信号且检测不到回波信号,则认为受到有源压制干扰,此时,对被动通道与主动通道的被动模式下的角度量测进行关联。若能关联,则认为干扰机在目标舰船上或与目标舰船方位相同,利用主动通道被动模式进行跟踪;若不能关联,则认为干扰机不在目标舰船上,利用被动通道进行跟踪。主被动融合抗压制加箔条冲四复合干扰模型如图 11 - 20 所示。

2）主/被动融合抗角度欺骗加速度欺骗复合干扰模型

当敌方同时使用角度欺骗和速度欺骗干扰时,采用以下步骤进行抗干扰。

（1）通过主动通道的信号判断,确定是否受到距离欺骗干扰。

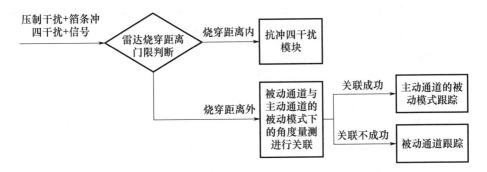

图 11 – 20　主/被动融合抗压制加箔条冲四复合干扰模型

（2）若未受到距离欺骗干扰时,对主/被动通道量测的角度信息作差。

（3）当连续 $N$ 个时刻中至少有 $M$ 个时刻的角度差大于某一特定门限时,说明受到角度欺骗干扰,利用被动通道的信号进行跟踪;否则,说明未受到角度欺骗干扰。

（4）在未受到角度欺骗时,将末制导雷达探测到的速度量测与滤波速度进行比较,如果两者之差超过某一特定门限,认为受到速度欺骗干扰,则提出速度量测,只利用目标位置信息进行跟踪。主被动融合抗角度欺骗加速度欺骗复合干扰模型如图 11 – 21 所示。

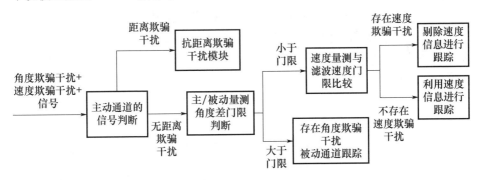

图 11 – 21　主/被动融合抗角度欺骗加速度欺骗复合干扰模型

3）主/被动融合抗压制加角度欺骗复合干扰模型

当敌方同时使用有源压制干扰和角度欺骗干扰时,采用以下步骤进行抗干扰。

（1）当导弹飞行在雷达烧穿距离内时,启用角度欺骗判断模块检测,若受到角度欺骗时,主动通道量测不可信,利用被动通道跟踪;若未受到角度欺骗时,主利用主动通道的主动模式与被动通道融合进行跟踪。

　　（2）当导弹飞行在雷达烧穿距离外时，启用角度欺骗判断模块检测，若受到角度欺骗时，主动通道量测不可信，利用被动通道跟踪；若未受到角度欺骗时，主动通道主动模式量测不可信，利用动通道的被动模式与被动通道融合进行跟踪。主/被动融合抗压制加欺骗复合干扰模型如图 11 - 22 所示。

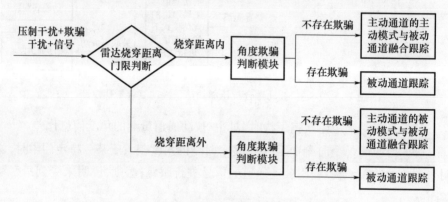

图 11 - 22　主/被动融合抗压制加欺骗复合干扰模型

　　4）主/被动融合抗箔条冲四加质心欺骗复合干扰模型

　　当敌方同时使用箔条冲四干扰和质心欺骗干扰时，采用以下步骤进行抗干扰。

　　（1）若弹目距离超过设定距离，启用抗冲四干扰模块。

　　（2）若弹目距离不超过设定距离，此时，已经去除冲四干扰，只存在质心欺骗干扰，启用抗质心欺骗干扰模块。主/被动融合抗箔条冲四加质心欺骗复合干扰模型如图 11 - 23 所示。

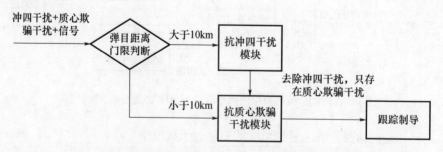

图 11 - 23　主/被动融合抗箔条冲四加质心欺骗复合干扰模型

　　4. 主/被动融合抗干扰技术的使用时机

　　抗干扰作战过程如图 11 - 24 所示，抗干扰作战过程如下。

　　（1）通过我方侦察机、雷达等探测到的关于预定打击目标距离方位、舰船型号、编队拓扑信息等装入导弹程序,根据弹目距离判断导弹是否需要在直视距离外段通过上升高度探测目标,如果需要,计算飞行里程数达到多少时升高。

(2)当导弹飞行指定里程数时上升高度,利用被动通道信息对目标属性进行粗判断,利用主动通道对目标进行探测定位,修正导弹航向,向打击目标当前位置飞行。

(3)根据前期导弹探测目标修正航向的情况,计算确定导弹末制导主动通道连续开启时间。

(4)在距离目标某一个距离时,分别开启有源压制干扰检测模块、箔条冲四干扰检测模块。

(5)在距离目标某一个距离时,分别开启距离欺骗干扰检测模块、距离角度干扰检测模块、速度欺骗干扰检测模块。

(6)在距离目标某一个距离时,开启质心欺骗干扰检测模块。

(7)对目标进行选择识别,进行打击。

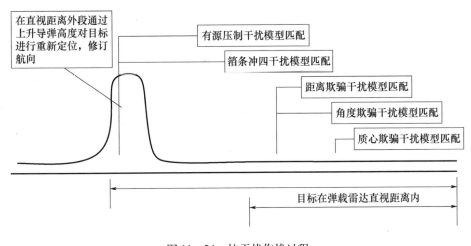

图 11 - 24　抗干扰作战过程

## 11. 2. 4　融合抗干扰评价指标体系和评价方法

1. 融合抗干扰评价指标体系

复合导引头抗干扰评价指标体系如图 11 - 25 所示。在主动通道搜索过程中,通过降低截获概率,让敌方尽可能晚地侦察到我方导弹,不能及时有效地释放干扰,可以降低我方抗干扰的难度,所以提出截获概率作为一项抗干扰指标;在跟踪过程中,需要对跟踪精度和新息统计量进行评价,考察抗干扰模型的性能;在识别过程中,能否正确、及时地发现干扰,将实际干扰与先验信息库中干扰模型进行匹配,以及发现对应干扰后能否正确从复杂信号中提取预定目标信息,这也是评价抗干扰效果的重要指标;在打击过程中,对命中概率及命中精度的统计,直接可以说明整个抗干扰过程的优劣。

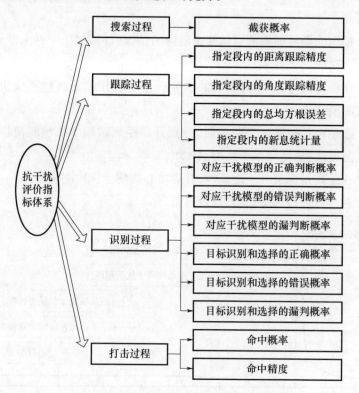

图 11 - 25　融合抗干扰评价指标体系示意图

1) 截获概率

有效抵抗敌方的电子干扰,首先要重视反电子侦察,提高电磁辐射的隐蔽性,敌方对我方导弹发现得越晚,发起干扰的时间就越晚,释放干扰的形式就越有限。

(1) 当侦察天线为慢搜索时,方位截获概率为

$$P_1 = \left( \frac{\Delta\theta_a T_a}{\theta_a} + \frac{\Delta\theta_r T_r}{\theta_r} \right) / T_a \tag{11-1}$$

(2) 当侦察天线快搜索时,方位截获概率为

$$P_2 = \left( \frac{\Delta\theta_a T_a}{\theta_a} + \frac{\Delta\theta_r T_r}{\theta_r} \right) / T_r \tag{11-2}$$

式中：$\theta_r$ 和 $T_r$ 分别为侦察天线的侦察空域和扫描时间（周期）；$\theta_a$ 和 $T_a$ 分别为弹载雷达天线的扫描空域和扫描时间（周期）；$\Delta\theta_r$ 和 $\Delta\theta_a$ 分别为弹载雷达波束和侦察波束的宽度。

（3）当侦察接收机慢中速概率搜索时（$T_f > T_p > \tau$），在弹载雷达的一个重复周期内的侦察概率为

$$P_{f_1} = \frac{1}{T_p}\left(\tau + \frac{T_f}{f_2 - f_1}(\Delta f_s + \Delta f)\right) \tag{11-3}$$

（4）当频率快中速概率搜索时（$T_f > T_p > \tau$），在雷达的一个重复周期内的侦察概率为

$$P_{f_2} = \frac{1}{T_f}\left(\tau + \frac{T_f}{f_2 - f_1}(\Delta f_s + \Delta f)\right) \tag{11-4}$$

式中：$T_f$ 为频率搜索周期；$\Delta T_a$ 为弹载雷达照射侦察系统的时间；$Z_n$ 为照射时间内具有的脉冲数；$T_p$ 为弹载雷达脉冲重复周期；$\tau_f$ 为侦察接收机频率搜索瞬时带宽所需要的时间；$Z$ 为每次搜索所接收的脉冲数。

2）指定段内的距离跟踪精度

滤波航迹和真实航迹配对之后，设配对成功的真实目标距离和滤波航迹中对应的状态转换距离为 $\{r_i(l), \hat{r}_i(l)\}$，则

$$\overline{\Delta r_i} = \frac{1}{N}\sum_{l=1}^{N} |r_i(l) - \hat{r}_i(l)| \tag{11-5}$$

3）指定段内的角度跟踪精度

滤波航迹和真实航迹配对之后，设配对成功的真实目标角度和滤波航迹中对应的状态转换角度为 $\{\theta_i(l), \hat{\theta}_i(l)\}$，则

$$\overline{\Delta\theta_i} = \frac{1}{N}\sum_{l=1}^{N} |\theta_i(l) - \hat{\theta}_i(l)| \tag{11-6}$$

4）指定段内的总跟踪精度

滤波航迹和真实航迹配对之后，设配对成功的真实目标在笛卡儿坐标下的位置信息为 $\{x_i(l), y_i(l), z_i(l)\}$，滤波航迹中对应的状态向量为 $\{\hat{x}_i(l), \hat{y}_i(l), \hat{z}_i(l)\}$，则

$$\mathrm{RMS}_{i,\,\mathrm{position}} = \frac{1}{N}\sum_{l=1}^{N}\sqrt{[x_i(l) - \hat{x}_i(l)]^2 + [y_i(l) - \hat{y}_i(l)]^2 + [z_i(l) - \hat{z}_i(l)]^2} \tag{11-7}$$

5）指定段内的新息统计量

设第 $(k-1)$ 时刻，状态变量的预测值为 $\hat{\boldsymbol{X}}(k|k-1)$，第 $k$ 时刻的量测方

程为

$$Z(k) = H(k) \cdot X(k) + W(k) \qquad (11-8)$$

式中：$H(k)$ 为观测矩阵；$W(k)$ 为零均值、方差为 $R(k)$ 的高斯白噪声。

定义量测值 $Z(k)$ 与预测量测值 $H(k)\hat{X}(k\mid k-1)$ 之差为新息 $v(k)$，即

$$v(k) = Z(k) - H(k)\hat{X}(k\mid k-1) \qquad (11-9)$$

对应的协方差矩阵为

$$S(k) = H(k)P(k\mid k-1) \cdot H'(k) + R(k)$$

式中：$P(k\mid k-1)$ 为一步预测协方差矩阵。

假设量测维数为 $M$，新息 $v(k)$ 的范数为

$$g(k) = v^{\mathrm{T}}(k)S^{-1}(K)v(k) \qquad (11-10)$$

可以证明，新息统计量 $g(k)$ 是服从自由度为 $M$ 的 $\chi^2$ 分布。

6）对应干扰模型的正确判断概率

当敌方采取某种已知干扰模型时，导弹干扰识别模块能正确判断为该类干扰模型的概率。在 $N$ 次干扰试验当中，有 $N_C$ 次算法能在 10 个时刻内正确判断出实际干扰类型，与对应的干扰模型进行匹配，则对应干扰模型的正确判断概率为

$$I_C = \frac{N_C}{N} \qquad (11-11)$$

7）对应干扰模型的错误判断概率

当敌方未进行干扰时，导弹干扰识别模块误判为某类干扰模型，或在敌方采取某种干扰模型时，导弹干扰识别模块误判为其他干扰模型的概率。在 $N$ 次干扰试验当中，有 $N_E$ 次算法能在 10 个时刻内判断出有干扰，但与对应的干扰模型匹配错误，则对应干扰模型的错误判断概率为

$$I_E = \frac{N_E}{N} \qquad (11-12)$$

8）对应干扰模型的漏判断概率

当敌方采取某种已知干扰模型时，导弹干扰识别模块未能判断存在干扰概率。在 $N$ 次干扰试验当中，有 $N_M$ 次算法未在 10 个时刻内判断出有干扰存在，则对应干扰模型的错误漏概率为

$$I_E = \frac{N_E}{N} \qquad (11-13)$$

9）目标识别和选择的正确概率

通过主被动通道利用目标辐射信号的属性信息、目标运动信息、拓扑信息

等,正确识别目标的概率。在 $M$ 次试验当中,有 $M_C$ 次算法能正确识别预定打击目标,则目标识别和选择的正确概率为

$$R_C = \frac{M_C}{M} \qquad (11-14)$$

10) 目标识别和选择的错误概率

通过主被动通道利用目标辐射信号的属性信息、目标运动信息、拓扑信息等,对目标错误关联识别的概率。在 $M$ 次试验当中,有 $M_E$ 次算法错误识别预定打击目标,则目标识别和选择的错误概率为

$$R_E = \frac{M_E}{M} \qquad (11-15)$$

11) 目标识别和选择的漏判概率

通过主被动通道利用目标辐射信号的属性信息、目标运动信息、拓扑信息等,没有识别出指定目标的概率。在 $M$ 次试验当中,有 $M_M$ 次算法未能识别预定打击目标,则目标识别和选择的漏判概率为

$$R_M = \frac{M_M}{M} \qquad (11-16)$$

12) 命中概率

导弹最终有效打击位置落于预定打击目标上的概率,称为直接命中概率;导弹最终有效打击位置落于预定打击目标 200m 范围内的概率,称为理论命中概率。在 $N$ 次试验中,有 $N_{SS}$ 次导弹直接命中目标,有 $N_{ST}$ 次导弹理论命中目标,则直接命中概率 $P_{SS}$ 和理论命中概率 $P_{ST}$ 分别为

$$P_{SS} \frac{N_{SS}}{N} \qquad (11-17)$$

$$P_{ST} = \frac{N_{ST}}{N} \qquad (11-18)$$

13) 命中精度

定义为导弹最终打击位置与预定打击目标之间的距离。

2. 融合抗干扰评价方法

1) 搜索过程的抗干扰评价方法

定义搜索过程的抗干扰因子为

$$SE = \omega_1 P_1 + \omega_2 P_2 + \omega_{f_1} P_{f_1} + \omega_{f_2} P_{f_2} \qquad (11-19)$$

式中: $\omega_1$、$\omega_2$、$\omega_{f_1}$、$\omega_{f_2}$ 分别表示侦察天线为慢搜索时方位截获概率、侦察天线快搜索时方位截获概率、侦察天线慢中速概率搜索时频率截获概率、侦察天线快速概

率搜索时频率截获概率的权重因子，$\omega_1 + \omega_2 + \omega_{f_1} + \omega_{f_2} = 1$。若已知侦察天线为慢速扫描，则 $\omega_2 = 0, \omega_{f_2} = 0$，若已知侦察天线为快速扫描，则 $\omega_1 = 0, \omega_{f_1} = 0$。

在相同的干扰环境下，SE 越小，说明在搜索阶段抗干扰能力越好。

2）跟踪过程的抗干扰评价方法

假设跟踪过程中有 $M$ 个目标，分别考虑距离跟踪精度、角度跟踪精度、总跟踪精度，定义跟踪过程的抗干扰因子为

$$\text{TE} = \frac{1}{M} \sum_{i=1}^{M} \left( \eta_r \overline{\Delta r_i} + \eta_\theta \overline{\Delta \theta_i} + \eta_{\text{RMS}} \text{RMS}_{i,\text{position}} \right) \tag{11-20}$$

式中：$\eta_r$、$\eta_\theta$、$\eta_{\text{RMS}}$ 分别为距离跟踪精度、角度跟踪精度、总跟踪精度的权重因子。

在相同的干扰环境下，TE 越小，说明在跟踪过程抗干扰能力越好。

3）识别过程的抗干扰评价方法

这一过程主要考虑实际干扰与对应干扰模型的匹配情况，以及选择、识别预定打击目标的情况，定义识别过程的抗干扰因子为

$$\text{RE} = \lambda_{IC} I_C + \lambda_{IE} (1 - I_E) + \lambda_{IM} (1 - I_M) + \lambda_{RC} R_C +$$
$$\lambda_{RE} (1 - R_E) + \lambda_{RM} (1 - R_M) \tag{11-21}$$

在相同的干扰环境下，RE 越大，说明在识别过程抗干扰能力越好。

4）打击过程的抗干扰评价方法

这一过程通过考察直接命中概率和理论命中概率说明抗干扰效果，定义打击过程的抗干扰因子为

$$\text{HE} = P_{\text{SS}} + \mu P_{\text{ST}} \tag{11-22}$$

式中：$\mu$ 为对理论命中的参考权重因子。

在相同的干扰环境下，HE 越大，说明在打击过程抗干扰能力越好。

## 11.3　红外/可见光图像融合制导技术

红外/可见光图像融合制导技术是一种有效的多模复合制导技术，能够在目标精确定位和实施空中精确打击时提供可靠的技术保障。可见光图像和红外图像之间具有互补性，可见光成像细节丰富和色感敏锐，但在夜间或恶劣的天气条件下成像能力较差；红外成像恰恰相反，但其成像分辨率较低。多元信息融合技术在军事上具有极高的应用价值，红外/可见光图像融合制导技术在国际上也已经得到了应用。

图像融合就是利用图像融合算法将同一目标的多幅源图像融合成一幅满

足一定需求的新图像,得到的融合图像包含的图像信息更加丰富,对目标的表征也更加准确。

1. 图像预处理

由于制作工艺、采集环境等各种因素的影响,源图像往往存在噪声大、图像不匹配等问题,在图像融合前需对源图像进行有效地去噪、增强以及配准等预处理工作,图像预处理的结果对融合图像质量的高低有着直接影响。

图像去噪是指减少数字图像中噪声的过程。通常采用均值滤波器、中值滤波器、自适应维纳滤波器等去除图像噪声。

图像增强就是通过对图像进行处理使关注的图像特征更加的突出,图像的对比度更高,从而提高融合图像的质量。

图像配准是指同一目标的两幅或多幅图像在空间位置上的配准。通常情况下,在图像融合之前必须对图像进行配准,图像配准的精度对图像融合的质量会有直接影响。

经过图像预处理后得到的图像就可以进行图像融合。图像融合的主要目的包括以下几方面。

(1)增加图像中有用的信息量,提高图像的清晰度,增强感兴趣的图像特征。

(2)改善图像的空间分辨率,增加光谱信息的含量,为下一步的图像处理获取补充的图像信息。

(3)通过不同时刻的图像序列融合检测特定场景/目标的变化情况。

2. 加权平均灰度融合方法

加权平均灰度融合是一种比较简单的图像融合方法,这种方法既不考虑图像像素间的相关性,也不对源图像作任何变换,就可以快速地将两幅图像进行融合,达到实时融合的效果。

红外图像与可见光图像的加权平均融合过程如图 11 - 26 所示。假定源图像 $A$ 和源图像 $B$ 分别为待融合的红外图像和可见光图像,图像尺寸为 $M \times N$,得到的融合图像为 $F$。对源图像 $A$ 和源图像 $B$ 的像素灰度值加权平均,其融合过程可以表示为

$$F(m,n) = w_1 A(x,y) + w_2 B(x,y) \tag{11 - 23}$$

式中:$x$ 为红外图像 $A$ 和可见光图像 $B$ 中像素的行号 $(x = 1,2,3,\cdots,M)$;$y$ 为红外图像 $A$ 和可见光图像 $B$ 中像素的列号 $(y = 1,2,3,\cdots,N)$;$w_1$、$w_2$ 为加权系数,$w_1 + w_2 = 1$;若 $w_1 = w_2 = 0.5$,则为平均融合。

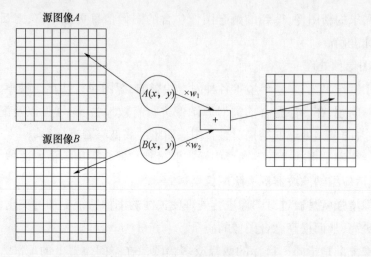

图 11 - 26   加权平均图像融合过程

### 3. 最大值灰度融合方法

假设待融合的红外图像和可见光图像分别为 $A$ 和 $B$，图像的尺寸为 $M \times N$，经融合后得到的图像为 $F$，则对源图像 $A$ 和源图像 $B$ 的像素灰度取最大值，其融合过程可以表示为

$$F(x,y) = \max\{A(x,y),B(x,y)\} \qquad (11-24)$$

式中：$A(x,y)$ 为红外图像 $A$ 中的像素点；$B(x,y)$ 为可见光图像 $B$ 中对应的像素点；$F(x,y)$ 为融合后的像素点，即在融合处理时，比较 $A(x,y)$ 和 $B(x,y)$ 的灰度值大小，选取其中灰度值大的像素作为融合后的 $F(x,y)$。具体融合过程如图 11 -27 所示。

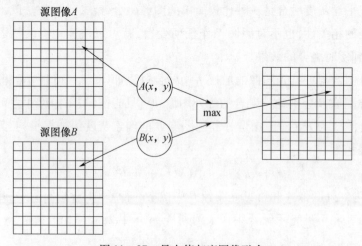

图 11 - 27   最大值灰度图像融合

## 本章小结

采用复合末制导系统能够提高导弹的制导精度,增强导弹的抗干扰能力,在相同的命中精度下,复合末制导系统的作用距离更远。本章主要介绍复合末制导原理,首先介绍了复合末制导的相关知识,其次重点介绍了主被动导引头数据融合技术;最后介绍了红外/可见光图像融合技术。

## 思 考 题

1. 简述复合寻的制导系统常用的 3 种结构。
2. 简述主被动导引头点迹压缩数据融合方法。
3. 简述主被动导引头工作模式的使用原则和策略。
4. 论述主被动融合抗干扰技术的使用时机。
5. 论述主被动融合抗干扰技术的技术指标与评价方法。
6. 简述红外/可见光图像融合方法。

# 参考文献

［1］高烽. 雷达导引头概论［M］. 北京：电子工业出版社，2010.

［2］江加河. 导弹制导原理［M］. 北京：北京航空航天大学出版社，2012.

［3］史震，赵世军. 导弹制导与控制原理［M］. 黑龙江：哈尔滨工程大学出版社，2002.

［4］丁鹭非，耿富录，陈建春. 雷达原理［M］.5 版. 北京：电子工业出版社，2014.

［5］Mahafza Bassem R，Elsherbeni Atef Z. 雷达系统设计 Matlab 仿真［M］. 朱国富，等译. 北京：电子工业出版社，2009.

［6］朱振军. 雷达视频积累器设计与实现［D］. 镇江：江苏科技大学，2012.

［7］王国宏，何伍福. Lognormal 杂波环境中基于 Hough 变换的目标检测［J］. 海军航空工程大学学报，2005，20(6)：601 － 605.

［8］毛云. 雷达杂波图 CFAR 检测算法研究及实现［D］. 西安：电子科技大学，2018.

［9］陈伯孝. 现代雷达系统分析与设计［M］. 陕西：西安电子科技大学出版社，2016.

［10］钱程. 雷达信号建模与仿真［D］. 南京：南京大学，2012.

［11］催向阳. 基于二相编码信号的雷达目标检测及实现［D］. 西安：西安电子科技大学，2010.

［12］胡英辉，郑远，耿旭朴，等. 相位编码信号的多普勒补偿［J］. 电子与信息学报，2009，31(11)：2596 － 2599.

［13］郭利荣，何明浩，郁春来，等. 频率捷变雷达信号相参特征的表述［J］. 火力与指挥控制，2015，40(7)：24 － 27.

［14］王娇. 雷达信号长时间相参积累若干问题研究［D］. 西安：西安电子科技大学，2013.

［15］范庆辉，吴刚，王文民，等. 高速弹载平台相参积累研究［J］. 航天电子对抗，2016，(4)：20 － 25.

［16］卢护林. 二相编码信号旁瓣抑制及多普勒补偿算法研究［D］. 西安：西安电子科技大学，2009.

［17］苏军海. 捷变频信号相参积累方法［J］. 现代工业经济和信息化，2017，145(13)：66 － 69.

［18］陈超，郑远，胡仕友，等. 频率捷变反舰导弹导引头相参积累技术研究［J］. 宇航学报，2011，32(8)：1819 － 1825.

［19］Sherman Samuel M. 单脉冲侧向原理与技术［M］. 周颖，译. 北京：国防工业出版社，2013.

［20］杨文琳，方志宏，阮信畅，等. 雷达点迹凝聚处理技术及其数据分析［J］. 信号处理，

2001,17(2):130 – 138.

[21] 何友,修建娟,张忠治.雷达数据处理及应用[M].北京:电子工业出版社,2006.

[22] 凌祥,姜永华,高伟亮.宽带射频脉冲信号数字瞬时测频技术研究[C].南昌:2006 计量与测量学术交流会,2006:216 – 219.

[23] 韩艳峰.直接计数法瞬时测频的误差分析[J].测控技术,2014,33(9):154 – 156.

[24] 陈传军.基于采集相位的瞬时测频技术[J].电子技术,2008,278(15):168 – 170.

[25] 刘永坦.无线电制导技术[M].长沙:国防科技大学出版社,1989.

[26] 刘隆和,王灿林,李相平.无线电制导[M].北京:国防工业出版社,1995.

[27] Stimson George W.机载雷达导论[M].吴汉平,等译.北京:电子工业出版社,2005.

[28] 张静远,顾宏灿,张洪刚,等.武器探测及制导原理,北京:国防工业出版社,2018.

[29] 张江华,梁陪康,等.毫米波导引头系统设计与工程实现[M].北京:国防工业出版社,2017.

[30] 朱平云,胥辉旗,等.反舰导弹突防技术[M].北京:兵器工业出版社,2015.

[31] 何广军.防空导弹系统设备原理[M].北京:电子工业出版社,2017.

[32] 郑明洁.合成孔径雷达动目标检测和成像研究[D].合肥:中国科学院研究生院(电子学研究所),2003.

[33] 宋琳.机载 SAR 地面动目标检测和成像算法研究[D].哈尔滨:哈尔滨工业大学,2008.

[34] 祝明波,杨立波,杨汝良.弹载合成孔径雷达制导及其关键技术[M].北京:国防工业出版社,2014.

[35] 王国喜.星载 SAR 距离——多普勒算法研究[D].哈尔滨:哈尔滨工业大学,2007.

[36] 黄红星.合成孔径雷达(SAR)成像技术研究[D].武汉:武汉理工大学,2003.

[37] 何学辉.机载合成孔径雷达成像实时信号处理研究[D].西安:西安电子科技大学,2004.

[38] 徐建军.合成孔径雷达(SAR)图像目标检测[D].浙江:浙江大学,2006.

[39] 周其焕.前视探测和多传感器综合视景系统在民机上的应用[J].航空电子技术学术,2002,(3):1 – 6.

[40] 穆文争.干涉 SAR 测高测速技术研究[D].成都:电子科技大学,2008.

[41] 周雷.多天线合成孔径雷达动目标检测方法研究[D].西安:西安电子科技大学,2006.

[42] 吴楠.舰船目标 RCS 水面模拟试验及其应用探讨[J].中国舰船研究,2012,7(5):103 – 106.

[43] 许小剑,李晓飞,等.时变海面雷达目标散射现象学模型[M].北京:国防工业出版社,2013.

[44] 焦培南,张忠治.雷达环境与电波传播特性[M].北京:电子工业出版社,2007.

[45] 杨劲松.合成孔径雷达海面风场海浪和内波遥感技术[M].北京:海洋出版社,2015.

[46] 赵玉林,戚志刚,王海宁,等.对海突击行动预案匹配方法[J].指挥信息系统与技术,

2018,9(1):56-61.

[47] Cortes C,Vapnik V. Support - vector networks[J]. Machine Learning,1995,20(3): 273-297.

[48] Jain A,Duin R,Mao J. Statistical pattern recognition:A review[J]. IEEE Transactions on Pattern Analysis and Machine Intelligence,2000,22(1):4-37.

[49] 谭芳. 目标识别算法以及特征提取方法[D]. 成都:电子科技大学,2010.

[50] Zhang J,Marszalek M,Lazebnik S,et. al. Local features and kernels for classification of texture and object categories:A comprehensive study[J]. International Journal of Computer Vision,2007,73(2):213-238.

[51] 卢毅,姜永华,翟龙军,等. 空舰导弹获取舰艇编队形状能力研究[J]. 航空学报,2011, 32(1):146-154.

[52] 陈泽元,王国宏,吴巍,等. 基于目标间拓扑信息和运动信息的联合目标选择算法[J]. 航空学报,2014,35(2):516-522.

[53] 刘隆和,姜永华,许爱强. 海军战术导弹对抗与反对抗技术[M]. 北京:海潮出版社,1999.

[54] Chrzanowski Edward J. Radar Active Countermeasures[J]. Artech House,Inc,1999I9BN: 0-8906-290-0.

[55] 段继琨,陈国冲. 电子干扰信号模型[J]. 电子对抗,2006,(6):31-35.

[56] 邱鹏宇. 反舰导弹复合导引头抗干扰性能仿真研究[D]. 长沙:国防科学技术大学,2005.

[57] 李相平,李亚昆,李世忠,等. 现代反舰导弹面临的电子战环境与对策[J]. 舰船电子工程,2008,(4):22-25.

[58] 柳始良. 雷达抗速度门拖引干扰[D]. 北京:北京理工大学,2016.

[59] 张树森,李幸,张洋,等. 反舰导弹末制导雷达抗距离欺骗干扰技术研究[J]. 航天电子对抗,2008,24(1):13-16.

[60] 耿艳,白渭雄,刘志. 非相干两点源对单脉冲雷达的干扰分析[J]. 现代防御技术,2009, 37(3):127-130.

[61] 赵国庆. 雷达对抗原理[M]. 西安:西安电子科技大学出版社,1999.

[62] 杨万海. 雷达系统建模与仿真[M]. 西安:西安电子科技大学出版社,2007.

[63] 何志勇. 单脉冲雷达系统建模与欺骗干扰技术研究[D]. 南京:南京航空航天大学,2017.

[64] 龙晓波,黄昕,段国文. 目标指示雷达干扰效能分析[J]. 电子信息对抗技术,2010,25 (3):54-56.

[65] 崔炳福. PD雷达的速度欺骗干扰技术[J]. 电子对抗技术,1998,13(4):2-7.

[66] 常龙,姜秋喜,潘继飞. 转发式分时干扰在导弹突防中的应用研究[J]. 战术导弹技术,

2009,25(2):25-28.

[67] 门金柱,王红军,王建国.转发式弹载干扰技术在舰舰导弹突防作战中的应用[J].战术导弹技术,2015,13(1):43-45.

[68] 陆伟宁.弹道导弹攻防对抗技术[M].北京:中国宇航出版社,2007.

[69] 常磊,王焕强,王宪鹏.弹载干扰机突防效能评估[J].电子信息对抗技术,2011,26(5):69-75.

[70] 孙闽红,唐斌.距离—速度同步拖引欺骗干扰的频谱特征分析[J].系统工程与电子技术,2009,31(1):83-85.

[71] 王大军,孙亮亮.雷达诱偏系统相干诱偏与非相干诱偏效果分析[J].现代雷达,2007,29(3):24-26.

[72] 李新社,郭建邦.机载电子对抗系统效能评估方法与研究[J].北京航空航天大学学报1997(3):288-290.

[73] 李尚生,付哲泉,李炜杰,等.箔条干扰回波信号频域特性研究[J].现代防御技术,2016,44(4):37-42.

[74] 刘世敏.箔条干扰的特征及其实测数据分析[D].西安:西安电子科技大学,2009.

[75] 卢晓东 周军,等,导弹制导系统原理,北京:国防工业出版社,2015.

[76] 姚士锴.红外玫瑰线扫描亚成像 PC 仿真及目标识别研究[D].成都:电子科技大学,2000.

[77] 张都川,文才,刘辉.高速弹载雷达目标相参积累技术研究[J].电子科技,2017,30(3):174-177.